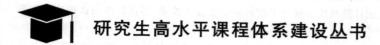

研究生高水平课程体系建设丛书

XIANDAI RUANJIAN GONGCHENG

现代软件工程

郑　炜　吴潇雪　主编

U0382210

西北工业大学出版社

【内容简介】 本书首先概述现代软件工程的基础、背景知识,然后介绍现代软件工程研究中的经典算法,基于搜索算法的软件工程,大数据、云计算时代对软件工程的影响和关键技术,现代软件测试理论以及当下流行智慧社区的相关内容。

通过阅读本书,读者既可掌握软件工程基础理论,也可了解软件工程技术的最新发展现状和趋势。

本书适合作为高等院校本科生和研究生的软件工程及相关课程的教材,四部分的合理划分有利于教师根据学时和教学要求安排教学;同时也适合软件工程技术人员、项目经理,以及从事软件领域相关技术研究的科研人员了解最新软件工程技术。

图书在版编目(CIP)数据

现代软件工程/郑炜,吴潇雪主编. —西安:西北工业大学出版社,2016.8
(研究生高水平课程体系建设丛书)
ISBN 978 - 7 - 5612 - 5059 - 4

Ⅰ.①现… Ⅱ.①郑…②吴… Ⅲ.①软件工程—研究生—教材 Ⅳ.①TP311.5

中国版本图书馆 CIP 数据核字(2016)第 208769 号

出版发行:西北工业大学出版社
通信地址:西安市友谊西路 127 号 邮编:710072
电 话:(029)88493844 88491757
网 址:www.nwpup.com
印 刷 者:兴平市博闻印务有限公司
开 本:787 mm×1 092 mm 1/16
印 张:17
字 数:410 千字
版 次:2016 年 8 月第 1 版 2016 年 8 月第 1 次印刷
定 价:55.00 元

前　言

软件工程是计算机科学的一个重要分支,它将计算机科学理论与现代工程方法相结合,是指导软件生产和管理的一门综合性应用学科。从 20 世纪 70 年代作为一门独立学科起,其研究和发展异常活跃。

近年来,随着计算机技术的飞速发展,软件工程领域也发生了深刻的变革。软件技术已逐步渗透到工业、农业、商业管理、科学研究、工程技术以及国防军事等各个领域,大到航空航天、国家安全,小到手机应用、网上购物,软件已成为现代社会中不可或缺的一部分,与每个人都息息相关。

软件工程是高等学校计算机科学与技术学科各专业的一门主干课程,与时俱进是软件工程专业教材不断发展的需要。软件技术日新月异,教学内容也需要不断更新。本书始于软件工程基础理论和核心技术,同时汲取了国内外一些最新的科研成果,涵盖了软件工程领域最新技术发展和科研状况,具有较强的前瞻性。

本书在结构安排上力求由浅入深、简明扼要,遵循由基础理论到发展前沿的原则。全书分为 4 个部分:第一部分是基础篇(第 1～3 章),对软件工程的基础知识和背景知识进行介绍,包括软件发展历史、发展现状、未来趋势、行业标准、体系结构及建模,以及软件重用技术。第二部分是提高篇(第 4～8 章),介绍现代软件工程研究中经典算法、基于搜索算法的软件工程,以及大数据、云计算时代对软件工程的影响和关键技术。第三部分是进阶篇(第 9～12 章),以并行系统测试为核心,介绍现代软件测试,包括并行错误特征、类型,以及几种最新研究成果提出的并行错误检测、修复算法和工具。第四部分是"互联网＋"(第 13 章),对"互联网＋"时代正在兴起的智慧社区进行介绍,包括智慧社区概述、发展趋势、系统建设涉及的关键技术以及智慧社区与 O2O 发展。

本书由郑炜、吴潇雪主编。李易、杨喜兵、曹立鑫、刘文兴、王文鹏、阴一澈、冯晨、黄月明、蔺军参与了编写和校稿工作,在此表示衷心感谢! 另外,本书编写中参阅了国内外相关文献资料,在此谨向其作者表示衷心的感谢!

由于水平有限,书中难免存在疏漏之处,敬请读者批评指正。

郑　炜

2016 年 6 月

目　　录

第一部分　基　础　篇

第二部分　提　高　篇

第三部分 进 阶 篇

第四部分　互　联　网　十

第一部分

基　础　篇

第1章 现代软件工程概述

1.1 软件发展现状

1.1.1 已经存在大量正在运行的软件

目前在许多重要的应用领域中,例如金融、电力、电信、航空航天等都运行着各自现有的软件。

1.1.2 软件的应用范围还在不断扩大

商务、交通、家电、通信等各行各业,软件无处不在。从人们日常工作中常见的办公软件、邮件发送、视频会议、企业 MIS 系统到生活中几乎人人都用过的视频、游戏、微信、淘宝、支付宝等各种应用软件,人们已很难想象出没有"计算机"和"软件",世界会是什么样子,人们的生活已经越来越无法离开计算机软件。

1.1.3 软件快速渗透到各传统行业

近些年来,软件快速渗透到各传统行业,尤其是金融、保险和通信行业,并改变着这些行业的商业模式,从传统的商业模式到 B2B 模式、B2C 模式、"鼠标加水泥"模式、广告收益模式等等,令人眼花缭乱。

1.1.4 软件与新技术加速融合

软件与互联网、大数据、云计算、移动应用、人工智能、智能家居等新技术的快速融合创造了一个又一个奇迹,深刻地改变着世界,改变着我们日常生活的方方面面。

我们现在可以足不出户,就能吃饭、逛商场、买到我们所需的物品,我们用支付宝付款,上淘宝、天猫、京东、亚马逊、当当等网站购物,用 QQ 交友、聊天,在微信平台上进行交流,出门用滴滴打车软件打车,相信在不远的将来,我们就可以实现汽车自动驾驶、远程家电控制、行业机器人等等。

1.1.5 软件的规模与复杂度持续增加

随着软件应用范围的日益广泛,软件规模愈来愈大。大型软件项目需要组织一定的人力共同完成,而多数管理人员缺乏开发大型软件系统的经验,多数软件开发人员又缺乏管理方面的经验。各类人员的信息交流不及时、不准确,有时还会产生误解。软件项目开发人员不能有效地、独立自主地处理大型软件的全部关系和各个分支,因此容易产生疏漏和错误。

软件不仅仅是在规模上快速地发展扩大,而且其复杂性也在急剧地增加。软件产品的特殊性和人类智力的局限性,导致人们无力处理"复杂问题"。所谓"复杂问题"的概念是相对的,一旦人们采用先进的组织形式、开发方法和工具,提高了软件开发效率和能力,新的、更大的、更复杂的问题又摆在人们的面前。

越来越多的知识正在由软件进行显式表达。软件的规模持续增加,出现了非常大规模系统:从 50 万行代码增加到 1 000万行,扩大了 20 倍。

除此之外,软件的复杂性也在持续增加,表现在:

(1)子系统数目越来越多;

(2)计算机应用从数值计算开始发展到数百万条指令的大型企业业务应用,再发展到几千万终端用户直接交互工作的网络应用。

1.1.6 出现了大量与软件相关的标准

与软件相关的标准有 CORBA,UML,XMI,TMN 等。

CORBA(Common Object Request Broker Architecture,公共对象请求代理体系结构,通用对象请求代理体系结构)是由 OMG 组织制订的一种标准的面向对象应用程序体系规范。或者说 CORBA 体系结构是对象管理组织(OMG)为解决分布式处理环境(DCE)中,硬件和软件系统的互连而提出的一种解决方案。

Unified Modeling Language (UML)又称统一建模语言或标准建模语言,是始于 1997 年的一个 OMG 标准,它是一个支持模型化和软件系统开发的图形化语言,为软件开发的所有阶段提供模型化和可视化支持,包括由需求分析到规格、到构造和配置。面向对象的分析与设计(OOA&D,OOAD)方法的发展在 20 世纪 80 年代末至 90 年代中出现了一个高潮,UML 是这个高潮的产物。它不仅统一了 Booch,Rumbaugh 和 Jacobson 的表示方法,而且对其作了进一步的发展,并最终统一为大众所接受的标准建模语言。

XMI(XML‐based Metadata Interchange)使用标准通用标记语言的子集可扩展标记语言(XML),为程序员和其他用户提供元数据信息交换的标准方法。XMI 的目的在于帮助使用统一建模语言(UML)以及不同语言和开发工具的程序员彼此交换数据模型。XMI 也可用于交换数据仓库信息。XMI 格式有效地标准化了任意元数据集的描述,它要求用户跨越多个工业和操作环境而使用同一种方式读取数据。XMI 是对象管理组织(OMG)提出的,它建立并扩展于三个工业标准,理论上,XMI 为合作企业提供一种共享数据仓库的方式。XMI 与微软的开放信息模型相似,并构成竞争。XMI 还是一种类似于 Midi 的声音文件,通常用于 DOS 游戏。

TMN 是 Telecommunications Management Network 的缩写,意为电信管理网。国际电信联盟(ITU)在 M.3010 建议中指出,电信管理网的基本概念是提供一个有组织的网络结构,以取得各种类型的操作系统(OSs)之间、操作系统与电信设备之间的互连。它是采用商定的具有标准协议和信息的接口进行管理信息交换的体系结构,提出 TMN 体系结构的目的是支撑电信网和电信业务的规划、配置、安装、操作及组织。

1.1.7 软件危机仍然存在(软件脱节)

软件危机是指在计算机软件的开发和维护过程中所遇到的一系列严重问题。软件危机主要表现在下述几方面。

1. 软件成本日益增加

在计算机发展的早期,大型计算机系统主要被设计应用于非常狭窄的军事领域。在这个时期,研制计算机的费用主要由国家财政提供,研制者很少考虑到研制代价问题。随着计算机市场化和民用化的发展,代价和成本就成为投资者考虑的最重要的问题之一。20 世纪 50 年代,软件成本在整个计算机系统成本中所占的比例为 10%~20%。但随着软件产业的发展,软件成本日益增长。相反,计算机硬件随着技术的进步、生产规模的扩大,价格却在不断下降。这样一来,软件成本在计算机系统中所占的比例越来越大。到 20 世纪 60 年代中期,软件成本在计算机系统中所占的比例已经增长到 50%左右。

而且,该数字还在不断地递增,下面是一组来自美国空军计算机系统的数据:1955 年,软件费用约占总费用的 18%,1970 年达到 60%,1975 年达到 72%,1980 年达到 80%,1985 年达到 85%左右。而如今,购买一台电脑,只要数千元人民币,但如果把常用的操作系统、办公软件、安全软件等装好,却要远远超过购买电脑的费用。

2. 开发进度难以控制

由于软件是逻辑、智力产品,软件的开发需建立庞大的逻辑体系,这与其他产品的生产是不一样的。例如,工厂里要生产某种机器,在时间紧的情况下可以要工人加班或者实行"三班倒",而这些方法都不能用在软件开发上。

在软件开发过程中,用户需求变化等各种意想不到的情况层出不穷,令软件开发过程很难保证按预定的计划实现,给项目计划和论证工作带来了很大的困难。

Brook 曾经提出:"已拖延的软件项目上,增加人力只会使其更难按期完成。"事实上,软件系统的结构很复杂,各部分附加联系极大,盲目增加软件开发人员并不能成比例地提高软件开发能力。相反,随着人员数量的增加,人员的组织、协调、通信、培训和管理等方面的问题将更为严重。

许多重大的大型软件开发项目,如 IBM OS/360 和世界范围的军事命令控制系统(WWMCCS),在耗费了大量的人力和财力之后,由于离预定目标相差甚远而不得不宣布失败。

3. 软件质量差

软件项目即使能按预定日期完成,结果却不尽如人意。1965—1970 年,美国范登堡基地发射火箭多次失败,绝大部分故障是由应用程序错误造成的。程序的一些微小错误可以造成灾难性的后果,例如,有一次,在美国肯尼迪发射一枚阿托拉斯火箭,火箭飞离地面几十英里高空开始翻转,地面控制中心被迫下令将其炸毁。后经检查发现是飞行计划程序里漏掉了一个连字符。就是这样一个小小的疏漏造成了这枚价值 1 850 万美元的火箭试验失败。

在"软件作坊"里,由于缺乏工程化思想的指导,程序员几乎总是习惯性地以自己的想法去代替用户对软件的需求,软件设计带有随意性,很多功能只是程序员的"一厢情愿"而已,这是造成软件不能令人满意的重要因素。

尽管耗费了大量的人力物力,而系统的正确性却越来越难以保证,出错率大大增加,由于软件错误而造成的损失十分惊人。

4. 软件维护困难

正式投入使用的软件,总是存在着一定数量的错误,在不同的运行条件下,软件就会出现故障,因此需要维护。但是,由于在软件设计和开发过程中,没有严格遵循软件开发标准,存在各种随意性,没有完整地真实反映系统状况的记录文档,给软件维护造成了巨大的困难。特别是在软件使用过程中,原来的开发人员可能因各种原因已经离开原来的开发组织,使得软件几乎不可维护。

另外,软件修改是一项很"危险"的工作,对一个复杂的逻辑过程,哪怕做一项微小的改动,都可能引入潜在的错误,常常会发生"纠正一个错误带来更多新错误"的问题,从而产生副作用。

有资料表明,工业界为维护软件支付的费用占全部硬件和软件费用的 40%～75%。

1.2 软件发展趋势

1.2.1 遗留软件通过升级或打补丁的形式将继续发挥作用

我们现在还不能完全弃用遗留软件,尽管有些遗留软件难以维护,很多程序缺乏相应的文档资料,程序中的错误难以定位,难以改正,有时改正了已有的错误又引入新的错误。随着软件的社会拥有量越来越大,维护占用了大量人力、物力和财力。为了继续更好地使用这些遗留软件,我们会对现有的软件进行升级或打补丁。举例来说,根据专业统计机构 CNZZ 发布的 2013 年 3 月操作系统数据显示,Windows XP 在中国市场占有率高达 66%,远远超过 Windows 7。微软的 Windows XP 从 2001 年 10 月 25 日在纽约正式发布到其于 2014 年 4 月 8 日后停止技术支持,包括不再更新安全补丁。在 Windows XP 运行的 13 年期间,微软共发布了 3 个补丁包,SP 的英文全称是 Service Pack,也就是 Windows 操作系统的补丁包。SP3 是 Windows XP 的第三个补丁包。和 SP2 一样,SP3 是一个补丁升级包,XP SP3 的最大任务是汇总 SP2 发布之后到现在分散发布的各个更新补丁。XP SP3 里一共有 1 073 个新的 Patch,Hotfix 补丁,其中第一个是 2006 年 4 月 7 日的 KB123456,最后一个是 2007 年 9 月 29 日的 KB942367。在这 1 000 多个补丁中,有 114 个修正了安全方面的漏洞,另外 959 个涉及性能和稳定性提升、bug 修复、核心模式驱动模块改进、蓝屏死机(BSOD)问题更正等等。当然,最终正式版的补丁数量可能还会有所变化。与 XP SP2 一样,XP SP3 里的补丁不但包含了通过各种途径公开发布的补丁,也有针对特殊问题提供给特定客户的补丁。当然,XP SP3 也整合了 XP SP2 里的所有补丁,因此不需要重复安装,这也是微软 SP 的惯例。除了安全和常规补丁,XP SP3 也提供了不少全新特性,使之不仅仅是一个简单的补丁集合,比如新的 Windows 产品激活(WPA)模型(安装期间就像 Vista 那样可以选择不输入序列号)、网络访问保护(NAP)模块和策略、新的核心模式加密模块、黑洞路由检测功能等。

1.2.2 软件应用范围将继续扩大,成为信息社会的物理设施

随着软件应用范围的迅速扩大,以及软件运行平台从单机到网络环境的转变,软件的规模越来越大,复杂性越来越高,这将导致软件在反映对象、开发基础、关注内容、运行方式、提交形式开销比例等方面的重要发展。从个体计算过程到群体合作过程的发展;由电子服务延伸到现代服务;从以单个软件开发为主向以集成开发为主的顺延;从以产品为中心到以服务为中心,如应用服务提供商(ASP,Application Service Provider)和 Web Service 等都体现了软件向

服务发展的趋势。

1.2.3 网络化软件将是发展重点

随着互联网加速从生活工具向生产要素转变,"互联网+"从第三产业逐步向第一和第二产业扩散和渗透,成为重塑经济形态、重构创新体系、推动经济转型的新动力。软件是"互联网+"的重要支撑和核心,2016 年,"互联网+"的演进和发展对软件技术提出新的挑战和要求。一是软件要超出信息技术产业范畴,与各重点行业领域深度融合。"互联网+"要求软件不仅仅是与硬件配合使用的不面向任何行业需求的信息技术产品,而是要进一步与金融、制造、交通、物流等领域的专业技术深入融合,协力推进其他领域业务流程、业务系统的重塑和生产模式、组织形式的变革,驱动其他行业领域向数字化、网络化、智能化转型升级。二是软件要加快网络化转型,提升对"互联网+"发展的服务支撑能力。软件技术在促进互联网与传统产业融合、帮助传统企业互联网化等方面发挥着重要驱动作用,作为创新主体的软件企业必须加快网络化转型,更好地面向服务、面向应用实现软件架构的创新和变革。三是软件要加快自身创新发展,适应"互联网+"时代的新特征。"互联网+"在与传统产业融合过程中,不断拓宽软件技术的应用范围和应用领域,对软件技术的功能和性能提出新的要求,迫使其加快自身创新发展。

软件技术正在向网络化、构件化、平台化的方向发展,改变了人们从事科研的传统方法,拓宽了人类传播知识的渠道,扩大了人们共享科技成果的空间。如果能够把握网络化以及由此引起的重大技术变革,将有可能实现软件创新的跨越式发展。

网络化成为软件技术发展的基本方向。计算技术的重心正在从计算机转向互联网,互联网成为软件开发、部署与运行的平台,将推动整个产业全面转型。软件即服务(SaaS)、平台即服务(PaaS)、基础设施即服务(IaaS)等不断涌现,无论是泛在网、物联网还是移动计算、云计算,都是软件网络化趋势的具体体现。

经过数年的风雨洗礼,全球软件产业的发展开始走出低谷时期,通过互联网展示出的新的生机。日前,互联网实验室新近发布了《中国软件产业发展战略研究报告》(http://www.chinalabs.com/view/ZXKM0B8Q.html),报告中指出:软件产业在保持高速增长的同时,正在朝网络化、全球化、开放化和服务化转型。

互联网把世界各地的电脑连接到一起,网络成为一个崭新的平台,各种基于网络的软件飞速发展起来。基于互联网的服务业将成为软件与信息服务业新的增长点。以 Google 为代表的"互联网+软件"模式的成功,一扫几年来软件产业的低迷,为产业的发展注入了新的动力。2005 年 MS 正式发布 live 战略,标志着传统软件企业正式进军互联网。

1.2.4 软件的可靠性与安全性日趋重要

2015 年,阿里、Uber、携程、网易等互联网企业纷纷爆发较大规模的网络安全事故,Xcode Ghost 苹果安全事件的曝光更是引起了社会各界的广泛关注。随着云计算、大数据、物联网、移动互联网等新一代信息技术的创新变革给广大用户带来便利的同时,网络安全问题不容小觑。近年来,我国信息安全企业实力稳步提升,技术和产品体系建设和支撑服务能力提升取得重要进展,但仍无法有效应对新形势下日益复杂化和多元化的安全威胁和挑战。一是信息安全企业创新能力不强,产品大多处于中低端水平,同质化、低价现象较为严重,部分核心技术和高端产品对国外的依赖依然存在,国产安全技术和产品对于关系国家战略的重大信息安全需求支撑能力尚需进一步提高。二是我国信息安全企业整体规模偏小,竞争力相对较弱,与国际龙头企业存在较大差距。当前我国年业务收入过 10 亿元的企业仅 3 家,其中规模最大的奇虎360 公司的业务收入约为全球第一的赛门铁克公司的 1/10。三是现有的网络安全人才培育和引进机制尚不能满足产业和企业发展的需求,整体缺乏对网络安全特殊人才的扶持政策,导致企业网络安全专业人才尤其是高端网络攻防实战人才流失严重。

1.2.5 工业化生产是必由之路

尽管当前社会的信息化过程对软件需求的增长非常迅速,但目前软件的开发与生产能力却相对不足,这不仅造成许多急需的软件迟迟不能被开发出来,而且形成了软件脱节现象。自20 世纪 60 年代人们认识到软件危机并提出软件工程以来,已经对软件开发问题进行了不懈的研究。近年来人们认识到,要提高软件开发效率,提高软件产品质量,必须采用工程化的开发方法与工业化的生产技术,这包括技术与管理两方面的问题:在技术上,应该采用基于重用的软件生产技术;在管理上,应该采用多维的工程管理模式。

近年来人们认识到,要真正解决软件危机,实现软件的工业化生产是唯一可行的途径。分析传统工业及计算机硬件产业成功的模式可以发现,这些工业的发展模式均是符合标准的零部件/构件生产以及基于标准构件的产品生产,其中,构件是核心和基础,重用是必需的手段。实践表明,这种模式是产业工程化、工业化的成功之路,也将是软件产业发展的必经之路。

1.3 现有软件标准

1.3.1 网络协议:ISO/OSI 与 TCP/IP

OSI(Open System Interconnect),即开放式系统互联。一般都叫 OSI 参考模型,是 ISO(国际标准化组织)在 1985 年研究的网络互联模型。该体系结构标准定义了网络互联的 7 层框架(物理层、数据链路层、网络层、传输层、会话层、表示层和应用层),即 ISO 开放系统互联参考模型。在这一框架下进一步详细规定了每一层的功能,以实现开放系统环境中的互联性、互操作性和应用的可移植性。

比较两种体系结构:

(1)在分层上进行比较:OSI 分 7 层,而 TCP/IP 分 4 层,它们都有网络层(或称互联网层)、传输层和应用层,但其他的层并不相同

(2)在通信上进行比较:OSI 模型的网络层同时支持无连接和面向连接的通信,但是传输层上只支持面向连接的通信;TCP/IP 模型的网络层只提供无连接的服务,但在传输层上同时支持两种通信模式。

(3)OSI/RM 体系结构的网络功能在各层的分配差异大,链路层和网络层过于繁重,表示层和会话层又太轻,TCP/IP 则相对比较简单。

(4)OSI/RM 有关协议和服务定义太复杂且冗余,很难且没有必要在一个网络中全部实现。如流量控制、差错控制、寻址在很多层重复。TCP/IP 则没什么重复。

(5)OSI 的七层协议结构既复杂又不实用,但其概念清楚,体系结构理论较完整。TCP/IP

的协议现在得到了广泛的应用,但它原先并没有一个明确的体系结构。

通过对比两种体系结构,可以看到 OSI/RM 是先有协议再有网络体系结构的,OSI/RM 体系是一种比较完善的体系结构,它分为七个层次,每个层次之间的关系比较密切。它是一种过于理想化的体系结构,在实际的实施过程中有比较大的难度。但它却很好地为我们提供了一个体系分层的参考,有着很好的指导作用。

TCP/IP 体系结构分为四层,层次相对要简单得多,因此在实际的使用中比 OSI/RM 更具有实用性,因而得到了更好的发展,现在的计算机网络大多是 TCP/IP 体系结构。但这并不表示它就是完整的结构体系。它也同样存在一些问题。也许随着网络的发展,它会发展得更加完美。

OSI/RM 是国际标准,但是并没有进行大规模的应用,而 TCP/IP 协议最终占领了几乎整个网络世界,这表明能够占领市场的才是最终的标准,通过这个例子我们可以发现那些关系着整个世界的标准,常常会受到多方面因素的制约,如技术、利益等。当然最重要的是要简单,要易于实现,成本要低,要能够占领市场。

1.3.2 软件构件:CORBA 与 COM

开发应用组件必须遵循标准,以保证软件组件的互操作性,只有遵循统一的标准,不同厂商的、不同时期的、不同程序设计风格的、不同编程语言的、不同操作系统的、不同平台上的软件或软件部件才能进行交流与合作。为此,OMG(Object Manage Group)提供了一个对象标准 CORBA(Common Object Request Broker Architecture),即公共对象请求代理体系结构,这是一个具有互操作性和可移植性的分布式面向对象的应用标准,它定义了一个网连对象的接口,使得对象可以同时工作。基于 CORBA 的对象请求代理 ORB 为客户机/服务器开发提供了中间件的新格式。

CORBA 的核心是对象请求代理 ORB,它提供对象定位、对象激活和对象通信的透明机制。客户发出要求服务的请求,而对象则提供服务,ORB 把请求发送给对象、把输出值返回给客户。ORB 的服务对客户而言是透明的,客户不知道对象驻留在网络中何处、对象是如何通信、如何实现以及如何执行的,只要他持有对某对象的对象引用,就可以向该对象发出服务请求。

COM component(COM 组件)是微软公司为了计算机工业的软件生产更加符合人类的行为方式开发的一种新的软件开发技术。在 COM 构架下,人们可以开发出各种各样的功能专一的组件,然后将它们按照需要组合起来,构成复杂的应用系统。由此带来的好处是多方面的:可以将系统中的组件用新的组件替换掉,以便随时进行系统的升级和定制;可以在多个应用系统中重复利用同一个组件;可以方便地将应用系统扩展到网络环境下;COM 与语言、平台无关的特性使所有的程序员均可充分发挥自己的才智与专长编写组件模块。

COM 是开发软件组件的一种方法。组件实际上是一些小的二进制可执行程序,它们可以给应用程序、操作系统以及其他组件提供服务。开发自定义的 COM 组件就如同开发动态的、面向对象的 API,多个 COM 对象可以连接起来形成应用程序或组件系统,并且组件可以在运行时刻,在不被重新链接或编译应用程序的情况下被卸下或替换掉。Microsoft 的许多技术,如 ActiveX,DirectX 以及 OLE 等都是基于 COM 而建立起来的。并且 Microsoft 的开发人员也大量使用 COM 组件来定制他们的应用程序及操作系统。

COM 所含的概念并不只是在 Microsoft Windows 操作系统下才有效。COM 并不是一个大的 API,它实际上像结构化编程及面向对象编程方法那样,也是一种编程方法。在任何一种操作系统中,开发人员均可以遵循"COM 方法"。

一个应用程序通常是由单个的二进制文件组成的。在编译器生成应用程序之后,在对下一个版本重新编译并发行新生成的版本之前,应用程序一般不会发生任何变化。操作系统、硬件及客户需求的改变都必须等到整个应用程序被重新生成。

这种状况已经发生变化。开发人员开始将单个的应用程序分隔成单独多个独立的部分,也即组件。这种做法的好处是可以随着技术的不断发展而用新的组件取代已有的组件。此时的应用程序可以随新组件不断取代旧的组件而渐趋完善。而且利用已有的组件,用户还可以快速地建立全新的应用。

传统的做法是将应用程序分割成文件、模块或类,然后将它们编译并链接成一个单模应用程序。它与组件建立应用程序的过程(称为组件构架)有很大的不同。一个组件同一个微型应用程序类似,即都是已经编译链接好并可以使用的二进制代码,应用程序就是由多个这样的组件打包而得到的。单模应用程序只有一个二进制代码模块。自定义组件可以在运行时刻同其他的组件连接起来以构成某个应用程序。在需要对应用程序进行修改或改进时,只需要将构成此应用程序的组件中的某个用新的版本替换掉即可。

COM,即组件对象模型,是关于如何建立组件以及如何通过组件建立应用程序的一个规范,说明了如何可动态交替更新组件。

1.3.3 建模语言:UML

Unified Modeling Language (UML)又称统一建模语言或标准建模语言,是始于 1997 年的一个 OMG 标准,它是一个通用的可视化建模语言,用于对软件进行描述、可视化处理、构造和建立软件系统的文档。它记录了对必须构造的系统的决定和理解,可用于对系统的理解、设计、浏览、配置、维护和信息控制。适用于各种软件开发方法、软件生命周期的各个阶段、各种应用领域以及各种开发工具,是一种总结了以往建模技术的经验并吸收当今优秀成果的标准建模方法。UML 包括概念的语义,表示的方法和说明,提供了静态、动态、系统环境及组织结构的模型。它可被交互的可视化建模工具所支持,这些工具提供了代码生成器和报表生成器。它适用于迭代式的开发过程,是专为支持大部分现存的面向对象开发过程而设计的。

面向对象的分析与设计(OOA&D,OOAD)方法的发展在 20 世纪 80 年代末至 90 年代中出现了一个高潮,UML 是这个高潮的产物。它不仅统一了 Booch,Rumbaugh 和 Jacobson 的表示方法,而且对其作了进一步的发展,并最终统一为大众所接受的标准建模语言。

UML 从考虑系统的不同角度出发,定义了用例图、类图、对象图、状态图、活动图、序列图、协作图、构件图、部署图等 9 种图。这些图从不同的侧面对系统进行描述。系统模型将这些不同的侧面综合成一致的整体,便于系统的分析和构造。

(1)用例图(Use Case Diagram)。用于显示若干角色以及这些角色与系统提供的用例之间的连接关系。用例是系统提供的功能的描述,用例图从用户角度描述系统的静态使用情况,用于建立需求模型。

(2)类图(Class Diagram)。用来表示系统中的类和类之间的关系,它是对系统静态结构的描述。类图不仅定义系统中的类,表示类之间的联系(如关联、依赖、聚合等),也包括类的内部结构(类的属性和操作)。类图描述的是一种静态关系,在系统的整个生命周期都是有效的,是面向对象系统的建模中最常见的图。

(3)对象图(Object Diagram)。对象图是类图的实例,几乎使用与类图完全相同的标识。它们的不同点在于对象图显示类的多个对象实例,而不是实际的类。一个对象图是类图的一个实例。由于对象存在生命周期,因此对象图只能在系统某一时间段存在。

(4)状态图(State Diagram)。由状态、转换、事件和活动组成,描述类的对象所有可能的状态以及事件发生时的转移条件。通常状态图是对类图的补充,仅需为那些有多个状态的、行为随外界环境而改变的类画状态图。

(5)活动图(Active Diagram)。一种特殊的状态图,描述满足用例要求所要进行的活动以及活动间的约束关系,有利于识别并行活动。活动图展现了系统内一个活动到另一个活动的流程。

(6)交互图。用于描述对象间的交互关系,由一组对象和它们之间的关系组成,包含它们之间可能传递的消息。交互图又分为序列图和协作图,其中序列图描述了以时间顺序组织的对象之间的交互活动;协作图强调收发消息的对象的结构组织。

(7)构件图(Component Diagram)。描述代码构件的物理结构及构件之间的依赖关系。构件图有助于分析和理解构件之间的相互影响程度。

(8)部署图(Deployment Diagram)。定义系统中软、硬件的物理体系结构,展现了运行处理节点以及其中的构件的配置。部署图给出了系统的体系结构和静态实施视图。它与构件图相关,通常一个节点包含一个或多个构建。

1.3.4 数据访问:ODBC

开放数据库互连(Open Database Connectivity,ODBC)是微软公司开放服务结构(WOSA,Windows Open Services Architecture)中有关数据库的一个组成部分,它建立了一组规范,并提供了一组对数据库访问的标准 API(应用程序编程接口)。这些 API 利用 SQL 来完成其大部分任务。ODBC 本身也提供了对 SQL 语言的支持,用户可以直接将 SQL 语句送给 ODBC。开放数据库互连(ODBC)是 Microsoft 提出的数据库访问接口标准。开放数据库互连定义了访问数据库 API 的一个规范,这些 API 独立于不同厂商的 DBMS,也独立于具体的编程语言(但是 Microsoft 的 ODBC 文档是用 C 语言描述的,许多实际的 ODBC 驱动程序也是用 C 语言写的。)ODBC 规范后来被 X/OPEN 和 ISO/IEC 采纳,作为 SQL 标准的一部分,具体内容可以参看《ISO/IEC 9075 - 3:1995 (E) Call - Level Interface (SQL/CLI)》等相关的标准文件。

开放数据库互联(ODBC)为数据库应用程序访问异构型数据库提供了统一的数据存取API,应用程序不必重新编译、连接就可以与不同的 DBMS 相联。目前支持 ODBC 的有 Oracle,Access,X - Base 等 10 多种流行的 DBMS。

1.3.5 工程管理:CMM VS ISO(9001 - 3,15504)

ISO 9001 和 CMM 均是国际上高水准的质量评估体系。两者既有区别又相互联系,且有不同的注重点,不可简单地互相替代。

首先介绍二者之间的联系。

1. 在基本原理方面,ISO 9001 和 CMM 都关注软件产品质量和过程改进

尤其是 ISO 9000:2000 版标准增加持续改进质量目标的量化等方面的要求后,在基本思路上和 CMM 更加接近。

2. 二者的着眼点都是提高质量

ISO 9001 与 CMM 均可作为软件企业的过程改善框架,前者面向合同环境,站在用户立场对质量要素进行控制,是供需关系下基于过程的质量需求。而后者是对软件组织内部过程能力的逐步改善。

3. CMM 和 ISO 9001 需要具体的软件管理规范支持

ISO 9000-3 质量体系是一个标准,CMM 可以讲是一个模型。在本质上,两者都定义了要做什么,但都没有定义如何做,都需要公司有自己的软件工程管理支持,都可用作为软件企业的过程改善框架。

4. ISO 9001 与 CMM 是强相关的

ISO 9001 不覆盖 CMM,CMM 也不完全覆盖 ISO 9001。一般而言,通过 ISO 9001 认证的企业可以基本满足 CMM 二级的标准和很多 CMM 三级的要求。同样,CMM 二级组织申请 ISO 9001 认证也有明显优势。

然后介绍二者之间的区别。

1. ISO 9001 是"静态"的

企业只要符合它要求的条件并通过权威机构的审核,就可以通过认证,证明企业的内部管理已经达到一定的水平;而 CMM 是"动态"的,定义了五个等级,只有持续不断的改进过程,才能提高成熟度。

2. CMM 和 ISO 9001 在抽象程度上不一样

相对而言,CMM 更具体些,ISO 9001 更抽象些。CMM 侧重技术管理的过程改进,ISO 9001 覆盖面广,涉及公司各个职能部门。ISO 9001 重在整体,CMM 则强调企业内部素质。CMM 是专门针对软件工业的,而 ISO 9001 则面向所有工业。

3. CMM 和 ISO 9001 在质量要素条款组织和描述方式上不一样

ISO 9001 是确保每一个产品要素和相关服务的质量可重复地被保证,针对合同环境下设计、开发、生产、服务等环节,给出了所需要的最基本质量要素。ISO 9001 根据一个企业的质量体系中是否覆盖了所有要求的质量要素(以文档化的形式),且这些要素是否有效地按定义方式实施来判断该企业是否符合 ISO 9001 要求。

CMM 的结构是层次化的结构,ISO 9001 结构是简单的线性结构,包含 20 个质量要素,除"管理职责"和"质量体系"两个质量要素外,其余 18 个均为过程要素。

ISO 9001 与 CMM 关键过程域一般为多对多的关系,即一个质量要素可能对应多个 KPA,一个 KPA 对应多个质量要素。

虽然取得 ISO 9001 认证对于取得 CMMI 的等级证书是有益的,取得 CMMI 等级证书也有助于 ISO 9001 认证,但是取得 ISO 9001 认证并不意味着完全满足 CMMI 某个等级的要求。表面上看,获得 ISO 9001 标准的企业应有 CMMI 2 级以上的水平,但事实上,有些达不到 CMMI 2 级的企业也获得了 ISO 9001 证书,原因是 ISO 9001 强调以客户的要求为出发点,不

同的客户要求的质量水平也不同,而且各个审核员的水平与解释也有些差异。由此可以看出,取得 ISO 9001 认证所代表的质量管理和质量保证能力的高低与审核员对标准的理解及自身水平的高低有很大的关系,而这不是 ISO 9001 标准本身所决定的。因此,ISO 9001 标准只是质量管理体系的最低可接受准则,不能说已满足 CMMI 的大部分要求。取得 CMMI 第 2 级(或第 3 级)不能笼统地以为可以满足 ISO 9001 的要求。

对于一个软件开发企业来说,获得什么样的认证证书只是表面的,重要的是如何着眼于持续改进以更好地保证软件开发的质量、满足客户的要求,从而获得竞争优势,这是每一个软件开发企业应该认真考虑的问题。

1.4　软件工程研究范围的扩展

1.4.1　传统的软件工程

(1)原则:形式化、模块化等。
(2)方法与技术:过程及结果表示。
(3)开发方法(结果描述为主):结构化方法、面向对象方法。
(4)开发模型(过程描述为主):瀑布模型、渐进(增量)模型、螺旋模型、喷泉模型。

1.4.2　高级软件工程

以传统软件工程研究内容为基础,以面向对象技术、网络计算技术、软件复用技术为核心,以 CORBA,COM,UML 标准等为主要参考,讨论、研究软件开发过程中需要关注的新焦点,如互联网、大数据、云计算、移动应用、人工智能、智能家居等;新概念(原理),如软件构件、体系结构等;新方法(技术),如过程与结果、软件复用与工程管理等。

1.5　软件重用的发展

随着软件规模和复杂度的增加,软件的开发和维护成本急剧上升。软件已经代替硬件成为影响系统成败的主要因素。为了解决面临的"软件危机",软件开发者试图寻找一个将投资均摊到多个系统以降低成本的方法。软件重用是一个降低软件系统的平均成本的主要策略和技术。它的基本思想是尽最大可能重用已有的软件资源。

软件重用长期以来一直是软件工程界不断追求的目标。自 1968 年 Mcllroy 提出了软件重用概念的原型后,人们一直在尝试用不同的方法实现通过软件模块的组合来构造软件系统。软件重用也从代码重用到函数和模块的重用,再发展到对象和类的重用。当构件技术兴起时,曾经有人预测,基于构件的软件开发将分为构件开发者、应用开发者(构件用户)。但跨组织边界的构件重用是很困难的。但是对于一个软件开发组织来说,它总是在开发一系列功能和结构相似的软件系统,有足够的经济动力驱使它对已开发的和将要开发的软件系统进行规划、重组,并尽量在这些系统中共用相同的软件资源。于是"世界范围内的重用"开始向"组织范围内的重用"转移。随着对软件体系结构的重要性的认识和软件体系结构的发展,基于构件技术的重用在软件重用中的主要地位就逐渐被代替。

基于产品线的软件重用也符合软件重用的发展趋势:从小粒度的重用(代码、对象重用)到构件重用,再发展到软件产品线的策略重用以及大粒度的部件(软件体系结构、体系结构框架、过程、测试实例、构件和产品规划)的重用,能使软件重用发挥更大的效益。到目前为止,软件产品线是最大程度的软件重用,它可以有效地降低成本、缩短产品面世时间、提高软件质量。

虽然新的产品线技术和方法在不断涌现,但是软件体系结构和软件重用在引导产品线设计上的绝对重用性是不变的。软件产品线代表着跨产品的软件资源的大规模重用,并且是"有规划的"和"自顶向下"的重用,而不是在该领域已被证明为不成功的"偶然的"和"自底向上"的重用。作为指导软件产品线设计最重要的软件体系结构,产品线体系结构是重用规划的载体,是最有价值的可重用核心资源。

1.6 现代软件设计与软件架构

体系结构(architecture,产业界通常翻译为"架构")一词在英文里就是"建筑"的意思。把软件比作一座楼房,从整体上讲,是因为它有基础、主体和装饰,即操作系统之上的基础设施软件,实现计算逻辑的主体应用程序、方便使用的用户界面程序。从细节上看,每一个程序也是有结构的。早期的结构化程序就是以语句组成模块,模块的聚集和嵌套形成层层调用的程序结构,也就是体系结构。结构化程序的程序(表达)结构和(计算的)逻辑结构的一致性及自顶向下开发方法自然而然地形成了体系结构。由于结构化程序时代程序规模不大,通过强调结构化程序设计方法学,自顶向下、逐步求精,并注意模块的耦合性就可以得到相对良好的结构,所以并未特别研究软件系统结构。

随着软件系统规模越来越大、越来越复杂,整个系统的结构和规格说明显得越来越重要。对于大规模的复杂软件来说,对总体的系统结构设计和规格说明比起对计算的算法和数据结构的选择已经变得明显重要得多。在此背景下,人们认识到软件体系结构的重要性,并认为对软件体系结构系统深入的研究将会提高软件生产率和解决软件维护问题的新的最有希望的途径。

对于软件项目的开发来说,一个清晰的软件体系结构是首要的。传统的软件开发过程可以划分为从概念直到实现的若干个阶段,包括问题定义、需求分析、软件设计、软件实现及软件测试等。软件体系结构的建立应位于需求分析之后,软件设计之前。但在传统的软件工程方法中,需求和设计之间存在一条很难逾越的鸿沟,从而很难有效地将需求转换为相应的设计。而软件体系结构就是试图在软件需求与软件设计之间架起一座桥梁,着重解决软件系统的结构和需求向实现平坦地过渡的问题。

体系结构在软件开发中为不同的人员提供了共同交流的语言,体现并尝试了系统早期的设计决策,并作为系统设计的抽象,为实现框架和构件的共享和重用、基于体系结构的软件开发提供了有力的支持。鉴于体系结构的重要性,Perry 将软件体系结构视为软件开发中第一类重要的设计对象,Barry Boehm 也明确指出:"在没有设计出体系结构及其规则时,那么整个项目不能继续下去,而且体系结构应该看做是软件开发中可交付的中间产品。"

软件体系结构是根植于软件工程发展起来的一门新兴学科,目前已经成为软件工程研究和实践的主要领域。专门和广泛地研究软件体系结构是从 20 世纪 90 年代才开始的,1993—1995 年之间,卡内基梅隆大学的 Mary Shaw 与 David Garlan、贝尔实验室的 Perry、南加州大学的 Barry Boehm、斯坦福大学的 David Luckham 等人开始将注意力投向软件体系结构的研究和学科建设。

目前,软件体系结构领域研究非常活跃,如南加州大学专门成立了软件体系结构研究组,曼彻斯特大学专门成立了软件体系结构研究所。同时,业界许多著名企业的研究中心也将软件体系结构作为重要的研究内容,如由 IBM,Nokia 和 ABB 等企业联合一些大学研究嵌入式系统的体系结构项目。国内也有不少的机构在从事软件体系结构方面的研究,如北京大学软件工程研究所一直从事基于体系结构软件组装的工业化生产方法与平台的研究,北京邮电大学则研究了电信软件的体系结构,国防科学技术大学退出的 CORBA 规范实现平台为体系结构研究提供了基础设施所需的中间件技术。许多大学的计算机软件专业硕士和软件工程硕士都开设了软件体系结构课程。

第2章 软件体系结构

2.1 软件体系结构的发展史

软件系统的规模在迅速增大的同时,软件开发方法也经历了一系列的变革。在此过程中,软件体系结构也由最初模糊的概念发展到一个渐趋成熟的理论和技术。

20 世纪 70 年代以前,尤其是在以 ALGOL 68 为代表的高级语言出现以前,软件开发基本上都是汇编程序设计,此阶段系统规模较小,很少明确考虑系统结构,一般不存在系统建模工作。由于结构化开发方法的出现与广泛应用,软件开发中出现了概要设计与详细设计,而且主要任务是数据流设计与控制流设计,因此此时软件结构已作为一个明确的概念出现在系统的开发中。

20 世纪 70 年代初到 90 年代中期,是面向对象开发方法的兴起与成熟阶段。由于对象是数据与基于数据之上操作的封装,因而在面向对象开发方法下,数据流设计与控制流设计则统一为对象建模,同时,面向对象方法还提出了一些其他的结构视图。如在 OMT(Object Modeling Technology,对象建模技术)方法中提出了功能视图、对象视图与动态视图(包括状态图和事件追踪图);而 Booch 方法中则提出了类视图、对象视图、状态迁移图、交互作用图、模块图、进程图;而 1997 年出现的统一建模语言(Unified Modeling Language,UML)则从功能模型(用例视图)、静态视图(包括类图、对象图、构件图、包图、组合结构)、动态模型(通信图、顺序图、状态图、活动图、定时图、交互概览图)、配置模型(制品图、配置图)描述应用系统的结构。

20 世纪 90 年代以后则是基于构件的软件开发阶段,该阶段以过程为中心,强调软件开发采用构件化技术和体系结构技术,要求开发出的软件具备很强的自适应性、互操作性、可扩展性和可重用性。此阶段中,已经作为一个明确的文档和中间产品存在于软件开发过程中,同时,软件体系结构作为一门学科逐渐得到人们的重视,并成为软件工程领域的研究热点,因而 Perry 和 Wolf 认为,"未来的年代将是研究软件体系结构的时代"。

纵观软件体系结构技术的发展过程,从最初的"无结构"设计到现行的基于体系结构的软件开发,可以认为经历了以下 4 个阶段。

(1)"无体系结构"设计阶段。以汇编语言进行小规模应用程序开发为特征。

(2)萌芽阶段。出现了程序结构设计主题,以控制流图和数据流图构成软件体系结构为特征。

(3)初期阶段。出现了从不同侧面描述系统的结构模型,以 UML 为典型代表。

(4)高级阶段。以描述系统的高层抽象结构为中心,不关心具体的建模细节,划分了体系结构模型与传统软件结构的界限,该阶段以 Kruchten 提出的"4+1"模型为标志。由于概念尚不统一,描述规范也不能达成一致认识,因此在软件开发实践中软件体系结构尚不能发挥重要作用。

2.2　软件体系结构的定义

虽然软件体系结构已经在软件工程领域中有了广泛的应用,但迄今为止还没有一个被大家所公认的定义。许多专家学者从不同角度和不同侧面对软件体系结构进行了刻画,较为典型的定义有下述几种。

(1)Dewayne Perry 和 Alexander Wolf 曾这样定义:软件体系结构是具有一定形式的结构化元素(element),即构件的集合,包括处理构件、数据构件和连接构件。处理构件负责对数据进行加工,数据构件是被加工的信息,连接构件把体系结构的不同部分组合、连接起来。这一定义注重区分处理构件、数据构件和连接构件,这一方法在其他的定义和方法中基本上得到保持。

(2)Mary Shaw 和 David Garlan 认为软件体系结构是软件设计过程中的一个层次,这一层次超越计算过程中的算法设计和数据结构设计。体系结构问题包括总体组织和全局控制、通信协议(protocol)、同步、数据存取,给设计元素分配特定功能,设计元素的组织、规模和性能,在各设计方案间进行选择等。软件体系结构处理算法与数据结构之上关于整体系统结构设计和描述方面的一些问题,如全局组织和全局控制结构,关于通信、同步与数据存取的协议,设计构件功能定义,物理分布与合成,设计方案的选择、评估(evaluation)与实现等。

(3)Kruchten 指出,软件体系结构有 4 个角度,它们从不同方面对系统进行描述:概念(concept)角度描述了系统的主要构件及它们之间的关系;模块角度包含功能分解与层次结构;运行角度描述了一个系统的动态结构;代码角度描述了各种代码和库函数在开发环境中的组织。

(4)Hayes Roth 则认为软件体系结构是一个抽象的系统规范,主要包括用其行为来描述的功能构件和构件之间的相互连接、接口和关系。

(5) David Garlan 和 Dewne Perry 于 1995 年在 IEEE(Institute of Electrical and Electronics Engineers,国际电气和电子工程师协会)软件工程学报上又采用如下定义:软件体系结构是一个程序/系统各构件的结构、它们之间的相互关系以及进行设计的原则和随时间演化(evolution)的指导方针。

(6)Barry Boehm 和他的学生提出,一个软件体系结构包括一个软件和系统构件,互联及约束的集合;一个系统需求说明的集合;一个基本原理用以说明这一构件,互联和约束能够满足系统需求。

(7)1997 年,Bass,Ctements 和 Kazman 在《使用软件体系结构》一书中给出如下定义:一个程序或计算机系统的软件体系结构包括一个或一组软件构件、软件构件外部的可见特性及其相互关系。其中,"软件构件外部的可见特性"是指软件构件提供的服务、性能、特性、错误处理、共享资源使用等。

总之,软件体系结构的研究正在发展,软件体系结构的定义也必然随之完善。在本书中,如果不特别指出,将使用软件体系结构的下列定义:软件体系结构为软件系统提供了一个结构、行为和属性的高级抽象,由构成系统的元素的描述、这些元素的相互作用、指导元素集成的模式以及这些模式的约束组成。软件体系结构不仅指定了系统的组织(organization)结构和拓扑(topology)结构,还显示了系统需求和构成系统的元素之间的对应关系,提供了一些设计决策的基本原理。

2.3 软件体系结构建模概述

研究软件体系结构的首要问题是如何表示软件体系结构,即如何对软件体系结构建模。根据建模的侧重点不同,可以将软件体系结构的模型分为 5 种:结构模型、框架模型、动态模型、过程模型和功能模型。在这五个模型中,最常用的是结构模型和动态模型。

2.3.1 结构模型

这是一个最直观、最普遍的建模方法。这种方法以体系结构的构件、连接件(connector)和其他概念来刻画结构,并力图通过结构来反映系统的重要语义内容,包括系统的配置、约束、隐含的假设条件、风格、性质等。研究结构模型的核心是体系结构描述语言。

2.3.2 框架模型

框架模型与结构模型类似,但它不太侧重描述结构的细节而更侧重于整体的结构。框架模型主要以一些特殊的问题为目标建立只针对和适应该问题的结构。

2.3.3 动态模型

动态模型是对结构或框架模型的补充,研究系统的"大颗粒"的行为性质。例如,描述系统的重新配置或演化。动态可以指系统总体结构的配置、建立或拆除通信通道或计算的过程。这类系统是激励型的。

2.3.4 过程模型

过程模型研究构造系统的步骤和过程,因而结构是遵循某些过程脚本的结果。

2.3.5 功能模型

功能模型认为体系结构是由一组功能构件按层次组成的,下层向上层提供服务。它可以看做是一种特殊的框架模型。

2.4 "4+1"视图模型

2.3 节的 5 种模型各有所长,将 5 种模型有机地统一在一起,形成一个完整的模型来刻画软件体系结构更合适。例如,Kruchten 在 1995 年提出了一个"4+1"的视图模型。"4+1"视图模型从 5 个不同的视角(逻辑视图、进程视图、物理视图、开发视图和场景视图)来描述软件体系结构。每一个视图只关心系统的一个侧面,5 个视图结合在一起才能反映系统的软件体系结构的全部内容。"4+1"视图模型如图 2-1 所示。

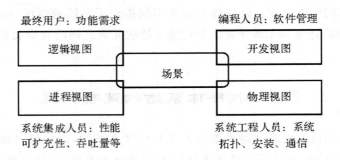

图 2-1 "4+1"视图模型

2.4.1 逻辑视图

逻辑视图(logic view)主要支持系统的功能需求,即系统提供给最终用户的服务。在逻辑视图中,系统分解成一系列的功能抽象,这些抽象主要来自问题领域。这种分解不但可以用来进行功能分析,而且可用作标识在整个系统的各个不同部分的通用机制和设计元素。在技术中,通过抽象、封装和继承,可以从 Booch 标记法中导出逻辑视图的标记法,只是从体系结构级的范畴来考虑这些符号,用 Rational Rose 进行体系结构设计。图 2-2 所示为逻辑视图中使用的符号集合。

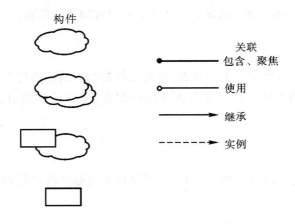

图 2-2 逻辑视图中使用的标记符号

类图用于表示类的存在以及类与类之间的相互关系,是从系统构成的角度来描述正在开发的系统。一个类的存在不是孤立的,类与类之间以不同方式互相合作,共同完成某些系统功能。关联关系表示两个类之间存在着某种语义上的联系,其真正含义要由附加在横线之上的一个短语来予以说明。在表示包含关系的图符中,带有实心圆的一端表示整体,相反的一端表示部分。在表示使用关系的图符中,带有空心圆的一端连接请求服务的类,相反的一端连接提供服务的类。在表示继承关系的图符中,箭头由子类指向基类。

逻辑视图中使用的风格为面向对象的风格,逻辑视图设计中要注意的主要问题是要保持一个单一的、内聚的对象模型贯穿整个系统。例如,图 2-3 所示为某通信系统体系结构(ACS)中的主要类。

ACS 的功能是在终端之间建立连接,这种终端可以是电话机、主干线、专用线路、特殊电话线、数据线或 ISDN 线路等,不同线路由不同的线路接口卡进行支持。线路控制器对象的作用是译码并把所有符号加入到线路接口卡中。终端对象的作用是保持终端的状态,代表本条线路的利益参与协商服务。会话对象代表一组参与会话的终端,使用转换服务(目录、逻辑地址映射到物理地址、路由等)和连接服务在终端之间建立语音路径。

对于规模更大的系统来说,体系结构级中包含数十甚至数百个类,例如,图 2-4 所示为一个空中交通管制系统的顶级类图,该图包含了 8 组类。

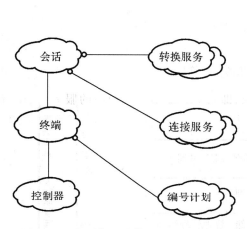

图 2-3 某通信系统体系结构逻辑视图

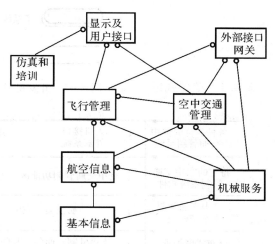

图 2-4 空中交通管制系统的顶级类图

2.4.2 开发视图

开发视图(development view)也称模块视图(module view),主要侧重于软件模块的组织和管理。软件可通过程序库或子系统进行组织,这样,对于一个软件系统,就可以由不同的人进行开发。开发视图要考虑软件内部的需求,如软件开发的容易性、软件的重用和软件的通用性,要充分考虑由于具体开发工具的不同而带来的局限性。

开发视图通过系统输入输出关系的模型图和子系统图来描述。可以在确定了软件包含的所有元素之后描述完整的开发角度,也可以在确定每个元素之前,列出开发视图原则。

与逻辑视图一样,可以使用 Booch 标记法中某些符号来表示开发视图,如图 2-5 所示。

在开发视图中,最好采用 4~6 层子系统,而且每个子系统仅仅能与同层或更低层的子系统通信,这样可以使每个层次的接口既完备又精炼,避免了各个模块之间很复杂的依赖关系。而且设计时要充分考虑,对于各个层次,层次越低,通用性越强,这样可以保证应用程序的需求发生改变时,所做的改动最小。开发视图所用的风格通常是层次结构风格。例如,图 2-6 所示为空中交通管制系统的 5 层结构图。

图 2-6 是图 2-4 的开发视图。第 1 层和第 2 层组成了一个领域无关的分布式基础设施,贯穿于整个产品线中,并且与硬件平台、操作系统或数据库管理系统等无关。第 3 层增加了空中交通管制系统的框架,以形成一个领域特定的软件体系结构。第 4 层使用该框架建立一个功能平台,第 5 层则依赖于具体客户和产品,包含了大部分用户接口以及与外部系统的接口。

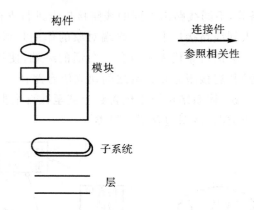

图 2-5　开发视图中使用的标记符号

各种各样的空中交通管制系统	5	人机接口 外部系统	离线工具 测试工具
特定的空中交通管制系统构件	4	空中交通管制功能区：飞行管理、雷达管理等	
空中交通管制系统框架	3	航空类、空中交通管理类	
分布式虚拟机	2	支撑机制：通信、时间、存储、资源管理等	
基本元素	1	公用构件	底层服务

硬件、操作系统、数据库

领域特定　客户定制
领域无关　通用空中交通管制代码

图 2-6　空中交通管制系统的 5 层结构图

2.4.3　进程视图

进程视图(process view)侧重于系统的运行特性，主要关注一些非功能的需求，例如系统的性能和可用性。进程视图强调并发性、分布性、系统集成性和容错能力，以及从逻辑视图中的主要抽象如何适合进程结构。它也定义逻辑视图中的各个类的操作具体是在哪一个线程(thread)中被执行的。

进程视图可以描述成多层抽象，每个级别分别关注不同的方面。在最高层抽象中，进程结构可以看作是构成一个执行单元的一组任务。它可看成一系列独立的，通过逻辑网络相互通信的程序。它们是分布的，通过总线或局域网、广域网等硬件资源连接起来。通过进程视图可以从进程测量一个目标系统最终的执行情况。例如，在以计算机网络作为运行环境的图书管理系统中，服务器需对来自各个不同的客户机的进程管理，决定某个特定进程(如查询子进程、借还书子进程)的唤醒、启动、关闭等操作，从而控制整个网络协调有序地工作。

通过扩展 Booch 对 Ada 任务的表示法，来表示进程视图，从体系结构角度来看，进程视图的标记元素如图 2-7 所示。

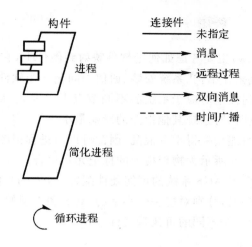

图 2-7　进程视图中使用的标记符号

有很多风格适用于进程视图,如管道/过滤器风格、客户/服务器风格(多客户/单服务器、多客户/多服务器)等。图 2-8 所示为 2.4.1 小节中的 ACS 系统的局部进程视图。

在图 2-8 中,所有终端均由同一个终端进程进行处理,由其输入队列中的消息驱动。控制器对象在组成控制器进程的 3 个任务之一中执行,慢循环周期(200 ms)任务扫描所有挂起(suspend)终端,把任何一个活动的终端置入快循环周期(10 ms)任务的扫描列表,快循环周期任务检测任何显著的状态改变,并把改变的状态传递给主控制器任务,主控制器任务解释改变,通过消息与相应的终端进行通信。在这里,通过共享内存来实现在控制器进程中传递的消息。

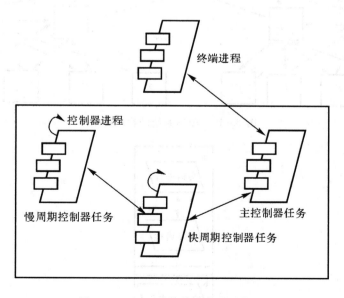

图 2-8　ACS 系统的局部进程视图

2.4.4 物理视图

物理视图（physical view）主要考虑如何把软件映射到硬件上，它通常要考虑到系统性能、规模、可靠性等。解决系统拓扑结构、系统安装、通信等问题。当软件运行于不同的节点上时，各视图中的构件都直接或间接地对应于系统的不同节点上。因此，从软件到节点的映射要有较高的灵活性，当环境改变时，对系统其他视图的影响最小。

大型系统的物理视图可能会变得十分混乱，因此可以与进程视图的映射一道，以多种形式出现，也可单独出现。图 2-9 所示为物理视图的标记元素集合。

图 2-10 所示为一个大型 ACS 系统的可能硬件配置，图 2-11 和图 2-12 所示为进程视图的两个不同的物理视图映射，分别对应一个小型的 ACS 和大型的 ACS，C，F 和 K 是 3 个不同容量的计算机类型，支持 3 个不同的可执行文件。

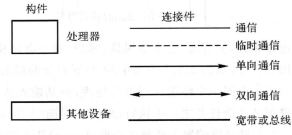

图 2-9　物理视图中使用的标记符号

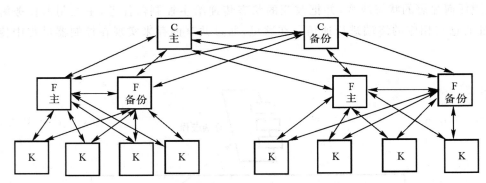

图 2-10　ACS 系统的物理视图

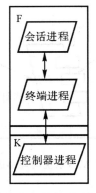

图 2-11　具有进程分配的小型 ACS 系统的物理视图

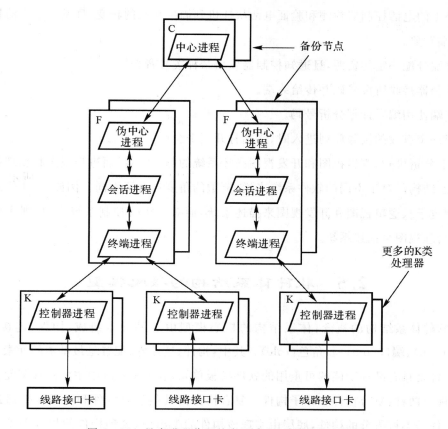

图 2-12 具有进程分配的大型 ACS 系统的物理视图

2.4.5 场景

场景(scenarios)可以看做是那些重要系统活动的抽象,它使 4 个视图有机联系起来,从某种意义上说场景是最重要的需求抽象。在开发体系结构时,它可以帮助设计者找到体系结构的构件和它们之间的作用关系。同时,也可以用场景来分析一个特定的视图,或描述不同视图构件间是如何相互作用的。场景可以用文本表示,也可以用图形表示。例如,图 2-13 所示为一个小型 ACS 系统的场景片段,相应的文本表示如下。

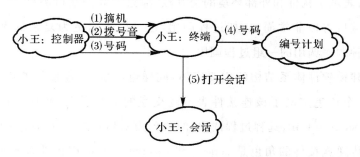

图 2-13 本地呼叫场景的一个原型

（1）小王的电话控制器检测和验证电话从挂机到摘机状态的转变，且发送一个消息以唤醒相应的终端对象。

（2）终端分配一定的资源，且通知控制器发出某种拨号音。

（3）控制器接收所拨号码并传给终端。

（4）终端使用编号计划分析号码。

（5）当一个有效的拨号序列进入时，终端打开一个会话。

从以上分析可知，逻辑视图和开发视图描述系统的静态结构，而进程视图和物理视图描述系统的动态结构。对于不同的软件系统来说，侧重的角度也有所不同。例如，对于管理信息系统来说，侧重于从逻辑视图和开发视图来描述系统，而对于实时控制系统来说，则注重于从进程视图和物理视图来描述系统。

2.5　软件体系结构的核心模型

综合软件体系结构的概念，体系结构的核心模型由五种元素组成：构件、连接件、配置（configuration）、端口（port）和角色（role）。其中，构件、连接件、配置是最基本的元素。

（1）构件是具有某种功能的可重用的软件模板单元，表示了系统中主要的计算元素和数据存储。构件有两种：复合构件和原子构件。复合构件由其他复合构件和原子构件通过连接而成；原子构件是不可再分的构件，底层由实现该构件的类组成，这种构件的划分提供了体系结构的分层表示能力，有助于简化体系结构的设计。

（2）连接件表示了构件之间的交互，简单的连接件如管道（pipe）、过程调用（procedure call）、事件广播（event broadcast）等，更为复杂的交互如客户/服务器（client/server）通信协议，数据库和应用之间的 SQL 连接等。

（3）配置表示了构件和连接件的拓扑逻辑和约束。

另外，构件作为一个封装的实体，只能通过其接口与外部环境交互，构件的接口由一组端口组成，每个端口表示了构件和外部环境的交互点，通过不同的端口类型，一个构件可以提供多重接口。一个端口可以非常简单，如过程调用，也可以表示更为复杂的界面（包含一些约束），如必须以某种顺序调用的一组过程调用。

连接件作为建模软件体系结构的主要实体，同样也有接口，连接件的接口由一组角色组成，连接件的每一个角色定义了该连接件表示的交互的参与者，二元连接件有两个角色，如 RPC（Remote Procedure Call，远程过程调用）的角色为 caller 和 callee，pipe 的角色是 reading 和 writing，消息传递连接件的角色是 sender 和 receiver。有的连接件有多于两个的角色，如事件广播有一个事件发布者角色和任意多个事件接收者角色。

基于以上所述，可将软件体系结构的核心模型表示为图 2-14 所示。

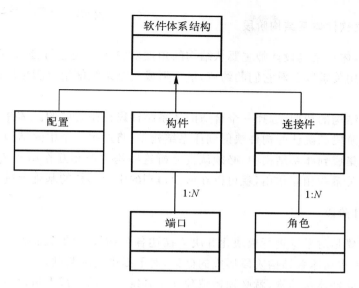

图 2-14　软件体系结构的核心模型

2.6　软件体系结构的生命周期模型

对于软件项目的开发来说，一个清晰的软件体系结构是首要的。传统的软件开发过程可以划分为从概念直到实现的若干个阶段，包括问题定义、需求分析、软件设计、软件实现及软件测试等。软件体系结构的建立应位于需求分析之后、软件设计之前。在建立软件体系结构时，设计者主要从结构的角度对整个系统进行分析，选择恰当的构件，构件间的相互作用以及它们的约束，最后形成一个系统框架以满足用户的需求，为软件设计奠定基础。

本节从各个阶段的功能出发，分析这几个层次之间的关系。

2.6.1　需求分析阶段

需求分析阶段的任务是根据需求决定系统的功能，在此阶段，设计者应对目标对象和环境进行细致深入的调查，收集目标对象的基本信息，从中找出有用的信息，这是一个抽象思维、逻辑推理的过程，其结果是软件规格说明。需求是指用户对目标软件系统在功能、行为、性能、设计约束等方面的期望，需求过程主要是获取用户需求，确定系统中所要用到的构件。

体系结构需求包括需求获取、生成类图、对类分组、把类打包成构件和需求评审等过程。其中，需求获取主要是定义开发人员必须实现的软件功能，使得用户能完成他们的任务，从而满足业务上的功能需求。与此同时，还要获得软件质量属性，满足一些非功能需求。获取了需求之后，就可以利用工具（例如 Rational Rose）自动生成类图，然后对类进行分组，简化类图结构，使之更清晰。分组之后，再要把类簇打包成构件，这些构件可以分组合并成更大的构件。

最后进行需求评审，组织一个由不同代表（如分析人员、客户、设计人员、测试人员）组成的小组，对体系结构需求及相关构件进行仔细的审查。审查的主要内容包括所获取的需求是否真实反映了用户的要求，类的分组是否合理，构件合并是否合理等。

2.6.2　建立软件体系结构阶段

在这个阶段,体系结构设计师主要从结构的角度对整个系统进行分析,选择恰当的构件、构件间的相互作用关系以及对它们的约束,最后形成一个系统框架以满足用户需求,为设计奠定基础。

在建立体系结构的初期,选择一个合适的体系结构风格是首要的。选择了风格之后,先把在体系结构需求阶段已确认的构件映射到体系结构中,将产生一个中间结构。然后,为了把所有已确认的构件集成到体系结构中,必须认真分析这些构件的相互作用和关系。一旦决定了关键构件之间的关系和相互作用,就可以在前面得到的中间结构的基础上进行细化。

2.6.3　设计阶段

设计阶段主要是对系统进行模块化并决定描述各个构件间的详细接口、算法和数据类型的选定,对上支持建立体系结构阶段形成的框架,对下提供实现基础。

一旦设计了软件体系结构,就必须邀请独立于系统开发的外部人员对体系结构进行评审。

2.6.4　实现阶段

将设计阶段设计的算法及数据类型进行程序语言表示,满足设计体系结构和需求分析的要求,从而得到满足设计需求的目标系统。整个实现过程是以复审后的文档化的体系结构说明书为基础的,每个构件必须满足软件体系结构中说明的对其他构件的责任。这些决定即实现的约束是在系统级或项目范围内作出的,每个构件上工作的实现者是看不见的。

在体系结构说明书中,已经定义了系统中的构件与构件之间的关系。因为在体系结构层次上,构件接口约束对外唯一地代表了构件,所以可以从构件库中查找符合接口约束的构件,必要时开发新的满足要求的构件。

然后按照设计提供的结构,通过组装支持工具把这些构件的实现体组装起来,完成整个软件系统的连接与合成。

最后一步是测试,包括单个构件的功能测试和被组装应用的整体功能和性能测试。

由此可见,软件体系结构在系统开发的全过程中起着基础的作用,是设计的起点和依据,同时也是装配和维护的指南。与软件本身一样,软件体系结构也有其生命周期,图 2-15 形象地表示了体系结构的生命周期。

现在对图 2-15 进行简单的解释。

1. 软件体系结构的非形式化描述

在软件体系结构的非形式化描述(software architecture informal description)阶段,对软件体系结构的描述尽管常用自然语言,但是该阶段的工作却是创造性和开拓性的。一种软件体系结构在其产生时,其思想通常是简单的,并常常由软件设计师用非形式化的自然语言表示概念、原则。例如,客户/服务器体系结构就是为适应分布式系统的要求,从主从式演变而来的一种软件体系结构。

2. 软件体系结构的规范描述和分析

软件体系结构的规范描述和分析(software architecture specification and analysis)阶段通

过运用合适的形式化数学理论模型对第一阶段的体系结构的非形式化描述进行规范定义,从而得到软件体系结构的形式化规范描述,以使软件体系结构的描述精确、无歧义,并进而分析软件体系结构的性质,如无死锁性、安全性、活性等。分析软件体系结构的性质有利于在系统设计时选择合适的软件体系结构,从而对软件体系结构的选择起指导作用,避免盲目选择。

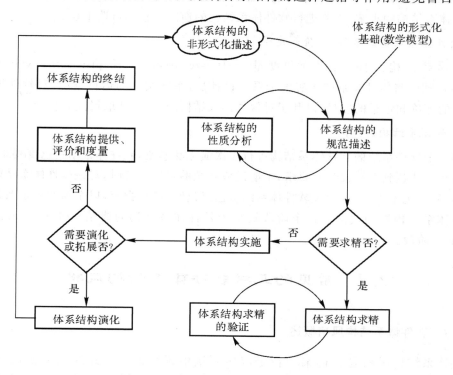

图 2-15　软件体系结构的生命周期模型

3. 软件体系结构的求精及其验证

软件体系结构的求精及其验证(software architecture refinement and verification)阶段完成对已设计好的软件体系结构进行验证和求精。大型系统的软件体系结构总是通过从抽象到具体,逐步求精而达到的,因为一般来说,由于系统的复杂性,抽象是人们在处理复杂问题和对象时必不可少的思维方式,软件体系结构也不例外。但是过高的抽象却使软件体系结构难以真正在系统设计中实施。因而,如果软件体系结构的抽象粒度过大,就需要对体系结构进行求精、细化,直至能够在系统设计中实施为止。在软件体系结构的每一步求精过程中,需求对不同抽象层次的软件体系结构进行验证,以判断较具体的软件体系结构是否与较抽象的软件体系结构的语义一致,并能实现抽象的软件体系结构。

4. 软件体系结构的实施

软件体系结构的实施(software architecture enactment)阶段将求精后的软件体系结构实施于系统的设计中,并将软件体系结构的构件和连接件等有机地组织在一起,形成系统设计的框架,以便据此实施于软件设计和构造中。

5. 软件体系结构的演化和扩展

在体系结构实施后,就进入软件体系结构的演化和扩展(software architecture evolution

and extension)阶段。在实施软件体系结构时,根据系统的需求,常常是非功能的需求,如性能、容错、安全性、互操作性、自适应性等非功能性质影响软件体系结构的扩展和改动,这称为软件体系结构的演化。由于对软件体系结构的演化常常由非功能性质的非形式化需求描述引起,因而需要重复第一步,如果由于功能和非功能性质对以前的软件体系结构进行演化,就要设计软件体系结构的理解,需要进行软件体系结构的逆向工程和再造工程。

6. 软件体系结构的提供、评价和度量

软件体系结构的提供、评价和度量(software architecture provision, evaluation and metric)阶段通过将软件体系结构实施于系统设计后,系统实际的运行情况,对软件体系结构进行定性的评价和定量的度量,以利于对软件体系结构的重用,并取得经验教训。

7. 软件体系结构的终结

如果一个软件系统的软件体系结构进行多次演化和修改,软件体系结构已变得难以理解,更重要的是不能达到系统设计的要求,不能适应系统的发展。这时,对该软件体系结构的再造工程既不必要、也不可行,说明该软件体系结构已经过时,应该摒弃,以全新的满足系统设计要求的软件体系结构取而代之。这个阶段被称为软件体系结构的终结(software architecture termination)阶段。

2.7 常见的几种软件体系结构风格

2.7.1 软件体系结构风格概述

软件体系结构风格是描述某一特定应用领域中系统组织方式的惯用模式(idiomatic paradigm)。体系结构风格定义了一个系统家族,即一个体系结构定义一个词汇表和一组约束。词汇表中包含一些构件和连接件类型,而这组约束指出系统是如何将这些构件和连接件组合起来的。体系结构风格反映了领域中众多系统所共有的结构和语义特性,并指导如何将各个模块和子系统有效地组织成一个完整的系统。按这种方式理解,软件体系结构风格定义了用于描述系统的术语表和一组指导构建系统的规则。

讨论软件体系结构风格时要回答的问题有以下几方面。

(1)设计词汇表是什么?

(2)构件和连接件的类型是什么?

(3)可容许的结构模式是什么?

(4)基本的计算模型是什么?

(5)风格的基本不变性是什么?

(6)其使用的常见例子是什么?

(7)使用此风格的优、缺点是什么?

(8)其常见的特例是什么?

这些问题的回答包括了体系结构风格最关键的四要素内容,即提供一个词汇表、定义一套配置规则、定义一套语义解释原则和定义对基于这种风格的系统所进行的分析。Garlan 和 Shaw 根据此框架给出了通用体系结构风格的分类,具体如下。

(1)数据流风格。批处理序列;管道/过滤器。

(2)调用/返回风格。主程序/子程序;面向对象风格;层次结构。

(3)独立构件风格。进程通信;事件系统。

(4)虚拟机风格。解释器;基于规则的系统。

(5)仓库风格。数据库系统;超文本系统;黑板系统。

2.7.2　管道和过滤器

在管道/过滤器风格的软件体系结构中,每个构件都有一组输入和输出,构件读输入的数据流,经过内部处理,然后产生输出数据流。这个过程通常通过对输入流的变换及增量计算来完成,因此在输入被完全消费之前,输出便产生了。因此这里的构件被称为过滤器,这种风格的连接件就像是数据流传输的管道,将一个过滤器的输出传到另一过滤器的输入。此风格特别重要的是过滤器必须是独立的实体,它不能与其他的过滤器共享数据,而且一个过滤器不知道它上游和下游的标识。一个管道/过滤器网络输出的正确性并不依赖于过滤器进行增量计算过程的顺序。

图 2-16 所示为管道/过滤器风格的示意图,一个典型的管道/过滤器体系结构的例子是以 UNIX shell 编写的程序。UNIX 既提供一种符号,以连接各组成部分(UNIX 的进程),又提供某种进程运行时机制以实现管道。另一个著名的例子是传统的编译器。传统的编译器一直被认为是一种管道系统,在该系统中,一个阶段(包括词法分析、语法分析、语义分析和代码生成)的输出是另一阶段的输入。

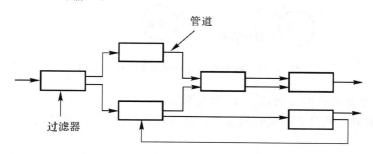

图 2-16　管道/过滤器风格的体系结构

管道/过滤器风格的软件体系结构具有许多很好的特点,具体如下。

(1)使得软件构件具有良好的隐蔽性和高内聚、低耦合的特点。

(2)允许设计者将整个系统的输入/输出行为看成是多个过滤器行为的简单合成。

(3)支持软件重用。只要提供适合在两个过滤器之间传送的数据,任何两个过滤器都可被连接起来。

(4)系统维护和增强系统性能简单。新的过滤器可以添加到现有系统中来,旧的可以被改进的过滤器替换掉。

(5)允许对一些如吞吐量、死锁等属性的分析。

(6)支持并行执行。每个过滤器是作为一个单独的任务完成的,因此可与其他任务并行执行。

但是,这样的系统也存在着若干不利因素,具体有以下几方面。

（1）通常导致进程成为批处理的结构。这是因为虽然过滤器可增量式地处理数据，但它们是独立的，所以设计者必须将每个过滤器看成一个完整的从输入到输出的转换。

（2）不适合处理交互的应用。当需要增量地显式改变时，这个问题尤为严重。

（3）因为在数据传输上没有通用的标准，每个过滤器都增加了解析和合成数据的工作，这样就导致了系统性能下降，并增加了编写过滤器的复杂性。

2.7.3 数据抽象和面向对象组织

抽象数据类型概念对软件系统有着重要作用，目前软件界已普遍转向使用面向对象系统。这种风格建立在数据抽象和面向对象的基础上，数据的表示方法和它们的相应操作封装在一个抽象数据类型或对象中。这种风格的构件是对象，或者说是抽象数据类型的实例。对象是一种被称作管理者的构件，因为它负责保持资源的完整性。对象是通过函数和过程的调用来交互的。

图 2-17 所示为数据抽象和面向对象风格的示意图。

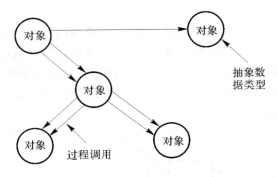

图 2-17 抽象和面向对象风格的体系结构

面向对象的系统有许多优点，并早已为人所知。

（1）因为对象对其他对象隐藏它的表示，所以可以改变一个对象的表示，而不影响其他的对象。

（2）设计者可将一些数据存取操作的问题分解成一些交互的代理程序的集合。

但是，面向对象的系统也存在着某些问题。

（1）为了使一个对象和另一个对象通过过程调用等进行交互，必须知道对象的标识。只要一个对象的标识改变了，就必须修改所有其他明确调用它的对象。

（2）必须修改所有显式调用它的其他对象，并消除由此带来的一些副作用。例如，如果 A 使用了对象 B，C 也使用了对象 B，那么 C 对 B 的使用所造成的对 A 的影响可能是料想不到的。

2.7.4 基于事件的隐式调用

基于事件的隐式调用风格的思想是构件不直接调用一个过程，而是触发或广播一个或多个事件。系统中的其他构件中的过程在一个或多个事件中注册，当一个事件被触发时，系统自动调用在这个事件中注册的所有过程，这样，一个事件的触发就导致了另一个模块中的过程的调用。

从体系结构上说,这种风格的构件是一些模块,这些模块既可以是一些过程,又可以是一些事件的集合。过程可以用通用的方式调用,也可以在系统事件中注册一些过程,当发生这些事件时,过程被调用。

基于事件的隐式调用风格的主要特点是事件的触发者并不知道哪些构件会被这些事件影响。这样不能假定构件的处理顺序,甚至不知道哪些过程会被调用,因此许多隐式调用的系统也包含显式调用作为构件交互的补充形式。

支持基于事件的隐式调用的应用系统很多。例如,在编程环境中用于集成各种工具,在数据库管理系统中确保数据的一致性约束,在用户界面系统中管理数据,以及在编辑器中支持语法检查。例如在某系统中,编辑器和变量监视器可以登记相应 Debugger 的断点事件。当 Debugger 在断点处停下时,它声明该事件,由系统自动调用处理程序,如编辑程序可以卷屏到断点,变量监视器刷新变量数值。而 Debugger 本身只声明事件,并不关心哪些过程会启动,也不关心这些过程做什么处理。

隐式调用系统主要有以下优点。

(1)为软件重用提供了强大的支持。当需要将一个构件加入现存系统时,只需将它注册到系统的事件中。

(2)为改进系统带来了方便。当用一个构件代替另一个构件时,不会影响到其他构件的接口。

隐式调用系统主要有以下缺点。

(1)构件放弃了对系统计算的控制。一个构件触发一个事件时,不能确定其他构件是否会响应它。而且即使它知道事件注册了哪些构件的过程,也不能保证这些过程被调用的顺序。

(2)数据交换的问题。有时数据可被一个事件传递,但在另一些情况下,基于事件的系统必须依靠一个共享的仓库进行交互。在这些情况下,全局性能和资源管理便成了问题。

(3)既然过程的语义必须依赖于被触发事件的上下文约束,关于正确性的推理就存在问题。

2.7.5 分层系统

层次系统组织成一个层次结构,每一层为上层服务,并作为下层客户。在一些层次系统中,除了一些精心挑选的输出函数外,内部的层只对相邻的层可见。这样的系统中,构件在一些层实现了虚拟机(在另一些层次系统中层是部分不透明的)。连接件通过决定层间如何交互的协议来定义,拓扑约束包括对相邻层交互的约束。

这种风格支持基于可增加抽象层的设计。这样,允许将一个复杂问题分解成一个增量步骤序列的实现。由于每一层最多只影响两层,同时只要给相邻层提供相同的接口,允许每层用不同的方法实现,同样为软件重用提供了强大的支持。

图 2-18 所示为层次系统风格的示意图。层次系统最广泛的应用是分层通信协议。在这一应用领域中,每一层提供一个抽象的功能,作为上层通信的基础。较低的层次定义底层的交互,最底层通常只

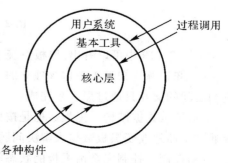

图 2-18 层次系统风格的体系结构

定义硬件物理连接。

层次系统有许多可取的属性,具体如下:

(1)支持基于抽象程度递增的系统设计,使设计师可以把一个复杂系统按递增的步骤进行分解。

(2)支持功能增强,因为每一层至多和相邻的上下层交互,因此功能的改变最多影响相邻的上下层。

(3)支持重用,只要提供的服务接口定义不变,同一层的不同实现可以交换使用。这样就可以定义一组标准的接口,而允许各种不同的实现方法。

但是,层次系统也有其不足之处,具体如下:

(1)并不是每个系统都可以很容易地划分为分层的模式,甚至即使一个系统的逻辑结构是层次化的,出于对系统性能的考虑,系统设计师不得不把一些低级或高级的功能综合起来。

(2)很难找到一个合适正确的层次抽象方法。

2.7.6 仓库系统及知识库

在仓库(repository)风格中,有两种不同的构件:中央数据结构说明当前状态,独立构件在中央数据存储上的执行,仓库与外购件间的相互作用在系统中会有大的变化。

控制原则的选取产生两个主要的子类。若输入流中某类事件触发进程执行的选择,则仓库是一传统型数据库;另一方面,若中央数据结构的当前状态触发进程执行的选择,则仓库是一个黑板系统。

图 2-19 所示为黑板系统的组成。黑板系统的传统应用是信号处理领域,如语音和模式识别;另一应用是松耦合代理数据共享存取。

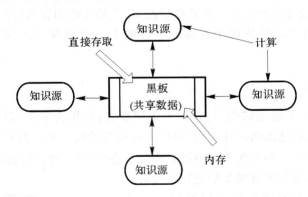

图 2-19　黑板系统的组成

从图 2-19 中可以看出,黑板系统主要由以下 3 部分组成。

(1)知识源。知识源中包含独立的、与应用程序相关的知识,知识源之间不直接进行通信,它们之间的交互只通过黑板来完成。

(2)黑板数据结构。黑板数据是按照应用程序相关的层次来组织的解决问题的数据,知识源通过不断地改变黑板数据来解决问题。

(3)控制。控制完全由黑板的状态驱动,黑板状态的改变决定使用的特定知识。

2.7.7 C2 风格

C2 体系结构风格可以概括为通过连接件绑定在一起的、按照一组规则运作的并行构件网络。C2 风格中的系统组织规则如下：

(1)系统中的构件和连接件都有一个顶部和一个底部。

(2)构件的顶部应连接到某连接件的底部，构件的底部则应连接到某连接件的顶部，而构件与构件之间的直接连接是不允许的。

(3)一个连接件可以和任意数目的其他构件和连接件连接。

(4)当两个连接件进行直接连接时，必须由其中一个的底部到另一个的顶部。

图 2-20 所示是 C2 风格的示意图。图中构件与连接件之间的连接体现了 C2 风格中构件系统的规则。

C2 风格是最常用的一种软件体系结构风格。从 C2 风格的组织规则和结构图中可以得出，C2 风格具有以下特点。

(1)系统中的构件可实现应用需求，并将任意复杂度的功能封装在一起。

(2)所有构件之间的通信是通过以连接件为中介的异步消息交换机制来实现的。

(3)构件相对独立，构件之间依赖性较少。系统中不存在某些构件将在同一地址空间内执行，或某些构件共享特定控制线程之类的相关性假设。

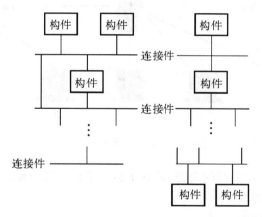

图 2-20 C2 风格的体系结构

2.7.8 客户/服务器风格

客户/服务器(Client/Server,C/S)计算技术在信息产业中占有重要的地位。网络计算经历了从基于宿主机的计算模型到客户/服务器计算模型的演变。

在集中式计算技术时代广泛使用的是大型机/小型机计算模式。它是通过一台物理上与宿主机相连接的非智能终端来实现宿主机上的应用程序。在多用户环境中，宿主机应用程序既负责与用户的交互，又负责对数据的管理；宿主机上的应用程序一般也分为与用户交互的前端和管理数据的后端，即数据库管理系统(Database Management System,DBMS)。集中式的系统使用户能共享贵重的硬件设备，如磁盘机、打印机和调制解调器等。但随着用户的增多，对宿主机能力的要求提高，而且开发者必须为每个新的应用重新设计同样的数据管理构件。

20世纪80年代以后,集中式结构逐渐被以个人计算机(PC)为主的微机网络所取代。个人计算机和工作站的采用,永远改变了协作计算模型,从而导致了分散的个人计算机模型的产生。一方面,由于大型机系统固有的缺陷,如缺乏灵活性,无法适应信息量急剧增长的需求,并为整个企业提供全面的解决方案等;另一方面,由于微处理器的日新月异,其强大的处理能力和低廉的价格使微机网络迅速发展,已不仅仅是简单的个人系统,这便形成了计算机界的向下规模化(downsizing)。其主要优点是用户可以选择适合自己需要的工作站、操作系统和应用程序。

C/S体系结构是基于资源不对等,且为实现共享而提出来的,是20世纪90年代成熟起来的技术,C/S体系结构定义了工作站如何与服务器相连,以实现数据和应用分布到多个处理机上。C/S体系结构由数据库服务器、客户应用程序和网络3个主要部分组成,如图2-21所示。

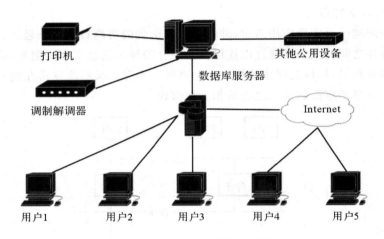

图 2-21 C/S体系结构示意图

服务器负责有效地管理系统的资源,其任务集中于以下几方面。

(1)数据库安全性的要求。

(2)数据库访问并发性的控制。

(3)数据库前端的客户应用程序的全局数据完整性规则。

(4)数据库的备份与恢复。

客户端应用程序的主要任务如下:

(1)提供用户与数据库交互的界面。

(2)向数据库服务器提交用户请求并接收来自数据库服务器的信息。

(3)利用客户端应用程序对存在于客户端的数据执行应用逻辑要求。

网络通信软件的主要作用是完成数据库服务器和客户端应用程序之间的数据传输。

C/S体系结构将应用一分为二,服务器(后台)负责数据管理,客户端(前台)完成与用户的交互任务。服务器为多个客户端应用程序管理数据,而客户端程序发送、请求和分析从服务器接收的数据,这是一种"胖客户端(fat client)""瘦服务器(thin server)"的体系结构。其数据流图如图2-22所示。

在一个 C/S 体系结构的软件系统中,客户端应用程序是针对一个小的、特定的数据集,如对一个表的行来进行操作,而不是像文件服务器那样针对整个文件进行,对某一条记录进行封锁,而不是对整个文件进行封锁,因此保证了系统的并发性,并使网络上传输的数据量减到最少,从而改善了系统的性能。

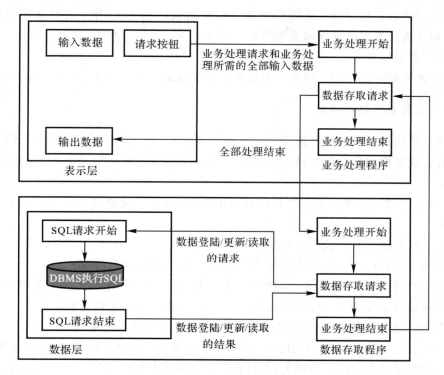

图 2-22 C/S 结构的一般处理流程

C/S 体系结构的优点主要在于系统的客户端应用程序和服务器构件分别运行在不同的计算机上,系统中每台服务器都可以适合各构件的要求,这对于硬件和软件的变化显示出极大的适应性和灵活性,而且易于对系统进行扩充和缩小。在 C/S 体系结构中,系统中的功能构件充分隔离,客户端应用程序的开发集中于数据的显示和分析,而数据库服务器的开发则集中于数据的管理,不必在每一个新的应用程序中都要对一个 DBMS 进行编码。将大的应用处理任务分布到许多通过网络连接的低成本计算机上,以节约大量费用。

C/S 体系结构具有强大的数据操作和事物处理能力,模型思想简单,易于人们理解和接受。但随着企业规模的日益扩大,软件的复杂度不断提高,C/S 体系结构逐渐暴露了以下缺点:

(1)开发成本较高。C/S 体系结构对客户端硬件配置要求较高,尤其是随着软件的不断升级,对硬件要求不断提高,增加了整个系统的成本,且客户端变得越来越臃肿。

(2)客户端程序设计复杂。采用 C/S 体系结构进行软件开发,大部分工作量放在客户端的程序设计上,客户端显得十分庞大。

(3)信息内容和形式单一,因为传统应用一般为事务处理,界面基本遵循数据库的字段解释,开发之初就已确定,而且不能随时截取办公信息和档案等外部信息,用户获得的只是单纯的字符和数字,既枯燥又死板。

(4)用户界面风格不一,使用繁杂,不利于推广使用。

(5)软件移植困难。采用不同开发工具或平台开发的软件,一般互不兼容,不能或很难移植到其他平台上运行。

(6)软件维护和升级困难。采用C/S体系结构的软件要升级,开发人员必须到现场为客户端升级,每个客户端上的软件都需要维护。对软件的一个小小改动(例如只改动一个变量),每一个客户端都必须更新。

(7)新技术不能轻易应用。因为一个软件平台及开发工具一旦选定,不可能轻易改变。

2.7.9 三层C/S结构风格

C/S体系结构具有强大的数据操作和事务处理能力,模型思想简单,易于人们理解和接受。但随着企业规模的日益扩大,软件的复杂程度不断提高,传统的二层C/S结构存在以下几个局限:

(1)二层C/S结构是单一服务器且以局域网为中心的,因此难以扩展至大型企业广域网或Internet。

(2)软、硬件的组合及集成能力有限。

(3)客户机的负荷太重,难以管理大量的客户机,系统的性能容易变差。

(4)数据安全性不好。因为客户端程序可以直接访问数据库服务器,所以在客户端计算机上的其他程序也可想办法访问数据库服务器,从而使数据库的安全性受到威胁。

正是因为二层C/S体系结构有这么多缺点,所以三层C/S体系结构应运而生。其结构如图2-23所示。与二层C/S结构相比,在三层C/S体系结构中,增加了一个应用服务器,可以将整个应用逻辑驻留在应用服务器上,而只有表示层存在于客户机上。这种结构被称为"瘦客户机"(thin client)。三层C/S体系结构将应用功能分成表示层、功能层和数据层3个部分,如图2-24所示。

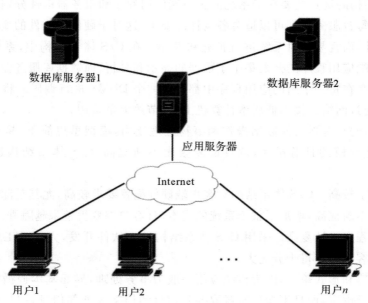

图2-23 三层C/S结构示意图

1. 表示层

表示层是应用的用户接口部分,它担负着用户与应用间的对话功能。它用于检查用户从键盘等输入的数据,显示应用输出的数据。为使用户能直观地进行操作,一般要使用图形用户界面(Graphic User Interface,GUI),操作简单、易学易用。在变更用户界面时,只需改写显示控制和数据检查程序,而不影响其他两层。检查的内容也只限于数据的形式和取值范围,不包括有关业务本身的处理逻辑。

2. 功能层

功能层相当于应用的本体,它用于将具体的业务处理逻辑编入程序。例如,在制作订购合同时要计算合同金额,按照定好的格式配置数据、打印订购合同,而处理所需的数据则要从表示层或数据层取得。表示层和功能层之间的数据交往要尽可能简洁。例如,用户检索数据时,要设法将有关检索要求的信息一次性地传给功能层,而由功能层处理过的检索结果数据也一次性地传给表示层。

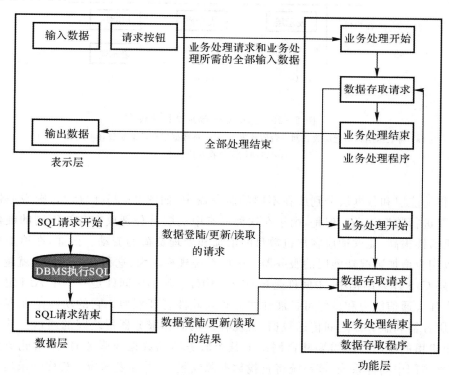

图 2-24 三层 C/S 结构的一般处理流程

通常,在功能层中包含确认用户对应用和数据库存取权限的功能以及记录系统处理日志的功能。功能层的程序多半是用可视化编程工具开发的,也有使用 COBOL 和 C 语言的。

3. 数据层

数据层就是数据库管理系统,负责管理对数据库数据的读写。数据库管理系统必须能迅速执行大量数据的更新和检索。现在的主流是关系型数据库管理系统(RDBMS),因此一般从功能层传送到数据层的要求大都使用 SQL 语言。

三层 C/S 的解决方案：对这三层进行明确分割，并在逻辑上使其独立。原来的数据层作为数据库管理系统已经独立出来，因此关键是要将表示层和功能层分离成各自独立的程序，并且还要使这两层间的接口简洁明了。

一般情况是只将表示层配置在客户机中，如图 2-25(a)或 2-25(b)所示。如果像图 2-25(c)所示的那样连功能层也放在客户机中，则与二层 C/S 体系结构相比，其程序的可维护性要好很多，但是其他问题并未得到解决。客户机的负荷太重，其业务处理所需的数据要从服务器传给客户机，因此系统的性能容易变差。

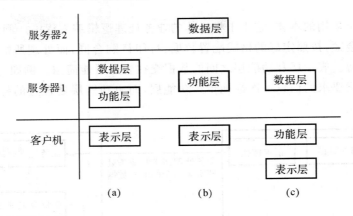

图 2-25　三层 C/S 物理结构比较

(a) 将数据层和功能层放在同一台服务器上；(b) 将数据层和功能层放在不同服务器上；
(c) 将功能层放在客户机上

如果将功能层和数据层分别放在不同的服务器中，如图 2-25(b)所示，则服务器和服务器之间也要进行数据传送。但是，由于在这种形态中三层是分别放在各自不同的硬件系统上的，因此灵活性很高，能够适应客户机数目的增加和处理负荷的变动。例如，在追加新业务处理时，可以相应增加装载功能层的服务器。因此系统规模越大，这种形态的优点就越显著。

在三层 C/S 体系结构中，中间件是最重要的构件。所谓中间件是一个用 API 定义的软件层，是具有强大通信能力和良好可扩展性的分布式软件管理框架。它的功能是在客户机和服务器或者服务器和服务器之间传送数据，实现客户机群和服务器群之间的通信。其工作流程是，在客户机里的应用程序需要驻留网络上某个服务器的数据或服务时，搜索此数据的 C/S 应用程序需访问中间件系统，该系统将查找数据源或服务，并在发送应用程序请求后重新打包响应，将其传送回应用程序。

2.7.10　浏览器/服务器风格

在三层 C/S 体系结构中，表示层负责处理用户的输入和向客户的输出（出于效率的考虑，它可能在向上传输用户的输入前进行合法性验证）；功能层负责建立数据库的连接，根据用户的请求生成访问数据库的 SQL 语句，并把结果返回给客户端；数据层负责实际的数据库存储和检索，响应功能层的数据处理请求，并将结果返回给功能层。

浏览器/服务器（Browser/Server，B/S）风格就是上述三层应用结构的一种实现方式，其具体的结构为浏览器/Web 服务器/数据库服务器。采用 B/S 结构的计算机应用系统的基本框架如图 2-26 所示。

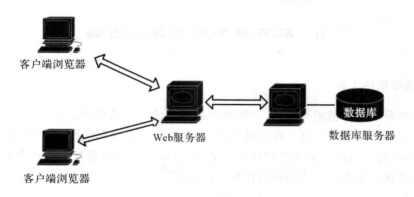

图 2-26 B/S 模式结构

B/S 体系结构主要是利用不断成熟的 WWW 浏览器技术,结合浏览器的多种脚本语言,而通用浏览器就实现了原来需要复杂的专用软件才能实现的强大功能,并节约了开发成本。从某种程度上来说,B/S 结构是一种全新的软件体系结构。

在 B/S 结构中,除了数据库服务器外,应用程序以网页形式存放于 Web 服务器上,用户运行某个应用程序时只需在客户端上的浏览器中输入相应的网址,调用 Web 服务器上的应用程序并对数据库进行操作完成相应的数据处理工作,最后将结果通过浏览器显示给用户。可以说,在 B/S 模式的计算机应用系统中,应用(程序)在一定程度上具有集中特征。

基于 B/S 体系结构的软件,系统安装、修改和维护全在服务器端解决。用户在使用系统时,仅仅需要一个浏览器就可以运行全部的模块,真正达到了"零客户端"的功能,很容易在运行时自动升级。B/S 体系结构还提供了异种机、异种网、异种应用服务的联机、联网、统一服务的最现实的开放性基础。

B/S 结构出现之前,管理信息系统的功能覆盖范围主要是组织内部。B/S 结构的"零客户端"方式,使组织的供应商和客户(这些供应商和客户有可能是潜在的,也就是说可能是事先未知的)的计算机方便地成为管理信息系统的客户端,进而在限定的功能范围内查询组织的相关信息,完成与组织的各种业务往来的数据交换和处理工作,扩大了组织计算机应用系统的功能覆盖范围,可以更加充分地利用网络上的各种资源,同时应用程序维护的工作量也大大减少。另外,B/S 结构的计算机应用系统与 Internet 的结合也使新近提出的一些新的企业计算机应用(如电子商务、客户关系管理)的实现成为可能。

与 C/S 体系结构相比,B/S 体系结构也有许多不足之处,主要体现在以下几方面。

(1)B/S 体系结构缺乏对动态页面的支持能力,没有集成有效的数据库处理功能。

(2)系统扩展能力差,安全性难以控制。

(3)采用 B/S 体系结构的应用系统,在数据查询等响应速度上,要远远地低于 C/S 体系结构。

(4)B/S 体系结构的数据提交一般以页面为单位,数据的动态交互性不强,不利于在线事务处理(Online Transaction Processing,OLTP)应用。

因此,虽然 B/S 结构的计算机应用系统有如此多的优越性,但由于 C/S 结构的成熟性且 C/S 结构的计算机应用系统网络负载较小,因此未来一段时间内,将是 B/S 结构和 C/S 结构共存的情况。但是,很显然,计算机应用系统计算模式的发展趋势是向 B/S 结构转变。

2.8　软件体系结构描述方法

2.8.1　图形表达工具

对于软件体系结构的描述和表达,一种简洁易懂且使用广泛的方法是采用由矩形框和有向线段组合而成的图形表达工具。在这种方法中,矩形框代表抽象构件,框内标注的文字为抽象构件的名称,有向线段代表辅助各构件进行通信、控制或关联的连接件。例如,图 2-27 所示是某软件辅助理解和测试工具的部分体系结构描述。

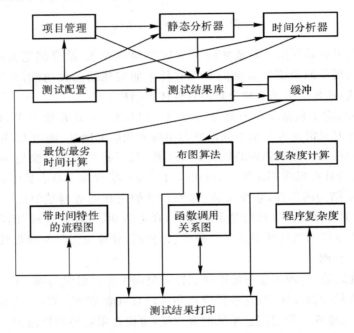

图 2-27　某软件辅助理解和测试工具部分体系结构描述

目前,这种图形表达工具在软件设计中占据着主导地位。尽管由于在术语和表达语义上存在着一些不规范和不精确,使得以矩形框与线段为基础的传统图形表达方法在不同系统和不同文档之间有着许多不一致甚至矛盾,但该方法仍然以其简洁易用的特点在实际的设计和开发工作中被广泛使用,并为工作人员传递了大量重要的体系结构思想。

为了克服传统图形表达方法中缺乏的语义特征,有关研究人员试图通过增加含有语义的图元素的方式来开发图文法理论。

2.8.2　模块内连接语言

软件体系结构的第二种描述和表达方法是采用将一种或几种传统程序设计语言的模块连

接起来的模块内连接语言(Module Interconnecti Language,MIL)。由于程序设计语言和模块内连接语言具有严格的语义基础,因此它们能支持对较大的软件单元进行描述,诸如定义/使用和扇入/扇出等操作。例如,Ada 语言采用 use 实现包的重用,Pascal 语言采用过程(函数)模块的交互等。

MIL 方式对模块化的程序设计和分段编译等程序设计与开发技术确实发挥了很大的作用。但是由于这些语言处理和描述的软件设计开发层次过于依赖程序设计语言,因此限制了它们处理和描述比程序设计语言元素更为抽象的高层次软件体系结构元素的能力。

2.8.3 基于软构件的系统描述语言

软件体系结构的第三种描述和表达方法是采用基于软构件的系统描述语言。基于软构件的系统描述语言将软件系统描述成一种是由许多以特定形式相互作用的特殊软件实体构造组成的组织或系统。

例如,一种多变配置语言(Proteus Configuration Language,PCL)就可以用来在一个较高的抽象层次上对系统的体系结构建模,Darwin 最初用作设计和构造复杂分布式系统的配置说明语言,因而具有动态特性,也可用来描述动态体系结构。

这种表达和描述方式虽然也是较好的一种以构件为单位的软件系统描述方法,但是它们所面向和针对的系统元素仍然是一些层次较低的以程序设计为基础的通信协作软件实体单元,而且这些语言所描述和表达的系统一般而言都是面向特定应用的特殊系统,这些特性使得基于软构件的系统描述仍然不是十分适合软件体系结构的描述和表达。

2.8.4 软件体系结构描述语言

软件体系结构的第四种描述和表达方法是参照传统程序设计语言的设计和开发经验,重新设计、开发和使用针对软件体系结构特点的专门的软件体系结构描述语言(Architecture Description Language,ADL),由于 ADL 在吸收了传统程序设计中的语义严格精确的特点基础上,针对软件体系结构的整体性和抽象性特点,定义和确定适合于软件体系结构表达与描述的有关抽象元素,因此 ADL 是当前软件开发和设计方法学中一种发展很快的软件体系结构描述方法,目前已经有几十种常见的 ADL。

2.9 体系结构描述语言

ADL 是这样一种形式化语言,它在底层语义模型的支持下,为软件系统的概念体系结构建模提供了具体语法和概念框架。基于底层语义的工具为体系结构的表示、分析、演化、细化、设计过程等提供支持。其具体元素包括以下 3 种。

(1)构件。计算或数据存储单元。

(2)连接件。用于构件之间交互建模的体系结构构造块及其支配这些交互的规则。

(3)体系结构配置。描述体系结构的构件与连接件的连接图。

主要的体系结构描述语言有 Aesop,MetaH,C2,Rapide,SADL,UniCon 和 Wright 等,尽管它们都是描述软件体系结构,却各有不同的特点。Aesop 支持体系结构风格的应用,MetaH 为设计者提供了关于实时电子控制软件系统的设计指导,C2 支持基于消息传递风格的用户界面系统的描述,Rapide 支持体系结构设计的模拟并提供了分析模拟结果的工具,SADL 提供了关于体系结构加细的形式化基础,UniCon 支持异构的构件和连接类型并提供了关于体系结构的高层编译器,Wright 支持体系结构构件之间交互的说明和分析。这些 ADL 强调了体系结构不同的侧面,对体系结构的研究和应用起到了重要的作用,但也有负面的影响。每一种 ADL 都以独立的形式存在,描述语法不同且互不兼容,同时又有许多共同的特征,这使设计人员很难选择一种合适而通用的 ADL,若设计特定领域的软件体系结构,又需要从头开始描述。

2.9.1 ADL 与其他语言的比较

按照 Mary Shaw 和 David Garlan 的观点,典型的 ADL 在充分继承和吸收传统程序设计语言的精确性和严格性特点的同时,还应该具有构造、抽象、重用、组合、异构和分析推理等多种能力和特性。

(1)构造能力指的是 ADL 能够使用较小的独立体系结构元素来建造大型软件系统。

(2)抽象能力指的是 ADL 使得软件体系结构中的构件和连接件描述可以只关注它们的抽象特征,而不管其具体的实现细节。

(3)重用能力指的是 ADL 使得组成软件系统的构件、连接件甚至是软件体系结构都成为软件系统开发和设计的可重用部件。

(4)组合能力指的是 ADL 使得其描述的每一系统元素都有其自己的局部结构,这种描述局部结构的特点使得 ADL 支持软件系统的动态变化组合。

(5)异构能力指的是 ADL 允许多个不同的体系结构描述关联存在。

(6)分析和推理能力指的是 ADL 允许对其描述的体系结构进行不同的性能和功能上的多种推理分析。

根据这些特点,可以将下面这样的语言排除在 ADL 之外:高层设计符号语言、MIL、编程语言、面向对象的建模符号、形式化说明语言。ADL 与需求语言的区别在于后者描述的是问题空间,而前者则扎根于解空间中。ADL 与建模语言的区别在于后者对整体行为的关注要大于对部分的关注,而 ADL 集中在构件的表示上。ADL 与传统的程序设计语言的构成元素既有许多相同和相似之处,又各自有着很大的不同。

现在给出程序设计语言和 ADL 的典型元素的属性和含义比较(见表 2-1)以及软件体系结构中经常出现的一些构件和连接件元素(见表 2-2)。

表 2-1 典型元素含义比较

程序设计语言		软件体系结构	
程序构件	组成程序的基本元素及其取值或值域范围	系统构件	模块化级别的系统组成成分实体,这些实体可以被施以抽象的特性化处理,并以多种方式得到使用
操作符	连接构件的各种功能符号	连接件	对组成系统的有关抽象实体进行各种连接的连接机制
抽象规则	有关构件和操作符的命名表达规则	组合模式	系统中的构件和连接件进行连接组合的特殊方式,也就是软件体系结构的风格

续表

	程序设计语言		软件体系结构
限制规则	一组选择并决定具体使用何种抽象规则来作用于有关的基本构件及其操作符的规则和原理	限制规则	决定有关模式能够作为子系统进行大型软件系统构造和开发的合法子系统的有关条件
规范说明	有关句法的语义关联说明	规范说明	有关系统组织结构方面的语义关联说明

表 2-2 常见的软件体系结构元素

系统构件元素		连接件元素	
纯计算单元	这类构件只有简单的输入/输出处理关联,对它们的处理一般也不保留处理状态,如数学函数、过滤器和转换器等	过程调用	在构件实体之间实现单线程控制的连接机制,如普通过程调用和远程过程调用等
数据存储单元	具有永久存储特性的结构化数据,如数据库、文件系统、符号表和超文本等	数据流	系统中通过数据流进行交互的独立处理流程连接机制,其最显著的特点是根据得到的数据来进行构件实体的交互控制,如 UNIX 操作系统中的管道机制等
管理器	对系统中的有关状态和紧密相关操作进行规定与限制的实体,如抽象数据类型和系统服务器等	隐含触发器	由并发出现的事件来实现构件实体之间交互的连接机制,在这种连接机制中,构件实体之间不存在明显确定的交互规定,如时间调度协议和自动垃圾回收处理等
控制器	控制和管理系统中有关事件发生的时间序列,如调度程序和同步处理协调程序等	消息传递	独立构件实体之间通过离散和非在线的数据(可以是同步或非同步的)进行交互的连接机制,如 TCP/IP 等
连接器	充当有关实体间信息转换角色的实体,如通信连接器和用户界面等	数据共享协议	构件之间通过相同的数据空间进行并发协调操作的机制,如黑板系统中的黑板和多用户数据库系统中的共享数据区等

2.9.2 ADL 的构成要素

前面提到了体系结构描述的基本构成要素有构件、连接件和体系结构配置,软件体系结构的核心模型如图 2-14 所示。

1. 构件

构件是一个计算单元或数据存储。也就是说,构件是计算与状态存在的场所。在体系结构中,一个构件可能小到只有一个过程或大到整个应用程序。它可以要求自己的数据与/或执行空间,也可以与其他构件共享这些空间。作为软件体系结构构造块的构件,其自身也包含了多种属性,如接口、类型、语义、约束、演化和非功能属性等。

接口是构件与外部世界的一组交互点。与面向对象方法中的类说明相同,ADL 中的构件接口说明了构件提供的那些服务(消息、操作、变量)。为了能够充分地推断构件及包含它的体系结构,ADL 提供了能够说明构件需要的工具。这样,接口就定义了构件能够提出的计算委托及其用途上的约束。

构件作为一个封装的实体,只能通过其接口与外部环境交互,构件的接口由一组端口组成,每个端口表示构件与外部环境的交互点。通过不同的端口类型,一个构件可以提供多重接口。一个端口可以非常简单,如过程调用;也可以表示更为复杂的界面,如必须以某种顺序调用的一组过程调用。

构件类型是实现构件重用的手段。构件类型保证了构件能够在体系结构描述中多次实例化,并且每个实例可以对应于构件的不同实现。抽象构件类型也可以参数化,进一步促进重用。现有的 ADL 都将构件类型与实例区分开来。

由于基于体系结构开发的系统大都是大型、长时间运行的系统,因而系统的演化能力显得格外重要。构件的演化能力是系统演化的基础。ADL 是通过构件的子类型及其特性的细化来支持演化过程的。目前,只有少数几种 ADL 部分地支持演化,对演化的支持程度通常依赖于所选择的程序设计语言。其他 ADL 将构件模型看做是静态的。

2. 连接件

连接件是用来建立构件间的交互以及支配这些交互规则的体系结构构造块模块。与构件不同,连接件可以不与实现系统中的编译单元对应。它们可能以兼容消息路由设备实现(如C2),也可以以共享变量、表入口、缓冲区、对连接器的指令、动态数据结构、内嵌在代码中的过程调用序列、初始化参数、客户服务协议、管道、数据库、应用程序之间的 SQL 语句等形式出现。大多数 ADL 将连接件作为第一类实体,有的 ADL 则不将连接件作为第一类实体。

连接件作为建模软件体系结构的主要实体,同样也有接口。连接件的接口由一组角色组成,连接件的每一个角色定义了该连接件表示的交互参与者,二元连接有两个角色,如消息传递连接件的角色是发送者和接收者。有的连接件有多于两个的角色,如事件广播有一个事件发布者角色和任意多个事件接受者角色。

显然,连接件的接口是一组它与所连接构件之间的交互点。为了保证体系结构中的构件连接以及它们之间的通信正确,连接件应该导出所期待的服务作为它的接口。它能够推导出软件体系结构的形成情况。体系结构配置中要求构件端口与连接件角色的显式连接。

体系结构级的通信需要用复杂协议来表达。为了抽象这些协议并使之能够重用,ADL 应该将连接件构造为类型。构造连接件特性可以用通信协议定义的类型系统化并独立于实现,或者作为内嵌的、基于它们的实现机制的枚举类型。

为完成对构件接口的所有分析、保证跨体系结构抽象层的细化的一致性,强调互联与通信约束等,体系结构描述提供了连接件协议以及变换语法。为了确保执行计划的交互协议,建立起内部连接件依赖关系,强调用途边界,就必须说明连接件约束。ADL 可以通过强制风格不变性来实现约束,或通过接受属性限制给定角色中的服务。

3. 体系结构配置

体系结构配置或拓扑是描述体系结构的构件与连接件的连接图。体系结构配置提供信息来确定构件是否正确连接、接口是否匹配、连接件构成的通信是否正确,并说明实现要求行为的组合语义。

体系结构适合于描述大的、生命周期长的系统。利用配置来支持系统的变化,使不同技术人员都能理解并熟悉系统。为帮助开发人员在一个较高的抽象层上理解系统,就需要对软件体系结构进行说明。为了使开发者与有关人员之间的交流容易些,ADL 必须以简单的、可理解的语法来配置结构化信息。理想的情况是从配置说明中澄清系统结构,即不需研究构件与连接件就能使构建系统的各种参与者理解系统。体系结构配置说明除文本形式外,有些 ADL 还提供了图形说明形式。文本描述与图形描述可以互换。多视图、多场景的体系结构说明方法在最新的研究中得到了明显的加强。

为了在不同细节层次上描述软件系统,ADL 将整个体系结构作为另一个较大系统的单个构件。也就是说,体系结构具有复合或等级复合的特性。另外,体系结构配置支持采用异构构件与连接件。这是因为软件体系结构的目的之一是促进大规模系统的开发,即倾向于使已有的构件与不同粒度的连接件进行连接和组装,这些构件与连接件的设计者、形式模型、开发者、编程语言、操作系统、通信协议可能都不相同。另外一个事实是,大型的、长期运行的系统是不断增长的,因而 ADL 必须支持可能增长系统的说明与开发。大多数 ADL 提供复合特性,因此任意尺度的配置都可以相对简洁地在足够的抽象高度表示出来。

体系结构设计是整个软件生命周期中关键的一环,一般在需求分析之后,软件设计之前进行。而形式化的、规范化的体系结构描述对于体系结构的设计和理解都是非常重要的。因此 ADL 如何能够承上启下将是十分重要的问题,一方面是体系结构描述如何向其他文档转移;另一方面是如何利用需求分析成果来直接生成系统的体系结构说明。

现有的 ADL 大多是与领域相关的,这不利于对不同领域体系结构的说明。这些针对不同领域的 ADL 在某些方面又大同小异,造成了资源的冗余。有些 ADL 可以实现构件与连接件的演化,但这样的演化能力是有限的,这样的演化大多是通过子类型实现的。而且系统级的演化能力才是最终目的。尽管现有的 ADL 都提供了支持工具集,但将这些 ADL 与工具应用于实际系统开发中的成功范例还很有限。支持工具的可用性与有效性较差,严重地阻碍了这些 ADL 的广泛应用。

第 3 章　软件重用技术

3.1　软件重用技术及其发展

3.1.1　软件重用的必要性

尽管当前社会的信息化过程对软件需求的增长非常迅速,但目前软件的开发与生产能力却相对不足,这不仅造成许多急需的软件迟迟不能被开发出来,而且形成了软件脱节现象。自20世纪60年代人们认识到软件危机并提出软件工程以来,已经对软件开发问题进行了不懈的研究。近年来人们认识到,要提高软件开发效率,提高软件产品质量,必须采用工程化的开发方法与工业化的生产技术,这包括技术与管理两方面的问题:在技术上,应该采用基于重用(英文单词为reuse,有些文献翻译为"复用")的软件生产技术;在管理上,应该采用多维的工程管理模式。

近年来人们认识到,要真正解决软件危机,实现软件的工业化生产是唯一可行的途径。分析传统工业及计算机硬件产业成功的模式可以发现,这些工业的发展模式均是符合标准的零部件/构件(英文单词为component,有些文献翻译为"组件"或"部件")生产以及基于标准构件的产品生产,其中,构件是核心和基础,重用是必需的手段。实践表明,这种模式是产业工程化、工业化的成功之路,也将是软件产业发展的必经之路。

3.1.2　软件重用的概念

软件重用是指在两次或多次不同的软件开发过程中重复使用相同或相近软件元素的过程。软件元素包括程序代码、测试用例、设计文档、设计过程、需求分析文档甚至领域(domain)知识。通常,人们把这种可重用的元素称作软构件(software component,通常简称为构件),可重用的软件元素越大,就说重用的粒度(granularity)越大。

3.1.3　软件重用的意义

使用软件重用技术可以减少软件开发活动中大量的重复性工作,这样就能提高软件生产率,降低开发成本,缩短开发周期。同时,由于软构件大都经过严格的质量认证,并在实际运行环境中得到检验,因此重用软构件有助于改善软件质量。此外,大量使用软构件,软件的灵活性和标准化程度也能得到提高。

3.1.4　软件重用的发展

随着软件规模和复杂度的增长,软件的开发和维护成本急剧上升。软件已经代替硬件成为影响系统成败的主要因素。为了解决面临的"软件危机",软件开发者试图寻找一个将投资均摊到多个系统以降低成本的方法。软件重用是一个降低软件系统的平均成本的主要策略和技术。它的基本思想是尽最大可能重用已有的软件资源。

软件重用长期以来一直是软件工程界不断追求的目标。自 1968 年 Mcllroy 提出了软件重用概念的原型后,人们一直在尝试用不同的方法实现通过软件模块的组合来构造软件系统。软件重用也从代码重用到函数和模块的重用,再发展到对象和类的重用。当构件技术兴起时,曾经有人预测,基于构件的软件开发将分为构件开发者、应用开发者(构件用户)。但跨组织边界的构件重用是很困难的。但是对于一个软件开发组织来说,它总是在开发一系列功能和结构相似的软件系统,有足够的经济动力驱使它对已开发的和将要开发的软件系统进行规划、重组,并尽量在这些系统中共用相同的软件资源。于是"世界范围内的重用"开始向"组织范围内的重用"转移。随着对软件体系结构的重要性的认识和软件体系结构的发展,基于构件技术的重用在软件重用中的主要地位就逐渐被基于软件产品线的重用代替。

基于产品线的软件重用也符合软件重用的发展趋势:从小粒度的重用(代码、对象重用)到构件重用,再发展到软件产品线的策略重用以及大粒度的部件(软件体系结构、体系结构框架、过程、测试用例、构件和产品规划)的重用,能使软件重用发挥更大的效益。到目前为止,软件产品线是最大程度的软件重用,它可以有效地降低成本,缩短产品面世时间、提高软件质量。

虽然新的产品线技术和方法在不断涌现,但是软件体系结构和软件重用在引导产品线设计上的绝对重要性是不变的。软件产品线代表着跨产品的软件资源的大规模重用,并且有"有规划的"和"自顶向下"的重用,而不是在该领域已被证明为不成功的"偶然的"和"自底向上"的重用。作为指导软件产品线设计最重要的软件体系结构,产品线体系结构是重用规划的载体,是最有价值的可重用核心资源(core assets)。

根据软件重用技术的发展,本章将详细介绍构件重用、基于设计模式的软件重用技术—基于 MVC 架构的面向对象软件的设计及基于产品线的软件重用技术。

3.1.5　软件重用方法

所谓软件重用就是指利用现有的软件成分(包括重用已有的软件成分或专门生产的可重用软部件)来构造新的软件系统。软件重用性则指软件成分在构造新的软件系统过程中被重新使用的能力。软件重用成分包括的范围比较广,如,源程序代码和模块、需求规格说明和设计过程、文档、软件开发方法、开发工具和支撑环境、测试信息和维护信息等。重用成分的不同形式将会形成不同的重用途径和技术。

1. 代码与软部件的重用

代码重用的方法之一是,从已有的程序中抽取程序片断经修改后重用在另一个程序中。方法之二是共享可重用代码模块的程序库,这些程序模块具有特定的应用功能或公共的功能。这种方法必须事先考虑代码可重用性的设计,然后再将它们存入库中供重用。代码重用依赖于语言、操作系统和应用项目,而且在重用之前经常被整理和修改,由此会产生错误和其他预见不到的副作用。因此,在代码上的软件重复使用是很有限的。

可重用的软部件是指一种相对独立的软件抽象结构,它反映一类问题求解的结构描述框架。软部件的当前与未来的可重用性与采用的开发方法密切相关,一般的方法是在多个同类应用项目中寻找共同的部分,然后再设计部件,使它们满足共同的需求;理想的方法是对整个应用领域进行分析,找出一些最基本、最通用的部分,然后根据这些需求再设计和开发可重用部件以满足现在和未来的重用要求。从长远角度来看,我们应该采用较为系统化的方法来开发软部件,因为部件的开发方法越系统、部件可重用潜力就越大。

利用重用软部件来构造目标系统是基于可重用部件库和强有力的库管理系统来实现软件重用的一种方法。对存放在库中部件的总体要求是,有比较规范的描述和标识格式,外部有使用和行为的规范说明,内部结构应该是低复杂性、低耦合性和高内聚性。部件库的特征是便于存取、检索、版本控制和安全控制;允许用户建立、编辑、查看和组织这些部件的各种操作;具有在库中起引导辅助作用的组织模式;能支持部件标准化并具有便于扩展性能。库管理系统提供描述和标识部件的方法,并能有效地组织索引、描述、交叉引用和管理可重用的软部件。为此,必须设计分类和选择部件的模式,如分层组织模式;可按部件应用类型和应用类型的功能来组织,功能可分为特定的应用功能和普通功能类型。

2. 规格说明和设计过程的重用

相对代码重用,它是一种较高级的软件重用形式。其方法是借助于软件工具和开发环境的支持(如 CASE、应用生成器或甚高级语言),由系统的规格说明生成目标系统。

规格说明可用谓词、代数、关系或说明的形式表示。其表示既要考虑简明性和易理解性,便于用户查错和排错;又要方便支持系统对其语法和部分语义的正确性检查,以及将其自动转换为可执行程序所需的有效控制。

CASE 支持下的规格说明和设计的重用过程是,系统开发人员从 CASE 中心库中选择类似所要建立的程序规格说明设计,查到与设计的系统相同或具有类似功能的系统,得到一些候选的设计。规格说明设计是一簇代表了程序的体系结构、过程部件或数据结构部件等相关的结构化的形式,然后,CASE 中心库自动地把它们连在一起,最后由 CASE 中的代码生成器工具将规格说明自动生成目标代码和数据库定义。其中,可通过 CASE 分析工具调整设计以满足新系统的要求。由于 CASE 中心库存储了所有的系统信息和各系统部件之间的关系,且又能自动跟踪和控制所有变更,使得规格说明的重复使用是可行的。

在 CASE 环境中,也可集成甚高级语言及其解释或编译系统,或者应用程序生成器工具,以支持规格说明和设计过程的重用。甚高级语言可以用来编写说明性的规格说明,可支持从需求分析、设计到实现级的规格说明描述,然后通过其解释或编译系统来实现目标系统。它一般适用于通用软件的开发。

应用程序生成器重用完整的系统设计,它适用于特定领域的开发。如商业数据处理系统、编译器的编译器、面向结构的编辑器的生成器等。

很可能成为下一代的应用生成器是基于规则的、具有转换功能和综合能力的应用生成器。它比现有的应用生成器更易于增量地开发和修改,也易于加进成熟的问题求解能力。因此它能产生更好的代码并提供更高级的规格说明;在理论上转换规则可由组合基本转换规则导出,基本规则是严格地基于逻辑的,其正确性是可验证的。利用应用生成器生成目标系统可分为三个阶段,首先是语法分析阶段,把面向应用的语言编写的规格说明或通过菜单及表交互而得到的规格说明转换成语法分析树;而后在语义阶段中计算语义属性以获得增加内容的语义树;最后在生成阶段中遍历语义树以及例行的代码模板,生成阶段与传统程序设计语言中的宏扩展相类似。

3. 支持软件开发方法的重用

选择支持软件重用的软件开发方法及过程模型对于成功地进行软件重用是非常重要的。

目前,支持软件重用的系统化开发方法有快速原型方法和螺旋式模型的开发方法等。支持软件重用开发的语言有面向对象的语言、Ada 语言甚至更高级语言等。为了改造和增强软件可重用性,使基于重用的软件开发方法定向系统化和整体化,重要地是要构造一种开发工具集成化的环境。这种环境应该能将诸如规格说明语言、图形生成工具、原型开发工具、生成器、字典工具和数据库管理系统等,在一种公共的接口下组合在一起,并使用一种公共语言(如自然语言子集)使这些工具不仅共存,而且能够相互了解和自动调用。另外,在这些工具的周围加上智能化的外壳,使用户能驱动这些工具的使用。智能外壳可由三部分组成:自适应的学习和使用环境,它是一种智能的用户接口;方法驱动器,为整个软件生存期提供方法指南的专家系统;第三部分是重用软部件库和智能库管理系统,支持和提高软件开发策略状态的可重用性。在集成化和智能化的开发环境下,使软件开发方法具有以下特征。

(1)快速响应和高度交互的环境。

(2)具有指导软件开发过程的自动化专家功能。

(3)具有快速建立用规格说明描述过程的原型功能。

(4)连续和自动化的检查功能。

(5)利用可重用的软件"芯片"建立系统。

(6)从设计规格说明中自动生成代码和文档。

3.1.6 软件重用流程和方法

软件工程的发展,必然离不开软件工程的整个过程。传统的软件工程,按照需求、分析、设计、测试等一系列的过程去发展。而重用,因为其部件的重用性,必然少了部件的测试过程。

传统的软件工程过程如图 3-1 所示。

软件重用后的发展流程如图 3-2 所示。

软件重用和常规的软件工程过程之间的主要区别就是软件的重复使用。软件重用的优势在于无论客户提出什么样的要求,重用的基础部分都是不用改动的,只需要在这个基础上构建新的模块或单元来满足客户的需求。

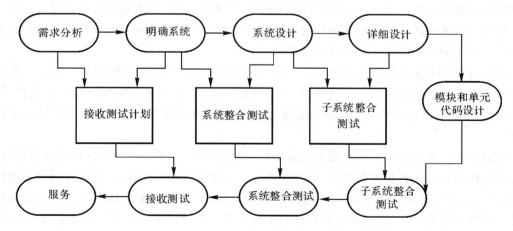

图 3-1 传统的软件工程过程

因此,重用需要做以下几方面的计划。

（1）开发进度周期。

（2）预期软件生命周期。

（3）背景、技能和开发团队经验。

（4）软件及其非功能性需求的关键性。

（5）该应用领域。

（6）软件的运行平台。

尽管客户可能得不到他们最满意的产品，但是对开发者来说该软件应该可以更便宜、更快速。目前常用的软件重用的开发方法分为3种，分别是基于面向对象的重用方法、基于可视化的重用方法和基于兆程序设计的重用开发方法。

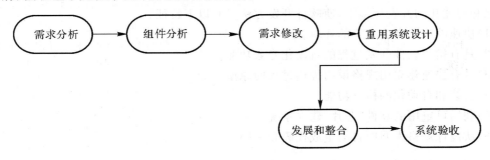

图 3-2　软件重用后的发展流程

1. 基于面向对象的重用方法

自从面向对象方法走向实用阶段以来，人们认为利用面向对象设计方法的诸多特性实现可重用软件库的构造比较合适，面向对象的设计思想使得领域知识重用的表示更为自然。具体的讲，利用面向对象技术中提供的抽象、封装、类、动态联结和可继承性等特性有助于软部件的表示和部件库的实现。体现如下：

面向对象语言在提供部件服务方面具有较大的灵活性，从而可以扩大部件的重用范围。当使用申请发给一个对象时，申请中可以动态地改变对象类型，或者系统按申请模式自动选择服务部件。这种灵活地选择服务部件的功能不仅扩大了部件重用范围，而且在组织部件库方面有利于知识的分类并且保证了对部件库的可控性。

面向对象技术支持部件库的组织。在实际应用中，可以把若干对象或类及继承关系与应用密切相关的关系组成类库。在类库中，一般应把方法（定义在对象实例变量上的操作）尽可能地放在类库较高层次中，使得共享这些方法中的子类就越多，重用也就可以得到更好地支持。

面向对象技术中的类不仅可用来构造部件，而且其继承性既可作为部件的调整机制，也可作为组装机制。在用类描述部件时，可把部件分为定义部分和实现部分；定义部分描述部件的外部接口，接口信息包括引用的部件、继承的类及移出的常量、类型和规程等。实现部分描述该类中的数据类型、实例变量和各种规程的实现细节。类的继承性可以扩充并调整对象行为，使得部件在不改变最初实现细节下适应各种应用领域，即保证了部件可扩充性和重用性。

面向对象技术中的运算符重载、函数名重载以及虚函数与动态联编等特性，可允许在运行时按照数据类型和参数来确定选用的函数，这样可以增强软件开发过程的灵活性和重用性。

2. 基于可视化的重用方法

面向对象技术中的多种特性确实为制作通用性和灵活性的部件提供了有效的方法,为实现部件库组织提供了比较合适的手段,但却没有对部件的重用过程提供可视化的方法,这就限制了基于面向对象的软件重用技术的实用化。

可视化技术以其直观可见的图文并茂的视图形式来表示领域中的对象、概念和过程。在高分辨率的高速图形工作站的支持下,实现可视语言的可视程序设计,形成以拼接、裁剪、移动、放缩、旋转、区域填充等操作,直观地利用可视对象的结构及它们的空间关系(相交、邻接、包含等)来刻画程序结构的一种新的设计风范。

基于可视化的重用方法是在可视化的环境和工具支持下,将重用部件的描述、构成、选择、生成和合成等重用过程进行可视化。在可视化的系统中,一般把部件分为两类,用图形表示的基本部件和通过可视化操作对基本部件进行分解或合成得到的非基本部件。可视化重用过程是,根据系统要求制作一些基本部件,然后考虑将现有的部件进行合成与分解,如果由此能生成所需的软件系统,开发工作结束。否则需继续按要求制作基本部件,重复分解或合成过程,直至构造出所需的系统为止。

Intelleget Pad 方法是一种较为典型的软件可视化的重用开发方法,它将面向对象技术和可视化技术结合起来,实现部件制作及部件的分解或合成过程来构造系统。该方法将部件统一用纸片(Pad)概念来表示,每个纸片有三种功能:表示功能,用来表示纸片自身的数据或处理结果的方法;连接功能,每个纸片有一个或多个插口和仅有一个插头,通过插口和插头的结合实现纸片间的互连和互通消息;处理功能,它封装在纸片内部,可通过消息或外部事件来驱动。

纸片分为五种基本类型:GUI 部件、数值处理部件、集合操作部件、多媒体部件和关联部件。对纸片施加的基本操作有编辑、合成或分解(粘贴、剥落、连接)、存取和打印。它已实际应用于 CAD,CAI 和以表格和图形等多种形式的信息管理系统开发中。

可视化技术为软件重用技术和方法走向实用化组给予了有力的支持,其表现如下:

软部件的可视化定义增加了部件的直观性,从而增强了对部件的搜寻、组装等操作的可理解性和识别性;尤其对于领域中难以用语言表达清楚的一些经验知识和一些具有固有图形或图像表示的知识,利用可视化技术就能使它们得到重用。

可视化的开发过程能够使得计算机专业人员和非计算机专业人员直观地理解和实施重用过程。使人们更加容易地观察和研究软件重用过程的本质,发现以往不易找到重用过程的规律。

图形或图像的重用部件是最直观的软"芯片",用它们来合成软件系统犹如用硬件芯片构造主机一样,会大幅度地提高软件开发效率。

3. 基于兆程序设计的重用开发方法

兆程序设计(Megaprogramming)是 20 世纪 90 年代提出来的、基于软件工程过程的一种软件开发方法。它利用 GUI 构件器、UNAS、电子报表之类的用户界面工具,在可视化的环境下,改编各软件成分和硬件设施组成新的应用系统。构造的方式是演进式的,构造出的是可重用的、类似类属程序包系统。它是在部件级上进行编程,部件可以是异构网上的可重用成分;也可以是在特定的软件环境中,从规格说明生成的重用部件,通过识别和互联构成特定的软件系统。

兆程序设计的中心工作是为软构架定型,其步骤是:

(1)软件问题的域分析;

(2)定义问题区间需求;

(3)成分的共性和差异分析,定义、选取和连接重用成分;

(4)为满足需求解的构架定型,定义并演进式地实现解的体系结构的过程;

(5)实现解的体系结构(如完成新构件的生成、测试等工作)。

兆程序设计是新一代的软件开发技术。软件重用思想和技术在该方法中起着主导的作用。尽管目前它的理论不够完备,原型需要开发,有些问题有待进一步研究,但国外有些软件产品的开发已用到了兆程序设计的方法。

3.1.7 基于重用的软件工程

软件工程的重用,分为下述几方面。

1. 应用系统重用

整个应用系统将不做任何改变就可以重复使用到其他系统中,或者是以该系统为基础,在上层做应用程序的开发。

2. 组件重用

这是指一个子系统或是单个对象的应用组件被重复使用。

3. 对象和功能重用

实现了明确意义的对象或是功能的软件组件被重复使用。

软件工程的重用过程离不开这两个基本概念,即逆工程和再工程。逆工程是在软件维护过程中,理解当前的软件系统,识别部件和部件间的关系的过程。再工程是在软件维护中,为了改善系统的性能,使其适应硬件和应用环境的不断变化,对原有的系统进行再加工的过程。在对软件系统进行再工程之前,首先要理解现有的系统,识别其中的组成部件和部件之间的关系,因此,再工程过程包括逆工程过程。

软件重用的前提是存在可重用的部件,没有可重用部件,软件重用无从谈起。在可重用部件中,可重用模块及其说明书是最普通的一种,也是一般人们理解软件重用的基础。为了得到可重用模块,从已有的系统抽取和再工程是很自然也是很有发展前途的一种方式。这种从已有系统中抽取可重用软件部件的过程称为"重用再工程"过程。

重用再工程可分为五个阶段:候选、选择、资格、分类和存储、查找和检索。在软件重用中,可重用部件的获取是一项很重要的工作。通过重用再工程过程,不仅可以解决可重用部件的来源问题,而且按照严格的可重用模块的筛选标准,保证高质量的可重用部件的生成,可以充分发挥已有系统的作用。因此,重用再工程是一个很有发展前景的研究方向。

3.1.8 软件重用的问题

尽管软件重用思想早已为人们所接受,然而软件重用技术并没有在实践中得到广泛的应用,特别是在大型、复杂的软件开发中,系统化地使用软件重用的情况并不多。阻碍软件重用的因素很多,归纳起来主要有以下问题。

1. 软构件的数量问题

软构件的一个重要特征是其数量极为巨大,阻碍软件重用推广应用的问题如,构件的理解和修改、构件的识别、构件的分类和查找、配置管理等都和软构件数量的巨大有关。软构件的数量过多问题一方面和软件本身的特性有关,因为对软件的修改不像对硬件修改那样有物理条件的限制,另一方面和构造软构件时没有进行领域分析有关,即没考虑到具体应用领域。

2. 构件的构造和识别问题

一些专家早已指出,在重用构件前必须要先有可重用的构件,但是由于重用要经过严格的测试、要具有通用性等要求,因此开发重用的费用要比开发一般模块的费用要昂贵。一般专家认为开发重用构件的费用比开发一般模块要超出 $30\% \sim 200\%$。收回在重用项目上的投资需要时间,这些专家会发现,在一个软构件上的投资只有在该构件第 3 次被重用之后才能收回。

另外从已有的系统中抽取所需的部分作为重用构件这种方法往往伴随对构件的修改,这对于制作构件以外的人来讲是一件十分困难的事,且非常易于出错。另外,如何对构件进行标准化也是一个重要的问题。

3. 构件的分类和检索问题

对已构造好的重用构件按什么方法进行分类和组织。如何有效地从重用库中找出完全符合或最大限度地符合要求的构件。为了重用一个构件,使用者必须能找到该构件,并能将它与其所希望的语义联系起来,但目前并没有这么一种机制支持这种查找过程。这也可能是重用使用过程中最大的问题。

4. 构件的理解和修改问题

即理解已存在的构件,它们各自具有什么样的功能,能否被利用。对需要进行适当修改方可重用的构件,如何对原构件的结构、功能、风格等特征进行理解,并在理解的基础上又如何进行修改。该构件是否会有副作用。这些都是修改重用构件时所出现的问题,程序员的水平不同,重用构件的使用效果和安全性也会不同。

5. 构件的组合问题

即如何把重用构件和新开发的模块组合在一起以得到所需要的软件。目前由于缺乏系统的支持,组合过程仍然是一种新的程序设计工作。

6. 建立可重用库的费用问题

在重用之前往往需在可重用库上投入大量的人力和物力,而一般的开发机构往往不愿意在可重用库上进行额外的投资,项目开发小组有确定的项目预算和需完成的目标,这些目标一般并不包括构造可重用构件。

7. 构件的配置管理问题

这也是一个颇难解决的问题,例如,是否有必要把每个重用构件作为一个配置项来管理,一个构件可能多次被重用,一旦该构件被更改,如何向使用者颁布,在不同的系统中,构件可能被作过不同的定制,这如何在重用库中反映出来。对同一构件的不同定制版本又该如何管理。一旦发现原构件有错误,这时候构件的开发者可能已无从查起,这时候又应该如何处理。

8. 管理、决策、心理、文化等方面的问题

重用部分不算做开发人员的工作量,管理决策人员不愿对重用进行初始的投资,不清楚什

么策略对于重用来说是最优的,开发机构内的文化不利于重用,如开发人员的不欢迎心理等。

软件重用进展之缓慢说明这一工作的难度,我们认为软件重用是一项工程,要研究的问题甚多,包括重用理论和指导思想、合适的过程模型、重用的内容与对象、构件的标准化、构件特征的提取、可重用库的组织、支持软件重用的软件开发范型、软件抽象结构的形式描述方法、支持软件重用的自动化工具与环境、重用成分的自动获取机制以及经济因素、心理因素和社会因素对软件重用的影响等。

3.1.9 软件重用的发展现状

尽管重复使用常常简单地认为是系统组件的再利用,有许多不同的方法重用那些可以使用的组件。重用是可能在一个从简单功能水平的范围,以完成应用系统。重用场景就是一些可能再利用技术的范围。

重用场景包括设计模式、组件框架、组件开发、服务系统、COTS整合、应用产品线、静态库、面向方法软件开发、配置变量应用、面向服务系统学等。

软件重用就好像是"站在前人的肩膀上",软件重用能大幅度提高软件生产率、降低开发成本、保证软件质量,是解决软件危机的一个很有效的方法,软件重用的研究近几年取得了很大的成果,但目前软件重用还没有在工业界得到全面的推广应用,其原因是很多的,涉及信息技术、管理、心理、经济、社会文化、法律等方面的问题。在很长的时期里,每一项软件开发工作几乎都要从头开始,软构件的重复利用处于很低的水平,开发者很少能够从不同厂商采购软构件,再加上自己的东西,迅速形成一个系统,这种情况只是到近几年才开始改变。目前技术条件已经开始成熟,相应标准也已经出台,这给软件危机的真正缓和带来了希望,很有可能今后的软件开发人员会分为两个部分,即构件开发人员和构件集成人员,软件开发方式也将出现革命性的变化。

3.2 构 件 重 用

3.2.1 构件模型及实现

一般认为,构件是指语义完整、语法正确和有可重用价值的单位软件,是软件重用过程中可以明确辨识的系统;结构上,它是语义描述、通信接口和实现代码的复合体。简单地说,构件是具有一定的功能,能够独立工作或能同其他构件装配起来协调工作的程序体,构件的使用同它的开发、生产无关。从抽象程度来看,面向对象(object orientation)技术已达到了类级重用(代码重用),它以类为封装的单位。这样的重用粒度还太小,不足以解决异构互操作和效率更高的重用。构件将抽象的程度提到一个更高的层次,它是对一组类的组合进行封装,并代表完成一个或多个功能的特定服务,也为用户提供了多个接口。整个构件隐藏了具体的实现,只用接口对外提供服务。

构件模型(model)是对构件本质特征的抽象描述。目前,国际上已经形成了许多构件模型,这些模型的目标和作用各不相同,其中部分模型属于参考模型(例如3C模型),部分模型属于描述模型(例如RESOLVE模型和REBOOT模型),还有一部分模型属于实现模型。近年来,已经形成3个主要流派,分别是OMG(Object Management Group,对象管理组织)的

CORBA(Common Object Request Broker Architecture,通用对象请求代理结构)、Sun 公司的 EJB(Enterprise Java Bean)和 Microsoft 公司的 DCOM(Distributed Component Object Model,分布式构件对象模型)。这些实现模型将构件的接口与实现进行了有效的分离,提供了构件交互(interaction)的能力,从而增加了重用的机会,并适应了目前网络环境下大型软件系统的需要。

现在分别介绍这 3 种模型。

1. CORBA 组件模型

20 世纪 90 年代美国"对象管理组织(OMG)"提出了一个基于标准的基础结构,即公共对象请求代理体系结构(CORBA)规范和与其相关的通用对象服务(COSS)规范。在 CORBA 规范中定义了一系列"对象"接口、传输、管理的方法和约束,在 COSS 规范中定义了"对象请求代理(ORB)"之间的相互关系以及为其提供的公共服务,目前包括名字服务、事件服务、事务处理服务、查询服务、安全服务和并发控制服务等 15 种服务。

对象管理组织从 1989 年建立至今,先后制订了 CORBA1.0,1.1,1.2 和 2.0,2.1,2.2, 3.0,3.3 版本的规范,并得到了大约 830 余家厂商和机构的支持。对象管理组织定义了"对象管理体系结构(OMA)"作为分布在异构环境中的对象之间的交互的参考模型。

OMA 由 5 个部分组成:对象请求代理(ORB)、对象服务、通用设施、领域接口和应用接口。

(1)ORB 实现客户和服务对象之间的通信交互,而其他 4 个部分是架构在 ORB 之上适用于不同场合的部件。其中,对象请求代理 ORB 负责对象在分布环境中透明地收发请求和响应,它是构建分布对象应用、在异构或同构环境下实现应用间互操作的基础。

(2)对象服务是为使用和实现对象而提供的基本服务集合。在构建任何分布应用时,经常会用到这些服务,而且这些服务独立于应用领域。例如生命周期服务定义了对象的创建、删除、拷贝和移动的方法,但是它并不指明在应用中如何实现这些对象。

(3)通用设施是为许多应用提供的共享服务器集合。与对象服务不同,公共设施是面向最终用户的,例如系统管理、组合文档和电子邮件服务就可以归入公共设施中,而对象服务是面向组件本身。公共设施的提出,目的是为了基于 CORBA 定义组件技术和复合文档技术的。 1997 年,OMG 组织和 LAJSOFT 同意将 JavaBeans 作为公共设施的标准技术。

(4)应用接口是由销售商提供的、可控制其接口的产品,它相应于传统的应用表示。因此 OMG 组织不对它们做标准化工作。应用接口处于参考模型的最高层。

(5)领域接口是为应用领域服务而提供的接口。例如,现在 OMG 组织为 PDM(Product Data Management,产品数据管理)应用制订了规范。在该规范中定义了 8 个使能器,描述了 12 个功能模块及其接口,明确了 PDM 系统内部以及 PDM 系统与其应用系统之间交互的方式。OMA 参考模型如图 3-3 所示。

COBRA 标准是针对对象请求代理系统制订的规范。OMA 和 CORBA 标准为分布对象计算机技术提供了一个可参考的理论和实现模型。

OMG 将对象的具体实现和对象的外部接口相分离。OMG 对象模型定义了公共对象语义,从而使得对象外部可见的接口规范化,而且这种标准是与具体实现无关的方式定义的。 CORBA 的接口定义语言 IDL(Interface Definition Language)是 CORBA 规范中定义的一种中性语言。它用来描述对象的接口,而不涉及对象的具体实现。虽然 IDL 本身不是一种可编程语言,但它为程序员提供了语言的独立性,实现了语言层次上的互操作性。程序员不需知道调用者采用的语言,IDL 是面向对象的,允许接口表示的抽象、多消息(功能调用)和接口继承。任何提供基于 CORBA 的对象必须以 IDL 形式加以描述。

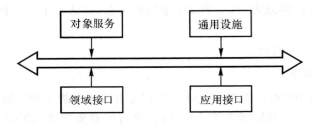

图 3-3   OMA 参考模型图

OMGIDL 编译器实现了到 C++,Smalltalk,Ada,Java 等 5 种语言的映射,对接口进行 IDL 编译生成的是客户端使用的客户桩 Stub 文件和服务器端的服务器框架 Skeleton 文件。

CORBA 的核心部件是 ORB。它包括了确定和定位对象、进行连接管理和收发数据所必需的所有通信设施。ORB 的基本任务是把请求从客户方传送到被激活的对象实现中。客户方使用 IDLStub 或动态引用接口向 ORB 提出请求,客户方 ORB 通过上下文对象和接口池与服务器方 ORB 交互。服务器方 ORB 根据 IDL Skeleton 和 Dynamic Skeleton 并利用实现池中的 Implement Reposite 中的信息定位到相应的执行代码,然后将调用参数和控制体传送给相应的执行代码;服务方在执行时,对象执行体可以通过基本对象适配器 BOA(如今已发展为 POA)获取一定的服务。在对象执行体完成用户提交的请求后,将控制和输出结果返回给客户。

CORBA 规范中就已经制定了 GIOP(General Inter-ORB Protocol)的这种协议和 IIOP(Internet Inter-ORB Protocol)协议。协议规定了位于不同系统上 ORB 间基于 Internet 的交互标准,规范了传输语法(低级的数据表示方法)和 ORB 之间的消息格式,从而建立了 ORB 之间的基于面向连接 TCPI/P 协议的互操作性,从而实现了 Internet 上 ORB 之间的交互。

IIOP 协议是 GIOP 协议的一个子集,是专门用于在 TCP/IP 下实现交互而做的协议。

基于上面所述,可以总结出 CORBA 技术具有下述特点。

(1)CORBA 规范中引入了代理(Broker)的概念。一个代理至少可以有三方面的作用:完成对客户方提出的抽象服务请求的映射;自动发现和寻找服务器;自动设定路由,实现到服务器方的执行。这样用户在编制客户方的程序时,就可以避免了解很多的细节,而只要完整地定义和说明客户需要完成的任务及其目标。

(2)增加了代理机制后,实现了客户方的程序与服务器方的程序能够完全分离,这与面向过程调用机制为基础的客户/服务器模式是根本不同的。

(3)CORBA 规范定义的基础是面向对象的设计思想和实现方法。把分布计算同面向对象的概念相互结合后,有很多好处,如能够将冗余度控制在最低的程度,一个对象既能被客户方的程序使用也能被服务器方的程序使用,对象实现的修改不会影响双方实现程序,提高软件重用率等。

(4)提供了软件总线的机制。使得任何应用程序、软件系统或工具只要具有与该接口规范相符合的接口定义,就能方便地集成到 CORBA 系统中,而这个接口规范独立于任何实现语言和环境。软件的"即插即用"是计算机软件工业界一直致力追求的理想。对于 COBA 标准来说,其中的软件总线机制就是朝这个方向迈出的坚实一步。基于该机制,CORBA 系统不仅可以作为开发新的面向对象分布应的平台,还可以集成大批有价值的已有系统,保护原有投资。

(5)由于 CORBA 在技术上有着突出的优势和特点,所以 CORBA 规范取得了巨大发展。在近几年中,涌现了许多成功的 CORBA 实现系统,其中著名的 IONA 公司的 Orbix 系统和 Visigenic 公司的 VisiBroker 系统,它们在很多分布系统的开发和支持中得到了应用,VisiBroker 更是直接被 Netscape 的 Navigator 浏览器(4.0 及其以上版本)所集成;同时也涌现了一大批成功应用 CORBA 技术的案例,包括波音公司的全球最大的商业处理工程核心系统、香港电信的视频点播 VOD 系统、瑞士银行的银行业务系统和 Motoral 公司的"铱星"计划等。

用 JAVA 语言实现 Web 上的 CORBA,应用以下过程:

(1)对系统进行分析和建模,用 IDL 语言实现描述系统中各个对象的属性和外在接口。

(2)考虑客户方采用何种调用策略。若采用静态调用,将系统的 IDL 描述文件通过 IDL/Java 编译器进行编译,生成相应的桩和构架文件。这种方法编程简单、效率高,程序开发过程中较多采用。

(3)使用 Java 语言实现系统中的各个对象,也就是提供具体模块功能的实体。

(4)编写服务器方主程序服务器注册后,等待接受请求。

(5)编写客户方 Applet,完成与用户进行交互、向服务器发出请求,并将结果返回用户等工作。

(6)将用户方 Applet 和服务器方主程序分别与桩和构架文件等进行联编,并将 Applet 嵌入 HTML 页面中。用户通过浏览器访问 Web 服务器,将 CORBA 客户方程序从 Web 服务器上下载执行,与 CORBA 应用对象通过 ORB 中间件进行通信,调用其指定的操作。CORBA 应用对象首先对客户的请求进行认证和解释,根据客户请求的内容,或是直接访问资源层的数据库,或是与网络上的其他 CORBA 对象交互,共同完成客户请求。整个过程如图 3-4 所示。

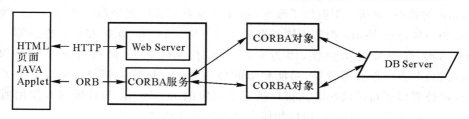

图 3-4　CORBA 应用层结构模型图

2.SUN 公司的 JavaBeans 技术

JavaBeans 是由 Sun 公司提出的基于 Java 的面向对象的组件标准。EJB 的基础是 Java 语言。Java 语言在 Java 虚拟机(JVM)、数据类型采用 IEEE 标准等多种机制的支持下,成为一种跨平台的适合于分布式计算环境的面向对象的编程语言,其具有可移植性、稳定性和安全性、高效、简易等特点,被誉为"网络应用开发的世界语言"。通常认为 JavaBeans 在 Internet 应用中具有优势,JavaBeans 规范与 CORBA 规范之间有较好的互补性。

总体来说,JavaBeans 是 SUN 公司针对 Java 语言在 Internet 上所潜伏的问题而提出的一种新型技术解决方案。它是 Java Soft 对综合性软件组件技术的回答。Java Soft 在 JavaBeans 的任务明书中简单明白地表达了它一次性编写,在任何地方运行,任何地方重用的概念。

JavaBeans 的概念:JavaBeans 建立在 Java 平台上,扩展了 Java 语言。按照 SUN 公司的定义,JavaBeans 是一种可重用的软件部件,并能在开发中被可视化操作。它的最初目的是为了定义一种 Java 的软件组件模型,使第三方厂家可以生产销售其他开发人员使用的 JavaBeans 组件。JavaBeans 可被放在容器中,提供具体的操作功能。它可以是中小型的控制程序,也可以是完整的应用程序,可以是可视 GUI,也可以是不可视的幕后处理程序。

JavaBeans 对于软件构件的观点与 CORBA 中的构件观点存在一定的区别。在 CORBA 中,CORBA/ORB 相当于一根软总线,构件可以即插即用。也就是说,从 CORBA 的观点看来,所有构件的地位相当,完全是一种平行的关系。而在 JavaBeans 中,软件构件是能够进行可视化操作的可重用软件,它满足一定的特征要求,并可以根据需要进行定制和组装。

JavaBeans 支持 6 个特性,即属性、事件、方法、持续性/串行化、内省/反射、定制。其中前 3 种特征(属性、事件、方法)是面向对象的组件必须满足的基本要求,属性和方法保证 JavaBeans 成为一个对象,而事件可以描述组件之间的相互作用以及组件与容器之间相互感兴趣的事情。通过事件的生成、传播和处理,组件相互之间关联在一起,共同完成复杂的任务。后 3 种特征(持续性/串行化、内省、定制)主要侧重于对 JavaBeans 组件性质的刻画。内省用于暴露与发现组件接口。使用内省机制,可以使组件的使用者了解到组件的属性、方法和事件。由于一个组件通常是具有一定性质和行为的对象的抽象,它往往有很大的通用性。为了在一个具体的应用环境中使用组件,必须对组件进行定制。

JavaBeans 的定制通常在一个可视化生成工具中进行,通过组件的内省机制,发现组件的属性、方法和事件,然后利用生成工具提供的属性编辑器实现定制。持续性/串行化是将组件的状态保存在永久存储器中并能够一致恢复的机制。Java 通过串行化实现定制组件的永久性存储,通过反串行化可以实现组件状态的恢复。

JavaBeans 由两个部分组成:数据和处理这些数据的方法。JavaBeans 的数据完整地描述了 JavaBeans 的状态,而状态则提供了改变 JavaBeans 状态并由此采取行动的方式。像普通的 JavaBeans 类一样,JavaBeans 拥有不同类型的访问方法,如私有、保护和公共方法等。公共方法对 JavaBeans 有独特的重要性,因为它们形成了 JavaBeans 同外界通信的主要途径。JavaBeans 的公共方法按功能分类,功能相似的公共方法组被称为接口。接口定义了特定的 JavaBeans 向外界展示自己的功能。接口指定了特定的 JavaBeans 与外界交互作用所采用的协议。图 3-5 示意了 JavaBeans 接口如何向外界展示其功能。

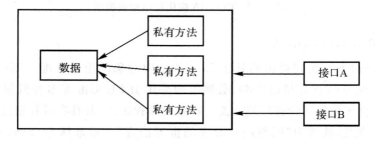

图 3-5 JavaBeans 的组件构成及接口和方法的关系

JavaBeans 除了可以建立非分布式的应用程序,通过其所定义的各种对象总线,应用程序也可以连接到远程机子上的服务器。引入了对象总线后,JavaBeans 就成了功能完善的软件组件结构,从本地机扩展到了 Internet 和企业内部网。JavaBeans 提供了 3 种对象总线:IIOP,RMI 以及 JDBC(Java Database Connective)。其中 Java RMI 是 JavaBeans 最重要的一种对象总线技术。JavaBeans 的 3 种网络访问机制如图 3 - 6 所示。

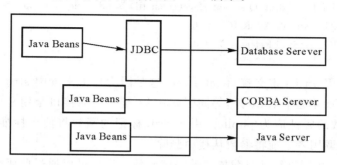

图 3 - 6　JavaBeans 的 3 种网络访问机制

JavaBeans 远程方法调用了 RMI。这是 SUN 公司用 Java 语言所建立的分布对象计算环境。这个系统可以说是从一个编程语言流行开始发展起来的。其客户方程序是一个 Java Applet 或 JavaBeans 对象,它通过 RMI 内部通信机制调用应用服务器上的 Java 对象有关方法,继而以 JDBC 等方式访问资源数据库。由于 Java RMI 是在纯 Java 环境下实现的,Java 语言本身的可移植性使得 RMI 具有很强的跨平台特性。此外,在处理纯 Java 对象之间的通信时,RMI 具有较高的效率。但是,RMI 只能访问 Java 对象,这妨碍了它与其他语言编写的应用之间的交互,影响了它的应用范围的扩展。

从 RMI 的内部实现机制来看,RMI 与 COBR/ORB 非常相似,可以认为是一种广义上的 ORB。目前,RMI 与 CORBA 正相互靠拢。SUN 公司已宣布采用 IIOP 作为 RMI 的标准通信协议,并将把 CORBA 的部分对象服务作为 RMI 自己的对象服务标准。OMG 也拟在 JavaBeans 组件模型的基础上建立 CORBA 自己的分布对象组件模型。此外,CORBA 标准还将推出一种新的对象传递方式,即传值方式,以便与 Java RMI 保持一致。由此看来,在不远的将来,Java RMI 与 COBRA 将逐步融为一体。

3. Microsoft 公司的 DCOM 模型

COM/DCOM 是微软公司的产品,微软件公司为了在 Windows 中支持复合文档而开发了"对象链接与嵌入(OLB)技术",这种技术解决了桌面平台的对象链接与嵌入。在此基础上逐渐把消息通信模块 MSMQ、交易模块 MTS、事务管理、资源管理、安全服务等加入系统,并提供了软件集成功能,形成了 COM/DCOM 平台,由此看出 COM/DCOM 平台的形成带有 bottom - up 开发方式的色彩,因此在一定的应用范围内 COM 平台有较高的效率,同时它有一系列相应开发工具的支持,应用开发相对简单。通常认为在使用 Windows 平台的条件下或桌面系统规模的应用系统中,COM/DCOM 体制具有优势。

COM 是组件对象之间在二进制级相互连接和通信的一种协议,两个 COM 对象通过称为"接口"的机制进行通信。COM 中定义了一个所有组件都必须支持的特殊接口 IUnknow,为此它提供 3 种基本的操作:QueryInterface,AddRef,Release,其他接口必须从这个接口继承。

当一个 COM 对象与另一个 COM 对象进行通信时,需要通过调用一个对象的接口指针来调用接口方法。为清楚起见,引用如下:

```
#define interface struct
Interface IUnknown
{
    Virtural HRESULT __stdcall QueryInterface(const IID & iid ,void * * ppv)=0;
    Virtural ULONG __stdcall AddRef( ) = 0;
    Virtural ULONG __stdcall Release( ) = 0;
}
```

上述定义中使用 struct 定义接口 interface,这是因为在 C++中 struct 关键字除了成员属性默认为 public 而不是 private 外,等同于 class 关键字。而接口是用来向外界公布组件功能的,因此成员函数的属性应为 public。用 stdcall 标记的函数将使用标准的调用约定,即这些函数将在返回到调用者之前将参数从栈中删除。

QueryInterface 是提供组件自我描述的关键函数。客户可以通过此函数来查询某个组件是否支持某个特定的接口。若支持,QueryInterface 将返回一个指向此接口的指针;否则返回值将是一个错误代码。传入参数 id 是一个标识客户所需接口的"接口标识符",输出参数 ppv 存放查询到的接口的指针。返回值是一个 HRESULT 类型,它是一个具有特定结构的 32 位值,不仅表示调用是否成功,而且在调用失败时,还包含出错原因的代码。AddRef 和 Release 两个成员函数实现了一种名为引用计数的内存管理技术,它是使组件能够将自己最简单、最高效地删除的方法。COM 组件将维护一个称作引用计数的数值。在客户从组件取得一个接口时,此引用计数值将增 1,当客户使用完某个接口后,组件的引用计数值将减 1。当引用计数值为 0 时,组件即可将自己从内存中删除。AddRef 用来增大引用计数值,而 Release 用来减少这一值。图 3-7 示意了 IUnknown 的内存结构。

图 3-7　IUnknown 接口内存结构示意图

所有的 COM 接口都继承了 IUnknown 这一接口,每个接口的 Ytbl 表的前 3 个函数都是 QueryInterface,AddRef 和 Release,使得所有的 COM 接口都可以被当成 IUnknown 接口来处理。并且 COM 组件的任何一个接口都可以被客户用来通过 QueryInterface 函数获取它所支持的其他接口。若某个接口的前 3 个函数不是这 3 个,那么它将不是一个 COM 接口。所有的接口指针同时也是 IUnknown 指针,客户不需要单独维护一个代表组件的指针,只需要关心接口的指针。现在介绍一个关于汽车的简单的 COM 接口 ICar 的定义:

```
Interface ICar ：IUnknown
{
    vitural void __stdcall Run(UINT hours) = 0;
```

vitural float __stdcall ShowKM( ) = 0;

}

ICar 从 COM 的根接口 IUnknown 继承来,并实现了两个新函数 Run 和 ShowKM。Run 是使汽车按参数 hours 指定的小时数行驶的函数;ShowKM 用来显示汽车行驶里程的函数。图 3-8 所示为 ICar 的内存结构。

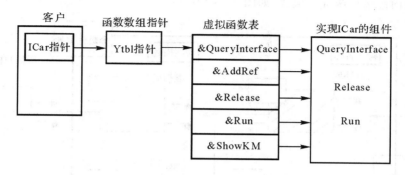

图 3-8 ICar 接口的内存结构示意图

DCOM 是 COM 的一种扩展,它把组件对象技术推向了 Internet。当客户和组件位于不同机器时,DCOM 用网络协议(TCP/IP 等)取代 COM 中的本地进程间通信 LRPC ,从而对位于 Internet 不同机器上的组件对象之间的相互通信提供了透明的支持。DCOM 的体系结构如图 3-9 所示。其中,COM 运行库向客户和组件提供面向对象的服务,并使用远程过程调用 RPC 和 Security Provider 按照 DCOM 网络协议(TCP/IP 等)标准生成网络协议包 Packet。

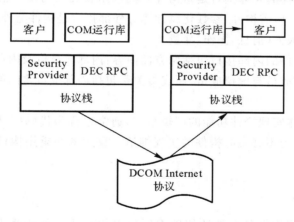

图 3-9 DCOM 体系结构

DCOM 中,服务器对象对客户是完全透明的。客户方通过方法调用来访问服务器对象。当客户对象需要访问一个组件的方法时,它先从虚函数表中获取该方法的指针,然后调用它。如果该组件是一个和客户对象运行在相同线程内的进程内组件,方法调用可直接到达该组件而无须通过 COM 的介入,COM 所起的作用仅是为虚函数表的组织制定标准;如果该组件位于本地机的不同进程内或远程机器上,COM 就将它的远程过程调用即 C 底层代码放到虚函数表里,然后将方法调用打包成标准缓冲表示,COM 将方法的缓冲表示发送到服务器端后,再进行解包和重组织。

4. 青鸟构件模型

国内许多学者在构件模型的研究方面做了不少的工作,取得了一定的成绩,其中较为突出的是北京大学杨芙清院士等人提出的"青鸟构件模型",下面就以这个模型为例进行介绍。

青鸟构件模型充分吸收了上述模型的优点,并与它们相容。青鸟构件模型由外部接口(interface)与内部接口两部分组成,如图 3-10 所示。

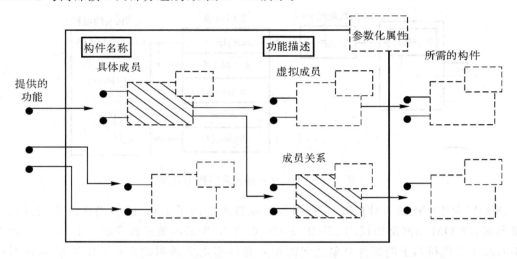

图 3-10   青鸟构件模型

(1) 外部接口。构件的外部接口是指构件向其重用者提供的基本信息,包括构件名称、功能描述、对外功能接口、所需构件、参数化属性等。外部接口是构件与外部世界的一组交互点,说明了构件所提供的服务(消息、操作、变量)。

(2) 内部接口。构件的内部接口包括两方面内容:内部成员以及内部成员之间的关系。其中,内部成员包括具体成员与虚拟成员,而成员关系包括内部成员之间的互联以及成员与外部接口之间的互联。

构件实现是指具体实现构件功能的逻辑系统,通常也称为代码构件。构件实现由构件生产者完成,构件重用者则不必关心构件的实现细节。重用者在重用构件时,可以对其定制,也可以对其特例化。

3.2.2　构件获取

存在大量的可重用构件是有效地使用重用技术的前提。通过对可重用信息与领域的分析,可以得到以下两点。

(1) 可重用信息具有领域特定性,即可重用性不是信息的一种孤立的属性,它依赖于特定的问题和特定的问题解决方法。为此,在识别(identity)、获取(capture)和表示(represent)可重用信息时,应采用面向领域的策略。

(2) 领域具有内聚性(cohesion)和稳定性(stability),即关于领域的解决方法是充分内聚和充分稳定的。一个领域的规约和实现知识的内聚性,使得可以通过一组有限的、相对较少的可重用信息来解决大量问题。领域的稳定性使得获取的信息可以在较长的时间内多次重用。

领域是一组具有相似或相近软件需求的应用系统所覆盖的功能区域,领域工程(domain

engineering)是一组具有相似或相近系统的应用工程(application engineering)建立基本能力和必备基础的过程。领域工程可划分为领域分析、领域设计和领域实现等多个活动,其中的活动与结果如图 3 - 11 所示。

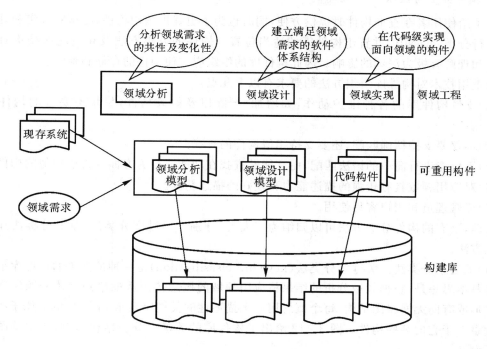

图 3 - 11　领域工程中的活动与结果

在建立基于构件的软件开发(Component - Based Software Development,CBSD)中,构件获取可以有多种不同的途径。

(1)从现有构件中获得符合要求的构件,直接使用或做适应性(flexibility)修改,得到可重用的构件。

(2)通过遗留工程(legacy engineering),将具有潜在重用价值的构件提取出来,得到可重用的构件。

(3)从市场上购买现成的商业构件,即 COTS(Commercial Off - The - Shell)构件。

(4)开发新的符合要求的构件。

一个组织在进行以上决策时,必须考虑到不同方式获取构件的一次性成本和以后的维护成本,然后做出最优的选择。

3.2.3　构件管理

对大量的构件进行有效的管理,以方便构件的存储、检索和提取,是成功重用构件的必要保证。构件管理的内容包括构件描述、构件分类、构件库组织、人员及权限管理和用户意见反馈等。

1. 构件描述

构件模型是对构件本质的抽象描述,主要是为构件的制作与构件的重用提供依据;从管理角度出发,也需要对构件进行描述,例如实现方式、实现体、注释、生产者、生产日期、大小、价格、版本和关联构件等信息,它们与构件模型共同组成了对构件的完整描述。

2. 构件分类与组织

为了给使用者在查询构件时提供方便,同时也为了更好地重用构件,必须对收集和开发的构件进行分类(classify)并置于构件库的适当位置。构件的分类方法及相应的库结构对构件的检索和理解有极为深刻的影响。因此构件库的组织应方便构件的存储和检索。

可重用技术对构件库组织方法的要求有以下几点。

(1)支持构件库的各种维护动作,如增加、删除以及修改构件,尽量不要影响构件库的结构。

(2)不仅要支持精确匹配,还要支持相似构件的查找。

(3)不仅能进行简单的语法匹配,而且能够查找在功能或行为方面等价或相似的构件。

(4)对应用领域具有较强的描述能力和较好的描述精度。

(5)库管理员和用户容易使用。

目前,已有的构件分类方法可以归纳为三大类,分别是关键字分类法、刻面分类法和超文本组织方法。

(1)关键字分类法。关键字分类法(keyword classification)是一种最简单的构件库组织方法。其基本思想是,根据领域分析的结果将应用领域的概念按照从抽象到具体的顺序逐次分解为树形或有向无回路图结构,每个概念用一个描述性的关键字表示,不可分解的原子级关键字包含隶属于它的某些构件。图 3-12 给出了构件库的关键字分类结构示例,它支持图形用户界面设计。

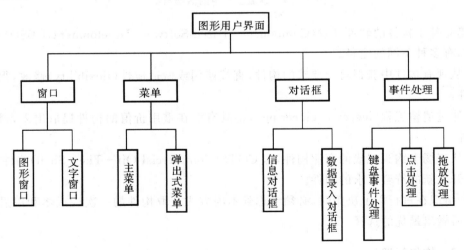

图 3-12 关键字分类结构示例

当加入构件时,库管理员必须对构件的功能或行为进行分析,在浏览上述关键字分类结构的同时将构件置于最合适的原子级关键字之下。如果无法找到构件的属主关键字,则可以扩充现有的关键字分类结构,应用新的关键字。但库管理员必须保证,新关键字有相同的领域分析结果作为支持。例如,如果需要增加一个"图形文字混合窗口"构件,则只需把该构件放到属主关键字"窗口"的下一级。

(2)刻面分类法。刻面分类法(faceted classification)的主要思想来源于图书馆学,这种分类方法是 Prieto - Diaz 和 Freeman 在 1987 年提出来的。在刻面分类机制中,定义若干用于刻面构件特征的"面"(facet),每个面包含若干概念,这些概念表述构件在面上的特征。刻面可以描述构件执行的功能、被操作的数据、构件应用的语境或任意其他特征。描述构件的刻面的集合称为刻面描述符(facet description),通常,刻面描述被限定不超过 7 或 8 个刻面。当描述符中出现空的特征值时,表示该构件没有相应的面。

作为一个简单的在构件分类中使用刻面的例子,考虑使用下列构件描述符的模式:

{function,object type,system type}

刻面描述符中的每个刻面可含有一个或多个值,这些值一般是描述性关键词,例如,如果功能是某构件的刻面,则赋给此刻面的典型值可能是:

function =(copy,from)or (copy,replace,all)

多个刻面值的使用使得原函数 copy 能够被更完全地细化。

关键词(值)被赋给重用库中的每个构件的刻面集,当软件工程师在设计中希望查询构件库以发现可能的构件时,可以规定一列值,然后到库中寻找匹配项。可使用自动工具以完成同义词词典功能,这使得查找不仅包含给出的关键词,还包括这些关键词的技术同义词。

作为一个例子,青鸟构件库就是采用刻面分类方法对构件进行分类的,这些刻画包括以下内容。

1)使用环境。使用(包括理解/组装/修改)该构件时必须提供的硬件和软件平台(platform)。

2)应用领域。构件原来或可能被使用到的应用领域(及其子领域)的名称。

3)功能。在原有或可能的软件系统中所提供的软件功能集合。

4)层次。构件相对于软件开发过程阶段的抽象层次,如分析、设计、编码等。

5)表示方法。用来描述构件内容的语言形式或媒体,如源代码构件所用的编程语言环境等。

关键字分类法和刻面分类法都是以数据库系统作为实现背景的。尽管关系数据库可供选用,但面向对象数据库(object - oriented database)更适于实现构件库,因为其中的复合对象、多重继承(inheritance)等机制与表格相比更适合描述构件及其相互关系。

(3)超文本组织方法。超文本组织方法(hypertext classification)与基于数据库系统的构件库组织方法不同,它基于全文检索(full text search)技术。其主要思想是,所有构件必须辅以详尽的功能或行为(performance)说明文档;说明中出现的重要概念或构件以网状链接方式相互链接;检索者在阅读文档的过程中可按照人类的联想思维方式任意跳转到包含相关概念或构件的文档;全文检索系统将用户给出的关键字与说明文档中的文字进行匹配,实现构件的浏览式检索。

超文本是一种非线性的网状信息组织方法,它以节点为基本单位,链作为节点之间的联想式关联,如图 3 - 13 所示。

一般地,节点是一个信息块。对可重用构件而言,节点可以是域概念、功能或行为名称、构件名称等。在图形用户界面上,节点可以是字符串,也可以是图像、声音和动画等。超文本组织方法为构造构件和重用构件提供了友好、直观的多媒体方式。由于网状结构比较自由、松散,因此超文本组织方法比前两种方法更易于修改构件库的结构。

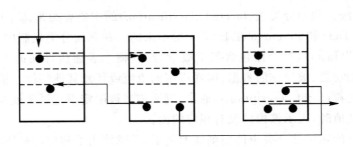

图 3-13 超文本结构示意图

例如,Windows 环境下的联机帮助系统就是一种典型的超文本系统。为构造构件的文档,首先要根据领域分析的结果在说明文档中标识超文本节点并在相关文档中建立链接关系,然后用类似于联机帮助系统编译器的工具对构件的说明文档进行编译,最后用相应的工具(例如 IE 浏览器)运行编译后的目标即可。

在工业界,商业化构件可以分为以下几类。

1)用户界面类、数据库类。我国很多公司都具有开发这类构件的能力,但不容易做到质量上乘、功能齐全、使用方便。

2)商务应用类。由于我国的商业环境和惯例有别于其他国家,因此国内企业尚不具备开发此类构件产品的可能,但可以通过采购此类产品来为海外客户服务。

3)工具类、网络通信类。封装较为复杂的调用或者一个/组算法,例如 TCP/IP 协议、读写图像、压缩、加密算法等。目前,我国许多软件公司具有开发这类构件的基础,但需要将构件产品化。

4)核心技术类。例如识别、语音、3D 模型等。我国拥有这类核心技术的软件企业不多,但很多大学实验室、研究所都有不错的核心技术,完全可作为开发核心技术构件的基础。

如果把软件系统看成是构件的集合,那么从构件的外部形态来看,构成一个系统的构件可分为以下 5 类。

1)独立而成熟的构件。独立而成熟的构件得到了实际运行环境的多次检验,该类构件隐藏了所有接口,用户只需用规定好的命令进行操作,例如数据库管理系统和操作系统等。

2)有限制的构件。有限制的构件提供了接口,指出了使用的条件和前提,这种构件在装配时,会产生资源冲突、覆盖等影响,在使用时需要加以测试,例如各种面向对象程序设计语言中的基础类库等。

3)适应性构件。适应性构件进行了包装或使用了接口技术,对不兼容性、资源冲突等进行了处理,可以直接使用。这种构件可以不加修改地使用在各种环境中,例如 ActiveX 等。

4)装配的构件。装配(assemble)的构件在安装时,已经装配在操作系统、数据库管理系统或信息系统不同层次上,使用胶水代码(glue code)就可以进行连接使用。目前一些软件商提供的大多数软件产品都属这一类。

5)可修改的构件。可修改的构件可以进行版本替换。如果要对原构件修改错误、增加新功能,则可以利用重新"包装"或写接口来实现构件的替换。这种构件在应用系统开发中使用得比较多。

3. 人员及权限管理

构件库系统是一个开放的公共构件共享机制,任何使用者都可以通过网络访问构件库,这在为使用者带来便利的同时,也给系统的安全性带来了一定的风险,因此有必要对不同使用者的访问权限(privilege)进行适当的限制,以保证数据安全。

一般来讲,构件库系统可包含 5 类用户,即注册用户、公共用户、构件提交者、一般系统管理员和超级系统管理员。他们对构件库分别有不同的职责和权限,这些人员相互协作,共同维护着构件库系统的正常运作。同时,系统为每一种操作定义一个权限,包括提交构件、管理构件、查询构件及下载构件。每一用户可被赋予一项或多项操作权限,这些操作权限组合形成该人员的权限,从而支持对操作的分工,为权限分配提供了灵活性。

3.2.4　构件重用

软件开发的目的是重用,为了让构件在新的软件项目中发挥作用,库的管理者必须完成以下工作:检索与提取构件,理解与评价构件,修改构件,最后将构件组装到新的软件产品中。

1. 检索与提取构件

构件库的检索方法与组织方式密切相关,因此针对 3.2.3 小节介绍的关键字分类法、刻面分类法和超文本组织方法分别讨论相应的检索方法。

(1)基于关键字的检索。这种简单检索方法的基本思想是,系统在图形用户界面上将构件库的关键字树形结构直观地展示给用户;用户通过对树形结构的逐级浏览寻找需要的关键字并提取相应的构件。当然,用户也可直接给出关键字(其中可含通配符),由系统自动给出合适的候选构件清单。

这种方法的优点是简单、易于实现,但在某些场合没有应用价值,因为用户往往无法用构件库中已有的关键字描述期望的构件功能或行为,对库的浏览也容易使用户迷失方向。

(2)刻面检索法。该方法基于刻面分类法,由以下 3 步构成。

1)构造查询:用户提供要查找的构件在每个刻面上的特征,生成构件描述符。此时,用户可以从构件库已有的概念中进行挑选,也可将某些特征值指定为空。系统在检索过程中将忽略特征值为空的刻面。

2)检索构件:实现刻面检索法的计算机辅助软件工程(computer Aided Software Engineering,CASE)工具在构件库中寻找相同或相近的构件描述符及相应的构件。

3)对构件进行排序:被检索出来的构件清单除按相似程度排序外,还可以按照与重用有关的度量信息排序。例如构件的复杂性、可重用性、已成功的重用次数等。

这种方法的优点是它易于实现相似构件的查找,但用户在构造查询时比较麻烦。

(3)超文本检索法。超文本检索法的基本步骤是,用户首先给出一个或数个关键字,系统在构件的说明文档中进行精确或模糊的语法匹配,匹配成功后,向用户列出相应的构件说明。如 3.2.3 小节所述,构件说明是含有许多超文本节点的正文,用户阅读这些正文时可实现多个构件说明文档之间的自由跳转,最终选择合适的构件。为了避免用户在跳转过程中迷失方向,系统可以通过图形界面提供浏览历史信息图,允许将特定画面定义为命名"书签"并随时跳转至"书签",并帮助用户逆跳转路径而逐步返回。

这种方法的优点是用户界面友好,但在某些情况下用户难以在超文本浏览过程中正确选取构件。

(4)其他检索方法。上述检索方法基于语法(syntax)匹配,要求使用者对构件库中出现的众多词汇有较全面的把握、较精确的理解。理论的检索方法是语义(semantic)匹配,即构件库的用户以形式化(formalization)手段描述所需要的构件的功能或行为语义,系统通过定理证明及基于知识的推理过程寻找语义上等价或相近的构件。遗憾的是,这种基于语义的检索方法涉及许多人工智能(artificial intelligence)难题,目前尚难以支持大型构件库的工程实现。

2. 理解与评价构件

要使库中的构件在当前的开发项目中发挥作用,准确地理解构件是至关重要的。当开发人员需要对构件进行某些修改时,情况更是如此。考虑到设计信息对于理解构件的必要性以及构件的用户逆向发掘设计信息的困难性,必须要求构件的开发过程遵循公共软件工程规范,并且在构件库的文档中全面、准确地说明以下内容。

(1)构件的功能与行为。

(2)相关的领域知识。

(3)可适应性约束条件与例外情形。

(4)可以预见的修改部分及修改方法。

但是,如果软件开发人员希望重用以前并非专为重用而设计的构件,上述假设即不能成立。此时开发人员必须借助于 CASE 工具对候选构件进行分析。这种 CASE 工具对构件进行扫描,将各类信息存入某种浏览数据库,然后回答构件用户的各类查询,进而帮助理解。

逆向工程是理解构件的另一种重要手段。它试图通过对构件的分析,结合领域知识,半自动地生成相应的设计信息,然后借助设计信息完成对构件的理解和修改。

对构件可重用的评价,是通过收集并分析构件的用户在实际重用该构件的历史过程中的各种反馈信息来完成的。这种信息包括重用成功的次数、对构件的修改量、构件的健壮性度量、性能度量等。

3. 修改构件

理想的情形是对库中的构件不做修改而直接用于新的软件项目。但是,在大多数情况下,必须对构件进行或多或少的修改,以适应新的需求。为了减少构件修改的工作量,要求开发人员尽量使构件的功能、行为和接口设计更为抽象化、通用化和参数化。这样,构件的用户即可通过对实参的选取来调整构件的功能或行为。如果这种调整仍不足以使构件适用于新的软件项目,用户就必须借助设计信息和文档来理解、修改构件。因此与构件有关的文档和抽象层次更高的设计信息对于构件的修改至关重要。例如,如果需要将 C 语言书写的构件改写为 Java 语言形式,构件的算法描述就十分重要。

4. 构件组装

构件组装是将库中的构件经适当修改后相互连接,或者将它们与当前开发项目中的软件元素相连接,最终构成新的目标软件。构件组装技术大致可分为基于功能的组装技术、基于数据的组装技术和面向对象的组装技术。

(1)基于功能的组装技术。基于功能的组装技术采用子程序调用和参数传递的方式将构件组装起来。它要求库中的构件以子程序/过程/函数的形式出现,并且接口说明必须清晰。
当使用这种组装技术进行组装时,程序如图 3-14 所示。

```cpp
Class Person{
public:
            Person(char * name,int age);
            ～Person();
protected:
              char * name;
              int age;
};
Person::Person(char * name,int age)
{
Person::name = new char[strlen(name) + 1];
strcpy(Person::name,name);
Person::age = age;
cout<<"Contruct Person"<<name<< ","<<age<<". \n";
return;
}
//基类析构函数
Person::～Person()
{cout<<"Destruct Person"<<name<< ","<<age<<". \n";
delete name;
return;
}
class Teacher :public Person{
public:
Teacher(char * name,int age,char * teaching);
    ～Teacher();
Protected:
            Tperson * Person;
            char * course;
};
//Teacher 类的实现
Teacher:Teacher(char * name,int age,char * teaching) {
//重用基类的方法 Person()
Tperson = new Person(name,age);
Strcpy(course,teaching);
return;
}
～Teacher(){
delete course;
return ;
}
```

图 3-14 构造法实例

软件开发时,开发人员首先应对目标软件系统进行功能分解,将系统分解为强内聚、松耦合的功能模块,然后根据各模块的功能需求提取构件,对它进行适应性修改后再挂接在上述功能分解框架(framework)中。

(2)基于数据的组装技术。基于数据的组装技术首先根据当前软件问题的核心数据结构设计出一个框架,然后根据框架中各节点的需求提取构件并进行适应性修改,再将构件逐个分配至框架中的适当位置。此后,构件的组装方式仍然是传统的子程序调用与参数传递。这种组装技术也要求库中的构件以子程序形式出现,但它所依赖的软件设计方法不再是功能分解,而是面向数据的设计方法,例如 Jackson 系统开发方法。

(3)面向对象的组装技术。

```
Class Person{
public:
            Person(char * name,int age);
            ~Person();
protected: char * name;
int age;
};
Person::Person(char * name,int age)
{
Person::name = new char[strlen(name) + 1];
strcpy(Person::name,name);
Person::age = age;
cout<<"Contruct Person"<<name<< ","<<age<<". \n";
return;
}
Person::~Person()
{cout<<"Destruct Person"<<name<< ","<<age<<". \n";
delete name;
return;
}
class Teacher :public Person{
public:
Teacher(char * name,int age,char * teaching):Person(name,age){
course =   new char[strlen(teaching) + 1];
strcpy(course,teaching);
Return;
}
~Teacher(){
delete course;
```

图 3-15   子类法实例

由于封装和继承特征,面向对象方法比其他软件开发方法更适合支持软件重用。在面向对象的软件开发方法中,如果从类库中检索出来的基类能够完全满足新软件项目的需求,则可以直接应用,如图 3 - 15 所示。否则,必须以类库中的基类为父类采用构造法或子类法生成子类。

1)构造法。为了在子类中使用库中基类的属性(attribute)和方法(method),可以考虑在子类中引进基类的对象作为子类的成员变量,然后在子类中通过成员变量重用基类的属性和方法。图 3 - 14 所示为一个构造法的例子。

2)子类法。与构造法完全不同,子类法将新子类直接说明为库中基类的子类,通过继承和修改基类的属性与行为完成新子类的定义。图 3 - 15 所示为一个子类法的例子。

3.3 基于 MVC 架构的面向对象软件的设计

3.3.1 MVC 概述

MVC(Model - View - Controller)是软件工程中的一种软件架构模式,把软件系统分为 3 个基本部分:模型(Model)、视图(View)和控制器(Controller)。

MVC 模式最早由 Trygve Reenskaug 在 1974 年提出,是施乐帕罗奥多研究中心(Xerox PARC)在 20 世纪 80 年代为程序语言 Smalltalk 发明的一种软件设计模式。MVC 模式的目的是实现一种动态的程序设计,使后续对程序的修改和扩展简化,并且使程序某一部分的重复利用成为可能。除此之外,此模式通过对复杂度的简化,使程序结构更加直观。软件系统通过对自身基本部分分离的同时也赋予了各个基本部分应有的功能。专业人员可以通过自身的专长分组:

控制器(Controller)——负责转发请求,对请求进行处理。

视图(View)——界面设计人员进行图形界面设计。

模型(Model)——程序员编写程序应有的功能(实现算法等等)、数据库专家进行数据管理和数据库设计(可以实现具体的功能)。

3.3.2 MVC 工作的机制

MVC 是一个设计模式,它强制性地使应用程序的输入、处理和输出分开。MVC 应用程序被分成 3 个核心部件:模型、视图、控制器,它们各自处理自己的任务。

(1)视图:视图是用户看到并与之交互的界面。对老式的 Web 应用程序来说,视图就是由 HTML 元素组成的界面,在新式的 Web 应用程序中,HTML 依旧在视图中扮演着重要的角色,但一些新的技术已层出不穷,它们包括 Macromedia Flash 和像 XHTML,XML/XSL,WML 等一些标识语言和 Web services。

如何处理应用程序的界面变得越来越有挑战性。MVC 一个大的好处是它能为用户的应用程序处理很多不同的视图。在视图中其实没有真正的处理发生,不管这些数据是联机存储的还是一个雇员列表,作为视图来讲,它只是作为一种输出数据并允许用户操纵的方式。

(2)模型:模型表示企业数据和业务规则。在 MVC 的 3 个部件中,模型拥有最多的处理任务。例如它可能用像 EJB 和 Cold Fusion Components 这样的构件对象来处理数据库。被模型返回的数据是中立的,就是说模型与数据格式无关,这样一个模型能为多个视图提供数据。由于应用于模型的代码只需写一次就可以被多个视图重用,所以减少了代码的重复性。

(3)控制器:控制器接受用户的输入并调用模型和视图去完成用户的需求。因此当单击Web 页面中的超链接和发送 HTML 表单时,控制器本身不输出任何东西和做任何处理。它只是接收请求并决定调用哪个模型构件去处理请求,然后确定用哪个视图来显示模型处理返回的数据。

图 3-16 所示为 MVC 组件类型的关系和功能图。由图 3-16 可看到 MVC 的处理过程:首先控制器接收用户的请求,并决定应该调用哪个模型来进行处理,然后模型用业务逻辑来处理用户的请求并返回数据,最后控制器用相应的视图格式化模型返回的数据,并通过表示层呈现给用户。

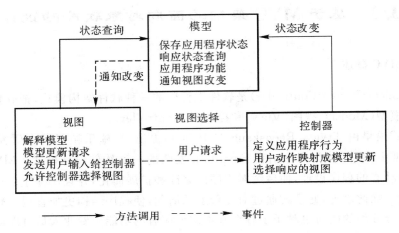

图 3-16 MVC 组件类型的关系和功能图

3.3.3 MVC 的优点

MVC 的优点表现在下述几方面。

(1)可以为一个模型在运行时同时建立和使用多个视图。变化-传播机制可以确保所有相关的视图及时得到模型数据变化,从而使所有关联的视图和控制器做到行为同步。使用MVC,无论用户想要 Flash 界面或是 WAP 界面,用一个模型就能处理它们。由于已经将数据和业务规则从表示层分开,所以可以最大化地重用代码。由于模型返回的数据没有进行格式化,所以同样的构件能被不同界面使用。例如,很多数据可能用 HTML 来表示,但是它们也有可能要用 Macromedia Flash 和 WAP 来表示。模型也有状态管理和数据持久性处理的功能,例如,基于会话的购物车和电子商务过程也能被 Flash 网站或者无线联网的应用程序所重用。

(2)视图与控制器的可接插性,允许更换视图和控制器对象,而且可以根据需求动态地打开或关闭,甚至在运行期间进行对象替换。控制器提供了一个好处,就是可以使用控制器来联接不同的模型和视图去完成用户的需求,这样控制器可以为构造应用程序提供强有力的手段。给定一些可重用的模型和视图,控制器就可以根据用户的需求选择模型进行处理,然后选择视图将处理结果显示给用户。

(3)模型的可移植性。因为模型是独立于视图的,所以可以把一个模型独立地移植到新的平台工作,需要做的只是在新平台上对视图和控制器进行新的修改。因为模型是自包含的,并且与控制器和视图相分离,所以很容易改变应用程序的数据层和业务规则。如果想把数据库从 MySQL 移植到 Oracle,或者改变基于 RDBMS 数据源到 LDAP,只需改变模型即可。一旦正确地实现了模型,不管数据来自数据库或是 LDAP 服务器,视图将会正确地显示它们。由于运用 MVC 的应用程序的 3 个部件是相互对立的,改变其中一个不会影响其他两个,所以依据这种设计思想能构造良好的松偶合的构件。

(4)潜在的框架结构。可以基于此模型建立应用程序框架,不仅仅是用在设计界面的设计中。

3.3.4　MVC 的不足之处

MVC 的不足表现在下述几方面。

(1)增加了系统结构和实现的复杂性。对于简单的界面,严格遵循 MVC,使模型、视图与控制器分离,会增加结构的复杂性,并可能产生过多的更新操作,降低运行效率。

(2)视图与控制器间的过于紧密的连接。视图与控制器是相互分离,但确实联系紧密的部件,视图没有控制器的存在,其应用是很有限的,反之亦然,这样就妨碍了它们的独立重用。

(3)视图对模型数据的低效率访问。依据模型操作接口的不同,视图可能需要多次调用才能获得足够的显示数据。对未变化数据的不必要的频繁访问,也将损害操作性能。

3.3.5　MVC 是一条创建软件的好途径

尽管 MVC 有些许不足之处,但 MVC 设计模式依然是一个很好创建软件的途径,它所提倡的一些原则,像内容和显示互相分离可能比较好理解。但是如果你要隔离模型、视图和控制器的构件,你可能需要重新思考应用程序,尤其是应用程序的构架方面。但如果使用 MVC,并且有能力应付它所带来的额外的工作和复杂性,MVC 将会使软件在健壮性、代码重用和结构方面上一个新的台阶。

3.4　基于产品线的软件重用

3.4.1　软件产品线的基本概念

与软件体现结构一样,目前,软件产品线还没有统一的定义,常见的定义有以下几种。

(1)将利用了产品间公共方面、预期考虑了可变性等设计的产品族称为产品线。

(2)产品线就是由在系统的组成元素和功能方面具有共性(commonalities)和个性(variabilities)相似的多个系统组成的一个系统族。

(3)软件产品线就是在一个公共的软件资源集合基础上建立起来的,共享同一个特性集合的系统集合。

(4)一个软件产品线由一个产品线体系结构、一个可重用构件集合和一个源自共享资源的产品集合组成,是组织一组相关软件产品开发的方式。

相对而言,卡内基梅隆大学软件工程研究所(CMU/SEI)对产品线和软件产品线的定义,更能体现软件产品线的特征:"产品线是一个产品集合,这些产品共享一个公共的、可管理的特征集,这个特征集能满足选定的市场或任务领域的特定需求。这些系统是在遵循一个预描述的方式,在公共的核心资源基础上开发的。"

根据 SEI 的定义,软件产品线主要由两部分组成:核心资源和产品集合。核心资源是领域工程所有结果的集合,是产品线中产品构造的基础。也有一些组织将核心资源库称为"平台(platform)"。核心资源必定包含产品线中所有产品共享的产品线体系结构,新设计开发的或者通过对现有系统的再工程得到的、需要在整个产品线中系统化重用的软件构件。与软件构件相关的测试计划、测试实例以及所有设计文档,需求说明书和领域模型还有领域范围的定义也是核心资源,采用 COTS 的构件也属于核心资源。产品线体系结构和构件是用于软件产品线中产品的构建和核心资源最重要的部分。

软件产品线开发有 4 个基本技术特点:过程驱动、特定领域、技术支持和体系结构为中心。与其他软件开发方法相比,软件开发组织选择软件产品线的宏观上的原因有,对产品线极其实现所需的专家知识领域的清楚界定,对产品线的长期远景进行了战略性规划。

3.4.2　软件产品线的过程模型

1. 双生命周期模型

最初的和最简单的软件产品线开发过程的双生命周期模型来自 STARS,分成两个重叠的生命周期:领域工程和应用工程。两个周期内部都分成分析、设计和实现 3 个阶段,如图 3-17 所示。

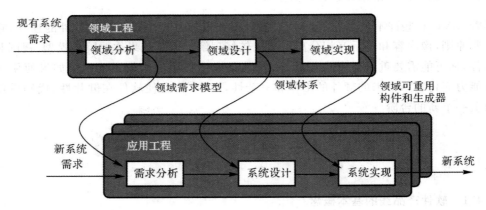

图 3-17　产品线的双生命周期模型

领域工程阶段的主要任务有以下几项。

(1)领域分析。利用现有系统的设计、体系结构和需求建立领域模型。

(2)领域设计。用领域模型确定领域/产品线的共性和可变性,为产品线设计体系结构。

(3)领域实现。基于领域体系结构开发领域可重用资源(构件、文档、代码生成器)。

应用工程在领域工程结果的基础上构造新产品。应用工程需要根据每个应用独特的需求,经过以下几个阶段生成新产品。

(1)需求分析。将系统需求与领域需求进行比较,划分成领域公共需求和独特需求两部分,得出系统说明书。

(2)系统设计。在领域体系结构基础上,结合系统独特需求设计应用的软件体系结构。

（3）系统实现。遵照应用体系结构,用领域可重用资源实现领域公共需求,用定制开发的构件满足系统独特需求,构建新的系统。

应用工程将产品线资源不能满足的需求返回给领域工程以检验是否将其合并进入产品线的需求中。领域工程从应用工程中获得反馈或结合新产品的需求进入又一次周期性发展,称此为产品线的演化。

STARS 的双生命周期模型定义了典型的产品线开发过程的基本活动、各活动内容和结果以及产品线的演化方式。这种产品线方法综合了软件体系结构和软件重用的概念,在模型中定义了一个软件工程化的开发过程,目的是提高软件生产率、可靠性和质量,降低开发成本,缩短开发时间。

2. SEI 模型

SEI 将产品线的基本活动分为 3 个部分,分别是核心资源开发(即领域工程)、产品开发(即应用工程)和管理(详见 3.3.6 小节)。主要特点有以下几方面。

（1）循环重复是产品线开发过程的特征,也是核心资源开发、产品线开发以及核心资源和产品之间协作的特征。

（2）核心资源开发和产品开发没有先后之分。

（3）管理活动协调整个产品线开发过程的各个活动,对产品线的成败负责。

（4）核心资源开发和产品开发是两个互动的过程,3 个基本活动和整个产品线开发之间也是双向互动的。

3. 三生命周期模型

Fred 针对大型软件企业的软件产品线开发对双生命周期模型进行了改进,提出了三生命周期(tri‑lifecycle)软件工程模型,如图 3‑18 所示。

Boeing 公司的 Margaret J. Davis 将软件再工程(reengineering)和产品线方法结合,该方法将软件再工程应用于领域工程中,用一种系统化的方法挖掘遗留系统中的知识。根据产品线和遗留系统采用技术的差异大小,能恢复(recovery)出的资源可能包括人员组织的交互和过程信息、软件体系结构和高层设计、算法代码和过程等。

3.4.3　软件产品线的组织结构

软件产品线开发过程分为领域工程和应用工程,相应的软件开发的组织结构也应该有两个基本组成部分:负责核心资源的小组、负责产品的小组。这也是产品线开发与独立系统开发的主要区别。

基于对产品线开发的认识不同以及开发组织背景不同,有很多组织结构方式。但可以根据是否有独立的核心资源小组,把组织结构分为两大类。其中设计独立小组的典型的组织结构如图 3‑19 所示。其中体系结构组监控核心资源开发组和产品开发组以保证核心资源和产品能够遵循体系结构,同时负责体系结构的演化。配置管理组维护每个资源的版本。体系结构组、核心资源开发组与负责独立产品开发的小组互相独立。

SEI 在其推荐的组织结构中强调市场人员在获取需求和推介产品中的作用。将产品线组织分为四个工作小组。

（1）市场人员是产品线和产品能力、客户需求之间的沟通桥梁。

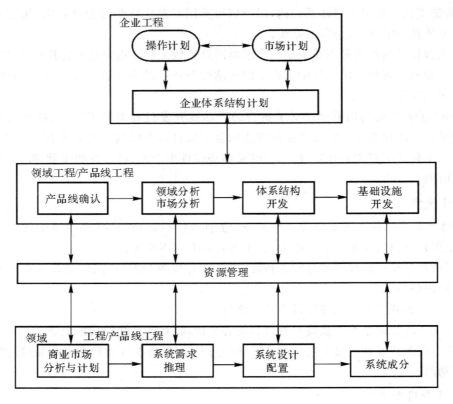

图 3-18 产品线的三生命周期模型

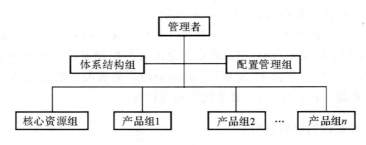

图 3-19 典型产品线开发组织结构

（2）核心资源组负责体系结构和其他核心资源的开发。

（3）应用组负责交付给客户的系统的开发。

（4）管理者负责开发过程的协调、商务计划等。

SEI 还将客户提出的需求和对系统的反馈作为产品线组织的重要外部组织接口。

设有独立核心资源小组的组织结构通常适用于至少由 50～100 人组成的较大型的软件开发组织,设立独立的核心资源小组可以使小组成员很容易迷失于建立极好的高度抽象、高度可重用的核心资源上,而忽视了这些资源对应用工程中需求的满足程度,因为这样的结构容易抑制应用工程中的反馈,使得所开发的核心资源无法在整个产品线中获得良好的应用。

另外一种典型的组织结构是不设立独立的核心资源小组,核心资源的开发融入各系统开发小组,只是设立专人负责核心资源开发的管理。这种组织结构的重点不在核心资源的开发上,因此比较适合于组成产品线的产品共性相对较少,开发独立产品所需的工作量相对较大的情况。这也是小型软件组织向软件产品线开发过渡时采用的一种方法。

Jan Bosch 在研究了众多采用软件产品线开发方法的公司后,将软件产品线的组织结构归纳为以下 4 种组织模型。

(1)开发部门(development unit)。所有的软件开发集中在一个部门,每个人都可承担领域工程和应用工程中适合的任务,这种组织模型简单、利于沟通,适用于不超过 30 人的组织。

(2)业务部门(business unit)。每个部门负责产品线中一个和多个相似的系统,共性资源由需要使用它的一个和几个部门协作开发,整个团队都可享用。资源更容易共享,适用于 30 ～ 100 人的组织,主要缺点是业务部门更注重自己的产品而将产品线的整体利益放在第二位。

(3)领域工程部门(domain engineering unit)。有一个专门的单位——领域工程部门负责核心资源库的开发和维护,其他业务部门使用这些核心资源来构建产品。这种结构可有效降低通信的复杂度、保持资源的通用性,适用于 100 人以上的组织,缺点是难以管理领域工程部门和不同产品工程部门之间的需求冲突和因此导致的开发周期增长。

(4)层次领域工程部门(hierarchical domain engineering unit)。对于非常巨大和复杂的产品线可以设立多层(一般为两层)领域工程部门,不同层部门服务的范围不同。这种模型趋向臃肿,对新需求的响应慢。

软件产品线开发成功的下一个关键就是在建立通用、昂贵的可以服务于所有产品的通用资源和开发服务于产品线中部分产品和特定产品软件之间的权衡。而选择一个合理的、弹性的组织结构并使其具备良好的反馈和通信机制,是在通用和特定之间保持均衡的一个组织和基础机制上的保证。

对于中小型软件开发组织来说,建议采用一种动态的组织结构,根据产品线的建立方式和发展阶段、成熟程度的变化,由一种组织结构向另一种组织结构演变。这种方法的主要依据是在产品线不同发展阶段,领域工程和应用工程在总工作量中所占的比例是不同的。例如对于从零开始建立的产品线,在其建立初期,核心资源的开发工作量要大大多于产品的开发工作量。此时集中力量组织成专门的小组进行核心资源的开发,当核心资源基本完成时,可以将该小组部分成员逐步转移到产品开发中。而对于已有的多个产品的情况下建立产品线的演变过程使用相反的方向更为合适。

这种动态的组织结构可以使中小型组织采用产品线开发方式造成的人力资源上的压力得到缓解,使人力资源的需求在产品线的整个开发工程中趋于平稳。人员在两种小组之间的流动可以使流动人员作为小组之间信息交流的一种补充方式,虽然这不是一种最好的、合乎规范的信息交流方式,但毕竟也是一种快速有效的方式。组织结构的变化对产品线来说是一个很重要的问题,需要制定相应的变化规划并要有良好的管理技术的支持来保证整个产品线的成功。

3.4.4 软件产品线的建立方式

软件产品线的建立需要希望使用软件产品线方法的软件组织有意识地、明显地作出努力才有可能成功。软件产品线的建立通常有 4 种方式,其划分有以下两个依据。

(1)该组织是用演化方式(evolutionary)还是革命方式(revolution)引入产品线开发过

程的。

（2）是基于现有产品还是开发全新的产品线。

表 3-1 对这几种方式进行了简要分析。

表 3-1　软件产品线建立方式基本特征

	演化方式	革命方式
基于现有产品集	基于现有产品体系结构开发产品线的体系结构。经演化现有构件的文件一次开发一个产品线构件	产品线核心资源的开发基于现有产品集的需求和可预测的、将来需求的超集
全新产品线	产品线核心资源随产品新成员的需求而演化	开发满足所有预期产品线成员的需求的产品线核心资源

1. 将现有产品演化为产品线

在基于现有产品体系结构设计的产品线体系结构的基础上，将特定产品的构件逐步地、越来越多地转化为产品线的共用构件，从基于产品的方法"慢慢地"转化为基于产品线的软件开发。它的主要优点是通过对投资回收期的分解、对现有系统演化的维持使产品线方法的实施风险降到最小，但完成产品线核心资源的总周期和总投资都比使用革命方式要大。

2. 用软件产品线替代现有产品集

基本停止现有产品的开发，所有努力直接针对软件产品线的核心资源开发。遗留系统只有在符合体系结构和构件需求的情况下，才可以和新的构件协作。这种方法的目标是开发一个不受现有产品集存在问题限制的、全新的平台，总周期和总投资较演化方法要少，但因重要需求的变化导致的初始投资报废的风险加大。另外，基于核心资源的第一个产品面世的时间将会推后。

现有产品集中软、硬件结合的紧密程度，以及不同产品在硬件方面需求的差异，也是产品线开发采用演化还是革命方式的决策依据。对于软、硬件结合密切且硬件需求差异大的现有产品集因无法满足产品线方法对软、硬件同步的需求，只能采用革命方式替代现有产品集。

3. 全新软件产品线的演化

当一个软件组织进入一个全新的领域，要开发该领域的一系列产品时，同样也有演化和革命两种方式。演化方式将每一个新产品的需求与产品线核心资源进行协调。好处是先期投资少，风险较小，第一个产品面世时间早。另外，因为是进入一个全新的领域，演化方法可以减少和简化因经验不足造成的初始阶段错误的修正代价。缺点是已有的产品线核心资源会影响新产品的需求协调，使成本加大。

4. 全新软件产品线的开发

架构设计师和工程师首先要得到产品线所有可能的需求，基于这个需求搜集来设计和开发产品线核心资源。第一个产品将在产品线核心资源全部完成之后才开始构造。优点是一旦产品线核心资源完成，新产品的开发速度将非常快，总成本也将减少。缺点是对新领域的需求很难做到全面和正确，使得核心资源不能像预期的那样支持新产品的开发。

3.4.5　软件产品线的演化

从整体来看,软件产品线的发展过程有 3 个阶段,即开发阶段、配置分发阶段和演化阶段。

引起产品线体系结构演化的原因与引起任何其他系统演化的原因一样:产品线与技术变化的协调、现有问题的改正、新功能的增加、对现有功能的重组以允许更多的变化等。产品线的演化包括产品线核心资源的演化、产品的演化和产品的版本升级。这样在整个产品线就出现了核心资源的新旧版本、产品的新旧版本和新产品等。它们之间的协调是产品线演化研究的主要问题。

在小型软件开发组织中,一般设立专门的人员和小组监控技术的变化和新产品的创建,并对产品线的体系结构和核心资源进行维护,因产品线中产品数量相对较少,产品线演化也就比较小;技术人员在产品线和产品族之间的流动也使同步的维护较容易。在大、中型软件开发组织里,则需要有更谨慎、更规范的做法。

如果不对核心资源进行更新以反映最新产品的需求变化,就只能在产品中创建相应资源的变体,而核心资源自此就不再适应这类需求,新产品和产品线体系结构、核心资源之间就产生"漂移"。这样发展下去,核心资源就逐渐失去了可重用性,维护成本加大,产品线的好处也失去了。

产品线演化同样造成问题。例如,需要开发产品的新版本时,作为基础的核心资源已经有了新版本。此时若仍然使用原来的老版本核心资源显然对产品的改动要少,成本要低,但以后会产生核心资源多版本维护问题以及该产品与核心资源之间的"漂移"问题。为了维护一致性,应该采用新版本核心资源。同样对使用 COTS 产品进行软件产品线开发的组织来说,COTS 厂商总是不停地推出新版本的构件,令这些应用开发组织烦恼的是,是否、怎样和什么时候将这些新版本构件融入系统。

为此,这里推荐使用以下方法:在开发新产品或产品的新版本时,使用核心资源的最新版本,已有的产品并不追随核心资源的演化。核心资源则要不断演化,以反映创建新产品和开发产品的新版本时反馈回来的需要核心资源调整配合才能满足的新需求。当然,也要防止对产品线体系结构和设计的过大、过早的演化,以免发生太多构件不做修改就无法使用的情况。保持产品的将来版本和产品线核心资源之间的同步是防止产品线退化的最基本要求。

3.4.6　软件产品线的基本活动

本节以 SEI 的软件产品线的过程模型为线索,讨论软件产品线开发的基本活动。

从本质上看,产品线开发包括核心资源库的开发和使用核心资源的产品开发,这两者都需要技术和组织的管理。核心资源的开发和产品开发可同时进行,也可交叉进行,例如,新产品的构建以核心资源库为基础,或者核心资源库可从已存在的系统中抽取。有时,核心资源库的开发也被称为领域工程,产品开发被称为应用工程。图 3-20 说明了产品线各基本活动之间的关系。

每个旋转环代表一个基本活动,3 个环连接在一起,不停地运动着。3 个基本活动交错连接,可以任何次序发生,且是高度重叠的。旋转的箭头表示不但核心资源库被用来开发产品,而且已存在的核心资源的修订甚至新的核心资源常常可以来自产品开发。

在核心资源和产品开发之间有一个强的反馈环,当新产品开发时,核心资源库就得到刷新。对核心资源的使用反过来又会促进核心资源的开发活动。另外,核心资源的价值通过使用它们的产品开发来得到体现。

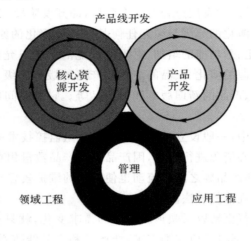

图 3-20 产品线基本活动

1. 产品线分析

产品线分析是产品线的需求工程,是业务机遇的确认和产品线体系结构的设计之间的桥梁。产品线分析强调以下内容:

1)通过捕获风险承担者的观点来揭示产品线需求。

2)通过系统的推理和分析、集成功能需求和非功能需求来完成产品线需求。

3)产品线设计师对产品线需求的可用性。

(1)上下文。产品线的开发包括资源开发、产品计划和产品开发几个步骤,产品线分析是资源开发的一部分,如图 3-21 所示。

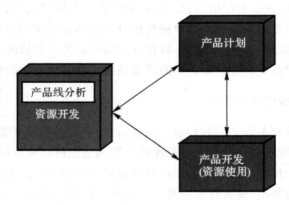

图 3-21 产品线分析

产品线分析是把对业务机遇的初步确认细化为需求模型,对正在开发的产品线而言,需要获取组织的业务目标和约束、包含在产品线中的产品、最终用户和其他风险承担者的需求、大粒度重用的机会。

分析能否为并行开发提供机会,对产品线开发来说是至关重要的。资源开发需要固定投资,特别是及时的投资,但产品线的成功却往往取决于组织快速进入市场的能力。减少产品线进入市场时间的唯一途径就是使资源开发并行进行。对产品线分析而言,这意味着要尽可能快地发现重大设计信息。

(2)风险承担者观点。产品线风险承担者是人或受产品线开发所影响的系统,一个特定的产品线的风险承担者可以包括(但不限于)决策者(executive)、市场分析员、技术经理、产品线分析员、设计师和程序员、产品分析员、产品的最终用户、与产品线中的产品交互的内部和外部系统、政府机构、保险公司等。

每个产品线风险承担者对产品线都有自己的看法,也就是一组期望和对产品线的需求。因为许多风险承担者对产品线有着同样的期望和需求,因此只需关注那些起关键作用的风险承担者。

对产品线的开发来说,关键的风险承担者包括决策者、最终用户和产品线开发人员,如图3-22所示。决策者把产品线看作是达到组织目标的机制,最终用户注重产品线中的特定产品所能提供的服务,而产品线开发人员注重体系结构、产品计划和开发产品线中的产品所需的构件。

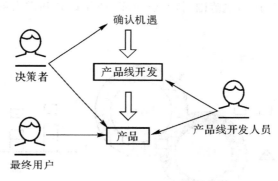

图 3-22　关键风险承担者

(3)需求建模。在开始启动产品线分析时,需要回答以下几个基本问题:

1)将要开发的产品线是否与组织的任务、业务目标和约束保持一致?

2)产品线将由哪些产品组成?

3)对组织来说,产品线的开发是否有意义? 与之相关的成本、风险和利润是什么?

对这些问题的回答取决于对目标市场特性的初步估计,期望的重用利益和诸如时间、经验和工具等资源的可用性。

产品线分析基于面向对象的分析、用例建模等。产品线需求模型是四个相互联系的工作产品的集合,如图3-23所示。

用例模型(use case model)描述了产品线风险承担者和它们与产品线的关键交互,风险承担者将验证产品线的可接受性。

特征模型(feature model)描述了产品线的风险承担者的观点。它获取产品的功能特征和产品线及其产品的软件质量属性。

对象模型(object model)描述了产品线支持上述特征的功能,以及这些功能的通用性和可变性。

字典(dictionary)定义了用在工作产品中的、支持产品线需求的一致观点的术语。

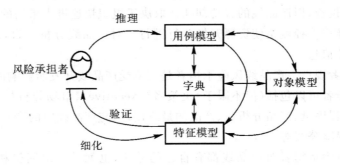

图 3-23 需求建模

需求模型支持发现和文档化最终用户和其他风险承担者的期望和需求,提供影响产品线范围的早期和详细的信息,它是把风险承担者的需求映射为系列开发工作产品的基础,这种映射有利于决定和估计潜在用户驱动(user-driven)变更的影响。

2. 产品开发

产品开发活动取决于产品线范围、核心资源库、产品计划和需求的输出,图 3-24 描述了它们之间的关系。

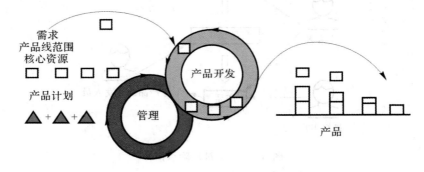

图 3-24 产品开发的输入与输出

产品开发的输入如下:

特定产品的需求,通常由包含在产品线范围内的一些产品描述来表示。

(1)产品线范围,指明正在考虑的产品是否适合包含在产品线中。

(2)构建产品所需的核心资源库。

(3)产品计划,指明核心资源如何应用到产品的构建中。

从本质上说,产品线是一组相关产品的集合,但是,怎么实现却有很大的不同,它取决于资源、产品计划和组织环境。

第二部分

提　高　篇

第4章 智能搜索算法

随着软件规模逐渐庞大与复杂,传统的从问题空间构造解决问题的方法已经变得越来越困难。因此,急需要发展一种新的软件工程方向以解决目前软件工程问题,作为一种软件工程学科发展的新方向,基于搜索的软件工程被提出,下一章我们将会详细讲解基于搜索的软件工程(Search Based Software Engineering,SBSE)。

基于搜索的软件工程,从问题的解空间出发,将传统的软件工程问题转化为优化问题,并使用高性能的搜索方法,在问题所有可能解的空间中,寻找最优解或者近似最优解。目前软件工程领域中用到的搜索方法分为三大类,第一类是基于微积分的搜索方法,第二类是带有向导的随机搜索方法,第三类是枚举方法。由于带有向导的随机搜索技术在基于搜索的软件工程中使用频率相当高。所以本章主要介绍第二类带有向导的随机搜索技术,其中带有向导的随机搜索技术主要包括遗传算法、爬山算法、模拟退火算法、蚁群算法、粒子群算法等在内的许多智能算法。本章将对这些智能搜索算法给出详细介绍。

4.1 遗 传 算 法

在现有的智能优化算法中,遗传算法(Genetic Algorithm,GA)是使用最为广泛的一种智能搜索算法。美国教授 J. Holland 于 1975 年首先提出遗传算法,后经过数十年的发展逐渐成为了一个重要的研究分支,形成了一个巨大的遗传算法家族。本小节就遗传算法这一搜索技术做出介绍。

4.1.1 遗传算法简介

遗传算法是一种模拟自然界生物进化过程的启发式搜索算法。它属于演化算法的一种,苏凡借鉴了进化生物学中的一些现象,这些现象通常包括遗传、突变、自然选择以及杂交等。但遗传算法有可能在使用不当的情况下收敛于局部最优解,同时,遗传算法也具有不确定性的缺点。但是这丝毫也没影响到遗传算法的应用广度,它是一种确定的搜索技术,近年来,遗传算法在解决软件工程技术问题中显示出巨大的优势和价值。

遗传算法操作步骤中关键的几步操作是怎么从问题空间得到信息编码、染色体交叉以及适应度函数的构造。

遗传算法基本的算法过程描述如下。

(1) 初始化:设置进化代数计数器 $t=0$,设置最大进化代数 T,随机生成 M 个个体作为初始群体 $P(0)$。

(2) 个体进行评价:计算群体 $P(t)$ 中各个个体的适应度,适应度函数是根据目标解的性能构造出来的,它是描述个体性能的主要指标,这里如果在适应度函数选择不当的情况下算法有可能收敛于局部最优。

(3)选择运算:将选择算子(选择操作)作用于群体。选择的目的是把优良的个体直接遗传到下一代或通过配对交叉产生新的个体再遗传到下一代。选择操作是建立在群体中个体的适应度评估基础上的。

(4)交叉运算:将交叉算子(交叉操作)作用于群体。遗传算法中起核心作用的就是交叉算子。

(5)变异运算:将变异算子(变异操作)作用于群体。即是对群体中的个体串的某些基因座上的基因值作变动。

群体 $P(t)$ 经过选择、交叉、变异运算之后得到下一代群体 $P(t+1)$。

(6)终止条件判断:若 $t=T$ 或者得到的解满足目标条件,则以进化过程中所得到的具有最大适应度个体作为最优解输出,终止计算。

遗传算法的简单流程可以用图 4-1 所示的流程图进行描述。

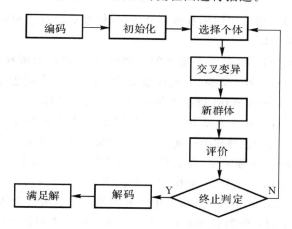

图 4-1 遗传算法流程图

如何选择适应度大的个体复制到下一代或者作为父代配对交叉产生下一代,大多数书籍都提及到了著名的赌轮算法来解决这个问题,本书在这里也详细介绍一下赌轮算法。

理解赌轮算法前,我们先必须了解个体的选择概率,个体的选择概率 $P(x_i)$ 的计算公式为

$$P(x_i) = \frac{f(x_i)}{\sum_{j=1}^{N} f(x_j)} \tag{4.1}$$

其中,f 为适应度函数;$f(x_i)$ 为 x_i 的适应度。可以看出,染色体 x_i 被选中的概率就是适应度 $f(x_i)$ 所占种群中全体染色体适应度之和的比例。显然,按照这种选择概率定义,适应度越高的染色体被随机选定的概率就越大,被选中的次数也就越多,从而被复制的次数也就越多。

如图 4-2 所示,假设种群 S 中有 4 个染色体:s_1,s_2,s_3,s_4,其选择概率依次为 0.11,0.45,0.29,0.15,则它们在轮盘上上所占的份额如图 4-2 中的各扇形区域所示。

赌轮选择法可用下面的子过程来模拟:

1)在[0,1] 区间内产生一个均匀分布的伪随机数 r。

2)若 $r \leqslant q_1$,则染色体 x_1 被选中。

3)若 $q_{k-1} < r \leqslant q_k (2 \leqslant k \leqslant N)$,则染色体 x_k 被选中。

其中 q_i 称为染色体 $x_i (i=1,2,3,\cdots,n)$ 的积累概率,其计算公式为

$$q_i = \sum_{j=1}^{i} p(x_j) \qquad\qquad (4.2)$$

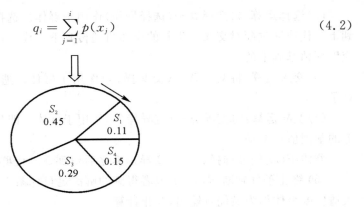

图 4-2 赌轮选择示例

一般进行个体选择时，也常用锦标赛选择算法，锦标赛选择算法和赌轮算法的目的都是尽可能选择出适应度大的个体。

对于上面所讲到的遗传算法的几个重要的单词概念，下面给出解释。

交叉：交叉（crossover）亦称交换、交配或杂交，就是互换两个染色体某些位上的基因。

交叉率：交叉率（crossover rate）就是参加交叉运算的染色体个数占全体染色体总数的比例，记为 P_c，取值范围一般为 $0.4\sim0.99$。由于生物繁殖时染色体的交叉是按一定的概率发生的，因此参加交叉操作的染色体也有一定的比例，而交叉率也就是交叉概率。

变异：变异（mutation）亦称突变，就是改变染色体某个（些）位上的基因。例如，把染色体 $s=11001101$ 的第三位上的 0 变为 1，则得到新染色体 $s'=11101101$。

变异率：变异率（mutation rate）是指发生变异的基因位数所占全体染色体的基因总位数的比例，记为 P_m，取值范围一般为 $0.0001\sim0.1$。由于在生物的繁衍进化过程中，变异也是按一定的概率发生的，而且发生概率一般很小，因此变异率也就是变异概率。

适应度：适应度（fitness）就是借鉴生物个体对环境的适应程度，而对所求解问题中的对象设计的一种表征优劣的测度。适应度函数（fitness function）就是问题中的全体对象与其适应度之间的一个对应关系，即对象集合到适应度集合的一个映射。它一般是定义在论域空间上的一个实数值函数。

目前，随着遗传算法的深入研究，解决某一具体的软件工程问题，往往会用到混合遗传算法。混合遗传算法就是将一些要解决问题相关的启发知识的启发式算法的思想用到遗传算法中，构成混合遗传算法。这种方式，将能有效地提高遗传算法运行效率和求解质量。目前，混合遗传算法体现在两个方面，一是引入局部搜索过程，二是增加编码变换操作过程。

4.1.2　遗传算法应用实例

遗传算法在函数和组合优化、生产调度、自动控制、智能控制、机器学习、数据挖掘、图像处理以及人工智能等领域得到了成功而广泛的应用，成为 21 世纪的关键技术之一。它提供了求解复杂系统问题的通用框架，不依赖于问题的具体领域，并且对问题的求解具有很强的指导性。

本节就遗传算法在解决图论中的一个经典 TSP 问题时给出详细求解步骤，以此来演示遗传算法的基本应用流程。

TSP(Traveling Salesman Program)问题,即著名的旅行商问题。TSP 问题是数学领域和图论领域中著名问题之一。问题被描述为假设有一个旅行商人要拜访 n 个城市,他必须选择要走的路径,路径的限制是每个城市只能拜访一次,而且最后要回到原来出发的城市。路径的选择目标是要求得到的路径路程为所有路径之中的最小值。

TSP 问题,迄今为止,没有找到一个有效的解决算法,倾向接受 NP 完全问题和 NP 难题,不存在有效算法这一猜想,认为这类问题的大型实例不能用精确算法求解,必须寻求这类问题的有效的近似算法,而遗传算法便是很好地解决此类软件工程问题的近似算法。

例 4.1　设如图 4-3 所示,有 5 个城市,依次表示 A,B,C,D,E,这 5 个城市之间的路径拓扑图如图 4-3 所示,欲求解的是从 A 出发,遍历每个城市,并且每个城市只走一次,遍历完所有的城市后,回到起始点位置,找出所有路径中路径最小的一条。

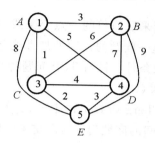

图 4-3　5 个城市之间的路径拓扑图

上述例题很容易利用穷举法或者其他简单方法求解,但是在城市数量很多的情况下,问题的复杂度可能急剧上升,穷举法或者其他传统方法解决此问题则略显疲惫,本题将利用遗传算法给出求解过程,用遗传算法解决的意义在于说明遗传算法的基本操作流程。

1. 编码

可以对这五个城市进行数字编码,这里可以给 A 城市编码 1,给 B 城市编码 2,给 C 城市编码 3,给 D 城市编码 4,给 E 城市编码 5。

在求解 TSP 问题的各种遗传算法中,多采用以遍历城市的次序排列进行编码的方法,如码串 1 3 4 5 2 表示自城市 A 开始,依次经过 3,4,5,2,最后返回城市 1 的遍历路径。显然,这是一种针对 TSP 问题的最自然的编码方式,这一编码方案的主要缺陷在于造成了交叉操作的困难。

另一种较为常用的编码方案是采用"边"的组合方式进行编码。例如码串 1 3 4 5 2 的第一个码 1 表示城市 2 到城市 1 的路径在 TSP 圈中,第二个码 3 表示城市 1 到城市 3 的路径在 TSP 圈中。这一编码方式有着与前面的"节点"遍历次序编码方式相类似的缺陷。

2. 产生初始化种群

本问题中可以随机产生几个字符串作为染色体,其中每个字符串首字母和尾字母都是代表 A 的码 8,中间的几个字符随机产生,但是字符不能重复。

3. 确定适应度

适应度函数常取路径长度 T_d 的倒数,即 $f = \dfrac{1}{T_d}$。若结合 TSP 的约束条件(每个城市经过且只经过一次),则适应度函数可表示为 $f=\dfrac{1}{T_d+\alpha \times N_t}$,其中 N_t 是对 TSP 路径不合法的度量(如取 N_t 为未遍历的城市的个数),α 为惩罚系数,常取城市间最长距离的两倍多一点,这里可以取 α 为 $2.05 \times 9=18.45$。

4. 选择

前面讲到,遗传算法中对于选择这一步,经常使用的算法除了赌轮算法,也有锦标赛选择算法,在锦标赛选择方法中,随机地从种群中选择一定数目个体,其中适应度最高的个体保存到下一代。这一过程反复执行,直到保存到下一代的个数达到预先设定的数目为止。对于本题的求解,选择锦标赛选择算法,从种群选择一定数目相对适应度大的个体保存到下一代。

5. 交叉

基于 TSP 问题的顺序编码,若采取简单的一点交叉或多点交叉策略,必然产生未能完全遍历所有城市的非法路径。解决这一问题的一种处理方法是对交叉、变异等遗传操作作适当地修正,使其自动满足 TSP 的约束条件。针对 TSP 问题的交叉操作包括 3 种:部分匹配交叉(PMX)、顺序交叉(OX)和循环交叉(CX)。

(1) PMX。PMX 操作是 Goldberg 和 Lingle 于 1985 年提出的,在 PMX 操作中先随机产生两个位串交叉点,定义这两点之间的区域为一匹配交叉区域,并使用位置交换操作来交换两个父串的匹配区域。考虑下面一个实例,如两父及匹配区域为

$$A=9\ 8\ 5\ |\ 4\ 6\ 7\ |\ 1\ 3\ 2\ 0$$
$$B=8\ 6\ 3\ |\ 2\ 0\ 1\ |\ 9\ 5\ 4\ 7$$

首先交换 A 和 B 的两个匹配区域,得到

$$A'=9\ 8\ 5\ |\ 2\ 0\ 1\ |\ 1\ 3\ 2\ 0$$
$$B'=8\ 6\ 3\ |\ 4\ 6\ 7\ |\ 9\ 5\ 4\ 7$$

对于 A',B' 两子串中匹配区域以外出现的遍历重复,依据匹配区域内的位置映射关系,逐一进行交换,对于 A' 有 2 到 4,0 到 6,1 到 7 的位置符号映射,对于 A' 的匹配区域以外的 2,0,1 分别以 4,6,7 替换,则

$$A''=9\ 8\ 5\ |\ 2\ 0\ 1\ |\ 7\ 3\ 4\ 6$$

同理可得

$$B''=8\ 0\ 3\ |\ 4\ 6\ 7\ |\ 9\ 5\ 2\ 1$$

这样,每个子串的次序由其父串部分地确定。

(2) OX。1985 年 Davis 等人提出了基于路径表示的 OX 操作,OX 操作能够保留排列,并融合不同排列的有序结构单元。此方法开始也是选择一个匹配区域,得到

$$A=9\ 8\ 5\ |\ 4\ 6\ 7\ |\ 1\ 3\ 2\ 0$$
$$B=8\ 6\ 3\ |\ 2\ 0\ 1\ |\ 9\ 5\ 4\ 7$$

首先,两个交叉点之间的中间段保持不变,在其区域外的相应位置标记 X,得到

$$A'=X\ X\ X\ |\ 4\ 6\ 7\ |\ X\ X\ X\ X$$
$$B'=X\ X\ X\ |\ 2\ 0\ 1\ |\ X\ X\ X\ X$$

其次,记录父个体 B 从第二个交叉点开始城市码的排列顺序,当到达表尾时,返回表头继续记录城市码,直至到达第二个交叉点结束,这样便获得了父个体 B 从第二个交叉点开始的

城市码排列顺序为 $9-5-4-7-8-6-3-2-0-1$,对于父个体 A 而言,已有城市码 $4,6,7$ 将它们从父个体 B 的城市码排列顺序中去掉,得到排列顺序 $9-5-8-3-2-0-1$,再将这个排列顺序复制给父个体 A,复制的起点也是从第二个交叉点开始,以此决定子个体 1 对应位置的未知码 X,这样新个体 A'' 为

$$A''=2014679583$$

同样,利用同样的方法可以得到交叉后的 B'' 染色体为

$$B''=4672013985$$

(3)CX。1987 年 Oliver 等人提出了 CX 方法,与 PMX 方法和 OX 方法不同,循环交叉的执行是以父串的特征作为参考,使每个城市在约束条件下进行重组。设两个父串为

$$A=9821745063$$
$$B=1234567890$$

不同于选择交叉位置,从左边开始选择一个城市:

$$A'=9————————$$
$$B'=1————————$$

再从另一个父串中的相对位置,寻找下一个城市:

$$A'=9——1—————$$
$$B'=1———————9$$

再轮流选择下去,最后可得到最终交叉后的染色体。

(4)类似于 OX 的交叉。首先在两个父串中随机选择一个交配区域,如两父串及交配区域选定为

$$A=12\mid3456\mid789$$
$$B=98\mid7654\mid321$$

然后将 B 的交配区域加到 A 的前面(或后面),A 的交配区域加到 B 的前面(或后面)得到

$$A'=7654\mid123456789$$
$$B'=3456\mid987654321$$

最后在 A' 中自交配区域后依次删除与交配区域相同的城市码,得到最终的子串为

$$A''=765412389$$
$$B''=345698721$$

与其他方法相比,这种方法在两父串相同的情况下仍能产生一定程度的变异效果,这对维持群体多样性特性有一定的作用。

6. 变异

目前已有多种变异算子,如 2-opt 变异算子、倒位变异算子、启发式变异算子等。其中启发式变异算子相对于其他变异算子更有效,下面我们详细介绍启发式变异算法子的操作过程。

设: $\qquad P_1=123456789$

随机选择三个点:例如 $2,4,6$,任意交换位置可以得到 5 个不同的个体。

$$A_1=123458769$$
$$A_2=163452789$$
$$A_3=183456729$$

$$A_4 = 1\ 6\ 3\ 4\ 5\ 8\ 7\ 2\ 9$$
$$A_5 = 1\ 8\ 3\ 4\ 5\ 2\ 7\ 6\ 9$$

从中选择最好的作为新的个体。

7. 终止

算法在迭代若干次后终止,一般终止条件有,进化次数限制;计算耗费的时间限制;一个个体已经满足最优值的条件,即最优值已经找到;适应度已经达到饱和,继续进化不会产生适应度更好的个体;人为干预;以上两种或更多种的组合。

4.1.3 改进遗传算法

1. 编码

二进制字符串所表达的模式多于十进制,因此,二进制编码具有明显的优越性,在执行交叉及变异时可以有更优的变化,近年来,遗传算法中常常采用格雷码(Gray code)。格雷码是一种循环的二进制字符串,它与普通二进制数的转换为

$$b_i = \begin{cases} a_i, & i=1 \\ a_{i-1} \oplus a_i, & i>1 \end{cases} \tag{4.3}$$

其中,$\oplus$表示以 2 为模的加运算。

相邻的两个格雷码只有一个字符的差别。通常,相邻两个二进制字符串中字符不同的数目被称作海明距离(Hamming distance)。格雷码的海明距离总是 1。这样,在进行变异操作时,格雷码某个字符的突变很有可能是字符串变成相邻的另一个字符串,从而实现顺序搜索,避免无规则的跳跃式搜索。有人做过实验,采用格雷码后遗传算法的收敛速度只提高了 $10\%\sim20\%$,作用不明显,但有人却宣称格雷码能明显提高收敛速度。

2. 适应度

在遗传算法的初始化阶段,各个个体的性态明显不同,其适应度大小的差别很大。个别优良的个体的适应度有可能远远高于其他个体,从而增加被复制的次数,反之,个别适应度很低的个体,尽管本身含有部分有益的基因,但却会被过早舍弃。这种不正常的取舍,对于个体数目不是很多的群体尤为严重,会把遗传算法的搜索引向误区,从而过早地收敛于局部最优解。这时,需要将适应度按照比例缩小,减少群体中适应度的差别。另一个方面,当遗传算法进行到了后期时,群体逐渐收敛,各个个体的适应度差别不大,为了更好地优胜劣汰,希望适当地放大适应度,突出个体之间的差别。无论是缩小或放大适应度,都可用下式变换适应度,有

$$f' = af + b \tag{4.4}$$

其中,f'为缩放后的适应度;f为缩放前的适应度;a,b为系数。

式(4.4)为线性缩放,调整适应度的另一种方法是方差缩放技术,它根据适应度的离散情况进行缩放。对于适应度离散的群体,调整量要大一些,反之,调整量较少。具体的调整方法为

$$f' = f + (\bar{f} - C\delta) \tag{4.5}$$

其中,$\bar{f}$为适应度的均值;δ为群体适应度的标准差;C为系数。

也有人建议采用指数缩放的方法,即

$$f' = f^k \tag{4.6}$$

上述调整适应度的各种方法,其目的都是修改个体性能的差距,以便体现"优胜劣汰"的原则。例如,假如想多选择一些优良的个体进行下一代,则应尽量加大适应度之间的差距。

3. 引入别的优化算法

一般在求解遗传算法的时候引入局部搜索算法,如果融合这些优化算法,构造一个混合其他优化算法的遗传算法,将能有效地提高遗传算法运行效率和求解质量。

4.2 爬 山 算 法

爬山算法(Hill Climbing,HC)相对于上一节讲到的遗传算法来说,是一种局部搜索算法,采用启发式方法,是对深度优先搜索的一种改进,它利用反馈信息帮助生成解的决策。属于人工智能算法的一种,它可以明显地避免遍历,通过启发选择部分节点,从而达到提高效率的目的。在工程研究领域中,往往把爬山算法与其他智能搜索算法结合起来解决现代软件工程技术问题。

4.2.1 爬山算法简介

爬山算法实现很简单,其主要缺点是可能会陷入局部最优解,不一定能搜索到全局最优解。如图 4-4 所示,假设 C 点为当前解,爬山算法搜索到 A 点这个局部最优解就会停止搜索,误认为 A 为找到的最优解,而实际上 B 应该为最优解。

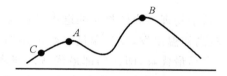

图 4-4 爬山算法示意图

用爬山算法求解组合优化问题时的步骤(以目标函数求最小为例):

1) 选定一个初始解 x_0,记录当前最优解 $x_{\text{best}} = x_0$,令 $P = N(x_{\text{best}})$(表示 x_{best} 的领域)。

2) 当 $P = \varnothing$ 时,或满足其他停止运算准则时,转第 4) 步,否则从 $N(x_{\text{best}})$ 中按某一规则选择一个解 x_{now},转第 3) 步。

3) 若 x_{now} 的目标函数值 $f(x_{\text{now}})$ 小于 x_{best} 的目标函数值 $f(x_{\text{best}})$,则令 $x_{\text{best}} = x_{\text{now}}$,$P = N(x_{\text{best}})$,转第 2) 步,否则 $P = P - x_{\text{now}}$,转第 2) 步。

4) 输出计算结果,停止。

在爬山算法中,第 1) 步的初始解可以采用随机方法产生,也可以用一些经验方法得到,还可采用其他算法得到初始解。在第 2) 步中,其他停止运算准则是指除 $P = \varnothing$ 以外的其他准则,这些准则一般取决于人们对算法的计算时间、计算结果的要求。第 2) 步中在 $N(x_{\text{best}})$ 中选取 x_{now} 的规则可以采用随机选取的规则。

爬山算法从搜索空间中的一个解出发,通过不断迭代,最终可达到一个局部最优解。算法停止时得到的解的质量依赖于算法的初始解的选取、邻域选点的规则和算法的终止条件等。爬山算法的优势就是简单高效,它作为一种搜索算法,已经广泛应用于基于搜索的软件工程领域中。

利用爬山算法解决上一节讲到的 TSP 问题也是一个经典问题,本节在这里不给出具体的求解步骤,读者可以自己尝试用爬山算法解决这个问题,并用自己喜爱的编程语言做实验,查看结果。

4.2.2　爬山算法的几种变体形式

1)随机爬山法:在上山移动中,随机选择下一步,选择的概率随着上山移动的陡峭程度而变化。

2)首选爬山法:随机地生成后继节点直到生成一个优于当前节点的后继。

3)随机重新开始的爬山法:算法通过随机生成的初始状态来进行一系列的爬山法搜索,找到目标时停止搜索。

4.3　模拟退火算法

模拟退火(Simulated Annealing,SA)算法是一种基于概率的算法,N. Metropolis 等人于 1953 年首先提出其主要思想。1983 年,S. Kirkpatrick 等人成功地将退火思想引入到组合优化领域。相对于前一节讲到的爬山算法,模拟退火算法以一定的概率来接受一个比当前解要差的解,因此有可能会跳出这个局部的最优解,达到全局的最优解。

4.3.1　模拟退火算法简介

模拟退火算法的出发点是基于物理中固体物质的退火过程与一般组合优化问题之间的相似性,模拟退火算法从某一个较高初温出发,伴随温度参数的不断下降,组合概率突跳特性在解空间中随机寻找目标函数的全局最优解,即在局部最优解能概率性地跳出并最终趋于全局最优。模拟退火算法是一种通用的优化算法,理论上算法具有概率的全局优化性能,目前在工程中得到了广泛使用,诸如 VLSI、生产调度、控制工程、机器学习、神经网络、信号处理等领域。

模拟退火算法是通过赋予搜索过程一种时变且最终趋于零的概率突跳性,从而可有效避免陷入局部极小并最终趋于全局最优的串行结构的优化算法。

下面是模拟退火算法的基本模型:

(1)模拟退火算法可以分解为解空间、目标函数和初始解三部分。

(2)模拟退火的基本思想:

1) 初始化:初始温度 T(充分大),初始解状态 S(是算法迭代的起点),每个 T 值得迭代次数 L。

2) 对 $K=1,\cdots,L$,做第 3)～6)步。

3) 生成新解 S'。

4) 计算增量 $\Delta t' = C(S') - C(S)$,其中 $C(S)$ 为评价函数。

5) 若 $\Delta t' < 0$ 则接受 S' 作为新的当前解,否则以概率 $\exp(-\Delta t'/T)$ 接受 S' 作为新的当前解。

6) 如果满足终止条件则输出当前解作为最优解,结束程序。

终止条件通常取为连续若干个新解都没有被接受时终止算法。

7)T 逐渐减少,且 $T \to 0$,则转第 2)步。

（3）模拟退火算法的步骤：

模拟退火算法新解的产生和接受可分为以下 4 个步骤：

1) 由一个产生函数从当前解产生一个位于解空间的新解；为便于后续的计算和接受,减少算法耗时,通常选择由当前新解经过简单地变换即可产生新解的方法,如对构成新解的全部或部分元素进行置换、互换等,需要注意的是,产生新解的变换方法决定了当前新解的领域结构,因而对冷却进度表的选取有一定的影响。

2) 计算与新解所对应的目标函数差。因为目标函数差仅由变换部分产生,所以目标函数差的计算最好按增量计算。事实表明,对大多数应用而言,这是计算目标函数差的最快方法。

3) 判断新解是否被接受,判断的依据是一个接受准则,最常用的接受准则是 Metropolis 准则：若 $\Delta t' < 0$ 则接受 S' 作为新的当前解 S,否则以概率 $\exp(-\Delta t'/T)$ 接受 S' 作为新的当前解 S。

4) 当新解被确定接受时,用新解代替当前解,这只需将当前解中对应于产生新解时的变换部分予以实现,同时修正目标函数值即可。此时,当前解实现了一次迭代。可在此基础上开始下一轮试验。而当新解被判定为舍弃时,则在原当前解的基础上继续下一轮试验。

模拟退火算法与初始值无关,算法求得的解与初始解状态 S(是算法迭代的起点)无关；模拟退火算法具有渐进收敛性,已在理论上被证明是一种以概率 1 收敛于全局最优解的全局优化算法；模拟退火算法具有并行性。

下面是模拟退火算法的伪代码：

```
s:=s0;e:=E(s)  //设定目前状态为 s0,其能量 E(s0)
k:=0 //评估次数 k
whilek<kmaxande>emax //若还有时间(评估次数 k 还不到 kmax)且结果还不够好(能量 e 不够低)则:
sn:=neighbour(s)  //随机选取一临近状态 sn
en:=Esn) //sn 的能量为 E(sn)
If random()<P(e,en,temp(k/kmax)) then  //决定是否移至临近状态 sn
s:=sn;e:=en  //移至临近状态 sn
k:=k+1  //评估完成,次数 k 加 1
returns //回转状态 s
```

4.3.2 模拟退火算法应用实例

这里针对前面所讲的 TSP 问题,利用模拟退火算法进一步对求解步骤进行讲解。

求解 TSP 的模拟退火算法模型可描述如下。

解空间:解空间 S 是恰好遍访每个城市一次的所有路径,解可以表示为 $\{w_1, w_2, \cdots, w_n\}$, $w_l, \cdots, w_n$ 是 $1, 2, \cdots, n$ 的一个排列,表明从 w_1 城市出发,依次经过 $w_2, \cdots, w_n$ 城市,再返回 w_1 城市。初始解可以选 $(1, \cdots, n)$。

目标函数:目标函数为访问所有城市的路径总长度。

我们要求的最优路径为目标函数为最小值时对应的路径,新路径的产生方法为:随机产生 1 和 n 之间的两相异数 k 和 m,不妨假设 $k < m$,则将原路径 $(w_1, w_2, \cdots, w_k, w_{k+1}, \cdots, w_m, w_{m+1}, \cdots, w_n)$ 变化为新路径 $(w_1, w_2, \cdots, w_m, w_{k+1}, \cdots, w_k, w_{m+1}, \cdots, w_n)$。

上述变换方法就是将 k 和 m 对应的两个城市在路径序列中交换位置,称为 2-opt 映射,根据上述描述,模拟退火算法求解 TSP 问题的流程框图如图 4-5 所示。

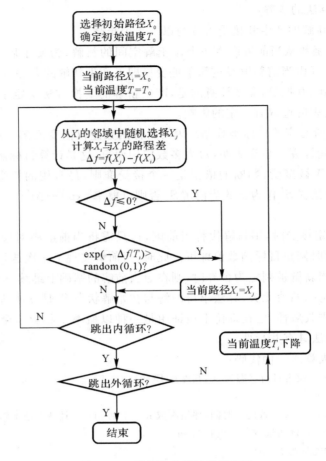

图 4-5 模拟退火算法的流程图

图 4-5 所示为模拟退火算法的大体流程图。选一初始状态 X_0 作为当前解,并且确定初始问题 T_0,令当前的 $X_i=X_0$ 和 $T_i=T_0$。然后从 X_i 的邻域中随即选择 X_j,计算 X_i 与 X_j 的路径差,比较差值,按一定方式将 T 降温,即令 $T(t+1)=K\times T(t)$,$i=i+1$,然后检查退火过程是否结束,如果不是继续交换,如果是将输出 S_i 作为最优输出。

下面是利用模拟退火算法实现 TSP 问题的伪代码。

```
Procedure TSPSA:
  begin
    init-of-T;{T 为初始温度}
    S={1,…,n};{S 为初始值}
    termination=false;
    while termination=false
      begin
        for i=1 to L do
          begin
            generate(S'form S);{ 从当前回路 S 产生新回路 S'}
```

$\Delta t := f(S') - f(S)$；{f(S)为路径总长}

IF($\Delta\Delta t/T$)＞Random - of -[0,1])

S＝S′；

IF the - halt - condition - is - TRUE THEN

termination＝true；

End；

T_lower；

End；

End

4.3.3　改进模拟退火算法

在实际工程应用中,常采用改进的算法,以保证在有限的时间内实现,其中 Inber 提出的非常快速的模拟退火算法(简称 VFSA 算法)最为常用。VFSA 使得模拟退火算法走向了实际应用,具有一定的实际应用价值。VFSA 算法的流程与传统模拟退火算的流程是一样的,只是为了保证算法在有限时间内实现,具体主要在模型扰动、接受概率及其退火计划上有其特别的地方,但已有很多研究表明,VFSA 算法在实际应用中效率还是偏低,不能得到更广泛的实际应用。

针对 VFSA 算法的两个基本特点,改进思路为:在高温下,以模型的全局扰动方式代替目前的扰动方式,因为由随机发生器发生的状态遍历能力要高于 VFSA 算法的特殊的模型扰动方式,并且由随机数产生的全局扰动方式与初始温度无关,不需要考虑温度大小的取值;而在低温下,对模型扰动进行某种约束,边扰动边逐步减少模型扰动空间,快速逼近最优解,从而提高新模型被接收的概率。

改进的具体做法是:VFSA 算法将被分为两个过程,过程一中采用较高的初始温度,VFSA 算的退火计划,模型作全局随机扰动,目的是搜索并锁定最优解区间,过程二中采用较低的初始温度,新的退火计划,模型作局部随机扰动,扰动在当前模型周围进行,目的是在锁定最优解空间后,使其搜索空间变得较小,以此来提高模型接受效率,新的退火计划将作适当地回火升温,这样,如果过程当前模型没有跳出局部极小值,适当地升温可以使当前模型再一次跳出局部极小值区间,而使最终解更可靠,退火温度的改进与模型扰动方式的改进,两者密切相关。

需要指出的是,上述的改进是对退火及模型扰动方式的改进,而算法所采用的广义 Boltzmann - Gibbs 分布接收概率及 Metropolis 准则则并没有改变。模拟退火算法之所以成为全局搜索算法,其接收概率方式及 Metropolis 准则是其精髓。

目前对模拟退火算法的改进,主要考虑以下几点:

1)设计合适的状态产生函数,使其根据搜索过程的需要表现出状态的全空间分散性或局部区域性。

2)设计一种高效率的退火策略。

3)避免状态的迂回搜索。

4)采用并行搜索结构。

5)为避免陷入局部极小,改进对温度的控制方式。

6)选择合适的初始状态。

7)设计合适的算法终止准则。

目前国内外学者对模拟退火算法提出了很多的改进思想,使其在工程上的应用价值越来越大。

4.4　蚁　群　算　法

蚁群算法由 Marco Dorigo 于 1992 年在他的博士论文中首先提出,其灵感来源于蚂蚁在寻找食物过程中发现路径的行为。论文通过模拟自然界蚂蚁搜索路径的行为,提出来一种新型的模拟进化算法。本节将给读者一个对蚁群算法的基础性认识,由于算法本身灵活性比较高,如果读者对算法比较感兴趣,可以多阅读这方面的论文期刊,然后提出自己的改进思路并应用到实践中。

4.4.1　蚁群算法简介

各个蚂蚁在没有事先告诉它们食物在什么地方的前提下开始寻找食物,当一只找到食物以后,它会向环境释放一种挥发性分泌物 pheromone(称为信息素,该物质随着时间的推移会逐渐挥发消失,信息素浓度的大小表征路径的远近)来实现的,吸引其他的蚂蚁过来,这样越来越多的蚂蚁会找到食物。有些蚂蚁并没有像其他蚂蚁一样总重复同样的路,它们会另辟蹊径,如果另开辟的道路比原来的其他道路更短,那么,渐渐地,更多的蚂蚁被吸引到这条较短的路上来。最后,经过一段时间运行,可能会出现一条最短的路径被大多数蚂蚁重复着,这就是蚁群算法的简单描述。

但是蚁群算法存在很多的问题:蚂蚁究竟是怎么找到食物的呢? 在没有蚂蚁找到食物的时候,环境没有有用的信息素,那么蚂蚁为什么会相对有效地找到食物呢? 这要归功于蚂蚁的移动规则,尤其是在没有信息素时候的移动规则。首选,它要能尽量保持某种惯性,这样使得蚂蚁尽量地向前移动(开始,这个前方是随机固定的一个方向),而不是原地无谓地打转或者震动;其次,蚂蚁要有一定的随机性,虽然有了固定的方向,但它也不能像粒子一样直线运动下去,而是有一个随机的干扰,这样就使得蚂蚁运动起来具有了一定的目的性,尽量保持原来的方向,但又有新的试探,尤其当碰到障碍物的时候它会立即改变方向,这可以看成一种选择的过程,也就是环境的障碍物让蚂蚁的某个方向正确,而其他方向则不对。这就解释了为什么单个蚂蚁在复杂的诸如迷宫的地图中仍然能找到隐蔽得很好的食物。当然,当有一只蚂蚁找到了食物的时候,大部分蚂蚁会沿着信息素很快地找到食物的,但还存在这样的情况:在最初的时候,一部分蚂蚁通过随机选择了同一条路径,随着这条路径上蚂蚁释放的信息素越来越多,更多的蚂蚁也选择这条路径,但这条路径并不是最优(即是最短的),因此,导致了迭代次数完成后,蚂蚁找到的不是最优解,而是次优解。这种情况下的结果可能对实际应用的意义就不大了。

蚂蚁如何找到最短路径的? 这一要归功于信息素,二要归功于环境,具体来说就是计算机时钟。信息素多的地方显然经过这里的蚂蚁会多,因而会有更多的蚂蚁聚集过来。假设有两条路从窝通向食物,开始的时候,走这两条路的蚂蚁数量同样多(或者较长的路上蚂蚁多,这也无关紧要)。在蚂蚁沿着一条路到达终点以后会马上返回来,这样,短的路蚂蚁来回一次的时间就短,这也意味着重复的频率就快,因而在单位时间走过的蚂蚁数目就多,洒下的信息素自然也会多,自然会有更多的蚂蚁被吸引过来,从而洒下更多的信息素,而长的路正相反,因此越来越多地蚂蚁聚集到较短的路径上来,最短的路径就近似找到了。也许有人会问局部最短路径和全局最短路的问题,实际上蚂蚁是逐渐接近全局最短路的,为什么呢?这源于蚂蚁会犯错误,也就是它会按照一定的概率不往信息素高的地方走而另辟蹊径,这可以理解为一种创新,这种创新如果能缩短路途,那么根据刚刚叙述的原理,更多的蚂蚁会被吸引过来。

还有一个重要的问题就是,如果我们要为蚂蚁设计一个人工智能程序,那么这个程序要多么复杂呢?首先,你要让蚂蚁能够避开障碍物,就必须根据适当的地形给它编进指令让它能够巧妙地避开障碍物;其次,要让蚂蚁找到食物,就需要让它们遍历空间上的所有点;再次,如果要让蚂蚁找到最短的路径,那么需要计算所有可能的路径并且比较它们的大小,而且更重要的是,程序的错误也许会让你前功尽弃。如此看来,为实现此算法,这个程序异常烦琐冗余。

然而,事实并没有想象得那么复杂,上面这个程序每个蚂蚁的核心程序编码不过 100 多行!为什么这么简单的程序会让蚂蚁干这样复杂的事情?答案是,简单规则的涌现。事实上,每个蚂蚁并不是像我们想象的需要知道整个世界的信息,它们其实只关心很小范围内的眼前信息,而且根据这些局部信息利用几条简单的规则进行决策,这样,在蚁群这个群体里,复杂性的行为就会凸现出来。这就是人工生命,复杂性科学解释的规律,那么这些简单规则是什么呢?这是一个比较哲理性的问题,对于问题的解释,读者可以自行思考。

关于蚁群算法的几个比较重要的规则,这里给出说明。

1. 范围

蚂蚁观察到的范围是一个方格世界,蚂蚁有一个参数为速度半径(一般是 3),那么它所能观察到的范围是 3×3 的方格世界,并且能移动的距离也在这个范围之内。

2. 环境

蚂蚁所在的环境是一个虚拟的世界,其中有障碍物,有别的蚂蚁,还有信息素,信息素有两种,一种是找到食物的蚂蚁洒下食物信息素,一种是找到窝的蚂蚁洒下的窝的信息素。每个蚂蚁仅仅能感知它范围内的环境信息。环境以一定的速率让信息素消失。

3. 觅食规则

每只蚂蚁在能感知的范围内寻找是否有食物,如果有就直接过去。否则看是否有信息素,并且比较在能感知的范围内哪一点的信息素最多,这样,它就朝着信息素多的地方走,并且每只蚂蚁都会以小概率犯错误,从而并不是往信息素最多的点移动。蚂蚁找窝的规则和上面一样,只不过它对窝的信息素做出反应,而对事物信息素没反应。

4. 移动规则

每只蚂蚁都朝向信息素最多的方向移动,并且当周围没有信息素指引的时候,蚂蚁会按照自己原来运动的方向惯性的运动下去,并且,在运动的方向有一个随机的小的扰动。为了防止蚂蚁原地转圈,它会记住刚才走过了哪些点,如果发现要走的下一点已经在之前走过了,它就会尽量避开。

5. 避障规则

如果蚂蚁要移动的方向有障碍物挡住,它会随机地选择另一个方向,并且有信息素指引的话,它会按照觅食的规则行动。

6. 信息素规则

每只蚂蚁在刚找到食物或者窝的时候播撒的信息素最多,并随着它走远的距离,播撒的信息素越来越少。

根据这几条规则,蚂蚁之间并没有直接的关系,但是每只蚂蚁都和环境发生交互,而通过信息素这个纽带,实际上把各个蚂蚁之间关联起来了。比如,当一只蚂蚁找到食物时,它并没有直接告诉其他蚂蚁这儿有食物,而是向环境播撒信息素,当其他的蚂蚁经过它附近的时候,就会感觉到信息素的存在,进而根据信息素的指引找到了食物。

蚁群算法有下述 4 个基本特点。

(1)蚁群算法是一种自组织的算法,在系统论中,自组织和它组织是组织的两个基本分类,其区别在于组织力或组织指令是来自于系统的内部还是来自于系统的外部,来自于系统内部的是自组织,来自于系统外部的是它组织。如果系统在获得空间的、时间的或者功能结构的过程中,没有外界的特定干预,我们便说系统是自组织的。从抽象意义上讲,自组织就是在没有外界作用下系统熵减少的过程(即系统从无序到有序的变化过程)。蚁群算法充分体现了这个过程,以蚂蚁群体优化为例子说明。在算法开始的初期,单个的人工蚂蚁无序地寻找解,算法经过一定时间的演化,人工蚂蚁间通过信息激素的作用,自发地越来越趋向于寻找到接近最优解的一些解,这就是一个无序到有序的过程。

(2)蚁群算法是一种本质上并行的算法。每只蚂蚁搜索的过程彼此独立,仅通过信息激素进行通信。因此蚁群算法则可以看作是一个分布式的多 Agent 系统,它在问题空间的多点同时开始进行独立的解搜索,不仅增加了算法的可靠性,也使得算法具有较强的全局搜索能力。

(3)蚁群算法是一种正反馈的算法。从真实蚂蚁的觅食过程中我们不难看出,蚂蚁能够最终找到最短路径,直接依赖于最短路径上信息激素的堆积,而信息激素的堆积却是一个正反馈的过程,对于蚁群算法来说,初始时刻在环境中存在完全相同的信息激素,给予系统一个微小扰动,使得各个边上的轨迹浓度不相同,蚂蚁构造的解就存在优劣,算法采用的反馈式是在较优的解经过的路径留下的更多的信息激素,而更多的信息激素又吸引了更多的蚂蚁,这个正反馈的过程使得初始的不同得到不断地扩大,同时又引导整个系统向最优解的方向进化。因此,正反馈是蚂蚁算法的重要特征,它使得算法演化过程得以进行。

(4)蚁群算法具有较强的鲁棒性。相对于其他算法,蚁群算法对初始路线要求不高,即蚁群算法的求解结果不依赖于初始路线的选择,而且在搜索过程中不需要进行人工的调整。其次,蚁群算法的参数数目少,设置简单,易于蚁群算法应用到其他组合优化的问题的求解。

以蚁群算法为代表的蚁群智能已成为当今分布式人工智能研究的一个热点,许多源于蚁群和蚁群模型设计的算法已越来越多地被应用于企业的运转模式的研究。

现在就蚁群算法解决 TSP 问题给出蚁群算法的具体操作步骤。

4.4.2　蚁群算法应用示例

利用蚁群算法求解本书前几节讲到的 TSP 问题也是软件研究领域中的一个经典,本节将就蚁群算法求解 TSP 问题给出求解过程。

1. 蚁群算法解决 TSP 问题的数学模型

(1)基本参数、信息素浓度公式、择路概率。设蚂蚁的数量为 m,城市的数量为 n,城市 i

与城市 j 之间的距离为 d_{ij}，t 时刻城市 i 与城市 j 之间的信息素浓度为 $t_{ij}(t)$，初始时刻，各个城市间连接路径上的信息素浓度相同，不妨记为 $t_{ij}(0)=t_0$。

蚂蚁 $k(k=1,2,\cdots,m)$ 根据各城市间连接路径上的信息素浓度，决定其下一个要访问的城市，设 $P_{ij}^k(t)$ 表示 t 时刻，蚂蚁 k 从城市 i 到城市 j 的概率，其计算公式为

$$P_{ij}^k=\begin{cases}\dfrac{[t_{ij}(t)]^\alpha\,[\eta_{ij}(t)]^\beta}{\sum\limits_{s\in\text{allow}}[t_{ij}(t)]^\alpha\,[\eta_{ij}(t)]^\beta},&s\in\text{allow}_k\\0,&s\notin\text{allow}_k\end{cases} \tag{4.7}$$

其中，$\eta_{ij}(t)$ 为启发式函数，$\eta_{ij}(t)=1/d_{ij}$，表示蚂蚁从城市 i 转移到城市 j 的期望程序。

$\text{allow}_k(k=1,2,\cdots,m)$ 表示蚂蚁 k 待访问的城市的集合，开始时 allow_k 为其他 $n-1$ 个城市，随着时间推进，其中的元素不断减少，直至为空，表示所有的城市访问完，即遍历所有城市。

α 为信息素的重要程度因子，其值越大，转移中起的作用越大。

β 为启发函数的重要程度因子，其值越大，表示启发函数在转移中的作用越大，即蚂蚁以较大的概率转移到距离短的城市。

蚂蚁释放的信息素会随着时间的推进而减少，设参数 $\rho(0<\rho<1)$ 表示信息素的挥发度，在所有蚂蚁完成一次循环后，各个城市间连接路径上的信息素浓度，需要实时更新，即

$$t_{ij}(t+1)=(1-p)t_{ij}(t)+\Delta t_{ij},\quad \Delta t_{ij}=\sum_{k=1}^n\Delta t_{ij}^k \tag{4.8}$$

其中，Δt_{ij}^k 表示蚂蚁 k 在城市 i 与城市 j 的连接路径上释放的信息素浓度；Δt_{ij} 表示所有蚂蚁在城市 i 与城市 j 的连接路径上释放的信息素浓度。

（2）Δt_{ij}^k 的计算方法为

$$\Delta t_{ij}^k=\begin{cases}Q/L_k,&\text{第 }k\text{ 只蚂蚁从城市 }i\text{ 访问城市 }j\\0,&\text{其他}\end{cases} \tag{4.9}$$

其中，Q 为常数，表示蚂蚁循环一次释放的信息素的总量；L_k 为第 k 只蚂蚁经过路径的长度。

2. 算法实现步骤

（1）初始化参数。蚂蚁数量 m，信息素重要程度为 α，启发函数重要程度 β，信息素挥发因子 ρ，信息素释放总量 Q，最大迭代次数为 iter_max。获取各城市之间的距离 d_{ij}，为了保证启发式函数 $\eta_{ij}=1/d_{ij}$ 能顺利进行，对于 $i=j$ 即自己到自己的距离不能给为 0，而是给成一个很小的距离，如 10^{-4} 或 10^{-5}。

（2）构建解空间。将各个蚂蚁随机地置于不同出发点，对每个蚂蚁按照下面的式子，确定下一个城市，即

$$P_{ij}^k=\begin{cases}\dfrac{[t_{ij}(t)]^\alpha\,[\eta_{ij}(t)]^\beta}{\sum\limits_{s\in\text{allow}}[t_{ij}(t)]^\alpha\,[\eta_{ij}(t)]^\beta},&s\in\text{allow}_k\\0,&s\notin\text{allow}_k\end{cases} \tag{4.10}$$

（3）更新信息素 P。计算各个蚂蚁经过路径的长度 L_k，记录当前迭代次数中的最优解（即最短路径），根据下式更新信息素，即

$$t_{ij}(t+1)=(1-p)t_{ij}(t)+\Delta t_{ij},\quad \Delta t_{ij}=\sum_{k=1}^n\Delta t_{ij}^k \tag{4.11}$$

$$\Delta t_{ij}^{k} = \begin{cases} Q/L_k, & \text{第 } k \text{ 只蚂蚁从城市 } i \text{ 访问城市 } j \\ 0, & \text{其他} \end{cases} \qquad (4.12)$$

(4)判断是否终止。若没有到最大次数,则清空蚂蚁经过路径的记录表,返回步骤(2)。

以上只是通过简单的单一的信息素更新机制引导搜索方向,搜索效率有瓶颈,在这里给出讲解,只是让读者对蚁群算法的实际操作步骤有个初步的了解。

4.4.3 改进蚁群算法

(1)其他优化算法与蚁群优化算法的结合点。现有资料中将蚁群与遗传算法相结合的研究比较多。蚁群算法其主要特点是,具有分布式的计算特性,具有很强的鲁棒性,易于与其他优化算法融合,但是蚁群算法在解决大型优化问题时,存在搜索空间和时间性能上的矛盾,易出现过早收敛于非全局最优解以及计算时间过长的弱点。在算法工作过程中,迭代到一定次数后,蚂蚁也可能在某个或某些局部最优解的邻域附近发生停滞。可以将蚁群算法和遗传算法结合起来对物流配送路径问题进行求解。

(2)现在对优化算法的研究已经比较深入,只要能解决蚁群算法两点致命缺陷(存在搜索空间和时间性能上的矛盾,易出现过早收敛于非全局最优解以及计算时间过长)的算法都可以与之相结合。

综上所述可以看出,蚁群算法的改进主要要从蚁群算法自身模型、蚁群算法和聚类思想结合、蚁群算法与其他算法结合这些方面来进行,以克服其需要较长的计算时间、收敛速度等缺陷。

4.5 几种经典优化算法的比较

上几节讲到的几种经典优化算法,每个算法都是一个比较值得研究的科学分支,读者如果对其中某些算法感兴趣,可以阅读最新发表的一些论文继续深入学习。

对于上面讲到的几种算法,这里给出比较。

对于遗传算法来说,其优点是能很好地处理约束,能很好地跳出局部最优,最终得到全局最优解,全局搜索能力强,缺点是收敛较慢,局部搜索能力较弱,运行时间长,且容易受参数的影响。遗传算法比较适合求解离散问题,具备数学理论支持,但是存在汉明悬崖等问题。

对于模拟退火算法来说,其优点主要是局部搜索能力强,运行时间较短,缺点主要是全局搜素能力差,容易受参数的影响。

对于爬山算法来说,显然爬山算法比较简单,效率高,但是处理多约束大规模问题时力不从心,往往不能得到较好的解。

蚁群算法适合在图上搜索路径问题,但是计算开销太大。

但是,在应用过程中,往往针对特定问题,将上面几种算法结合起来使用,融合各个算法的优势,比如将遗传算法中的变异算子加入粒子群中就可以形成基于变异的粒子群算法。

4.6 其他智能优化算法

除过上面讲到的几种经典的智能优化算法,目前,还有很多用于解决软件工程问题的优化算法,其中包括人工鱼群算法、禁忌算法、人工免疫算法等。

1. 人工鱼群算法

人工鱼群算法是由李晓磊、邵之江、钱积等人于 2002 年提出的一种新的群智能优化算法，它采用了自上而下的寻优模拟去模仿自然界鱼群的觅食行为，主要利用鱼的觅食、聚群和追尾现象，构造个体的底层行为，通过鱼群中各个体的局部寻优，达到全局最优值在群体中凸现的目的。研究表明，该算法具有较好的收敛性。

2. 禁忌搜索算法

禁忌搜索（Tabu Search，TS）算法是一种亚启发式（meta－heuristic）随机搜索算法，它从一个初始可行解出发，选择一系列的特定搜索方向（移动）作为试探，选择实现让特定的目标函数值变化最多的移动。为了避免陷入局部最优解，TS 搜索中采用了一种灵活的"记忆"技术，对已经进行的优化过程进行记录和选择，指导下一步的搜索方向。

3. 人工免疫算法

人工免疫算法（AIA）是基于自然免疫系统中体液免疫响应的机制提出了一种函数优化算法，该算法模拟了抗体的产生，抗体和与抗原的黏合、激励、克隆、超突变及未受激励细胞的消亡等自然过程，其主要步骤包括抗原、B 细胞的算法定义，B 细胞与抗原之间的亲和度计算与选择，B 细胞的克隆、变异和记忆细胞的产生等。算法的主要特点是模拟了不同的自然机制，具有并行性，产生了高亲和度、长寿命的记忆细胞并不断对其更新。

4. 粒子群算法

粒子群算法，也称为粒子群优化算法，缩写为 PSO。最早由 J. Kennedy 和 R. C. Eberhart 等人提出。它是一种新的进化算法，相对遗传算法来说，规则更为简单，它省略了遗传算法的"交叉"和"变异"操作，通过追随当前搜索到的最优值来寻找全局最优解。粒子群算法的基本概念源于鸟群觅食行为的研究。设想这样一个场景：一群鸟在随机搜寻食物，在这个区域只有一块食物，所有的鸟都不知道食物在哪里，但是它们知道当前的位置离食物还有多远。那么找到食物的最优决策是什么呢？最简单有效的就是搜寻目前离食物最近的鸟的周围区域。

粒子群算法的优点是搜索速度快、效率高，算法简单，适合于实值型处理。缺点是对于离散的优化问题处理不佳，容易陷入局部最优。

第5章 基于搜索的软件工程

上一章讲到的智能搜索算法为解决越来越复杂的软件工程问题提供了一种新的思路,使面对规模日益庞大和复杂的软件,传统软件工程方法不能解决的软件工程技术问题地解决成为可能。本章将详细介绍基于搜索技术的软件工程(Search Based Software Engineering, SBSE)。它是一个借助于各种启发式算法和智能搜索算法解决软件工程问题的领域。

5.1 SBSE 概述

SBSE 的研究最早可以追溯到 1976 年,Webb Miller 和 David Spooner 两位计算机学家第一次尝试把优化算法用于浮点测试数据的生成当中。1992 年,Xanthakis 和他的同事首次将搜索算法用于解决软件工程实际遇到的问题。2001 年 Harman 和 Jones 正式提出将软件工程问题转化为基于搜索的优化问题,并采用遗传算法(Genetic Algorithm,GA)、模拟退火算法(Simulated Annealing Algorithm,SAA)、禁忌搜索算法(Tabu Search Algorithm,TSA)等为代表的现代启发式搜索算法来求解,"基于搜索的软件工程"这个名词也首次被 Harman 和 Joned 在 2001 年期间使用。

SBSE 将基于搜索的技术用于解决各种包括需求工程、设计、编码、测试以及维护等方面软件工程问题的研究和实践领域。相对于传统的软件工程,在问题空间通过算法构造一个解来解决软件工程领域中的问题,SBSE 是在解空间中使用启发式搜索算法以具体问题的适应度函数作为搜索策略搜索最优解,它的提出为解决软件开发中遇到的问题提供了新的思路。面对规模日益庞大和复杂的软件,传统软件工程方法不能解决的软件工程问题的解决也成为了可能。通常,使用基于搜索的优化算法解决问题,需要满足以下两个条件:

1)对所需解决问题的结果,必须能通过相应的编码表示出来,以构成搜索算法中的染色体,进行相应的运算。

2)设计相应的适应度函数对解进行评价,适应度函数作为解空间的搜索策略,指引着搜索的方向。

近 20 年来,对 SBSE 的研究越来越受到专家学者的重视与关注,对于 SBSE 这方面发表的论文,直接相关的就超过了 1 000 篇。从图 5-1 中 1976 年到 2011 年基于搜索的软件工程领域论文发表的情况,可以看出近 10 年来论文发表数量呈显著增长趋势,基于搜索技术解决软件工程技术问题正在成为新的研究趋向。

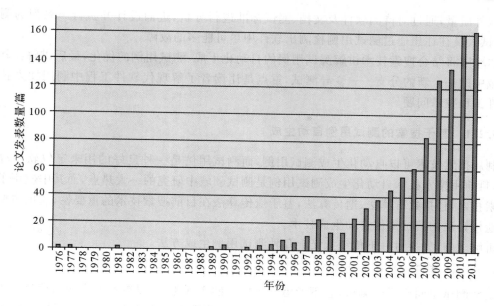

图 5-1　SBSE 领域发表文献趋势

5.2　基于搜索的软件测试

图 5-2 显示了基于搜索的软件工程技术在软件工程生命周期各个阶段发表论文数量的分布,可以看出超过 50％的论文是基于搜索的软件测试与调试方向的。本节则重点介绍基于搜索的软件测试。

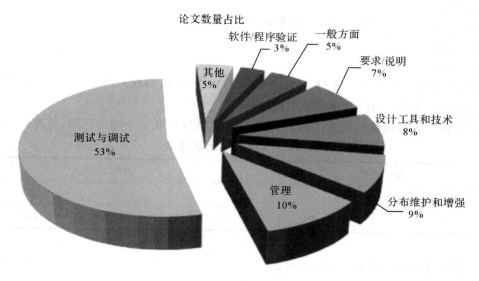

图 5-2　SBSE 在软件工程中研究领域的分布

在讲解基于搜索的软件测试之前,我们必须明确什么是软件测试,相信读者心里对于这个问题应该非常清楚,软件测试是进行软件质量保证的一种活动,软件测试活动的目的是度量和提高软件质量,通过对待测软件及文档、测试标准进行分析,进而设计并执行一系列的测试用例,测试人员往往想通过测试用例检测出软件中尽可能多的故障。

本小节将结合搜索技术讲解测试用例的自动化生成、测试用例的优化,最后讲解在软件测试领域中的一个新的分支——变异测试,重点是让读者了解现代软件工程中利用搜索技术解决软件工程技术问题。

5.2.1 基于搜索的测试用例自动生成

利用搜索技术可以自动化生成测试用例,而测试用例是一种良好的用来定位软件故障的方式,目前用搜索技术自动化生成测试用例是测试领域中研究的一大热点,而其中应用了各种的搜索技术,包括蚁群算法、遗传算法,鉴于遗传算法在目前搜索技术的重要性,这里主要讲解基于遗传算法的测试用例自动生成技术。

讲解之前,先探讨一下传统意义上几种测试用例生成方法。

1.功能测试用例生成方法

功能测试也叫作黑盒测试,它不考虑程序内部的实现逻辑,以检验输入输出信息是否符合规格说明书中有关功能需求的规定为目标。主要的测试用例生成方法有等价类划分、边界值分析和因果图。

(1)等价类划分。等价类划分是测试用例设计的非常形式化的方法,它将测试软件的输入输出划分成一些区间,被测软件对一个特定区间的任何值都是等价的。形成测试区间的数据不只是函数/过程的参数,也是软件可以访问的全局变量、系统资源等,这些变量或资源可以是以时间形式存在的数据,或是以状态形式存在的输入输出序列。

对等区间划分是指假定位于单个区间的所有值对测试都是对等的,应该为每个区间设计一个测试用例。

例 5.1 考虑下面计算实数二次方根函数的设计说明。

输入:实数。

输出:实数。

处理:当输入 0 或者大于 0 时,返回输入数的二次方根,当输入小于 0 时,显示:"非法输入",并返回 0;库函数 Print 用于显示出错信息。

考虑上面平方根函数的测试用例区间,有 2 个输入区间和 2 个输出区间,见表 5-1。

表 5-1 输入输出区间表

输入分区		输出分区	
i	<0	a	≥0
ii	≥0	b	Error

可以用 2 个测试用例测试这 4 个区间:

测试用例 1:输入 16,输出 4,这个测试用例可以测试区间 ii 和 a。

测试用例 2:输入-1,输出"非法输入",这个测试用例可以测试区间 i 和 b。

上例的对等区间划分是非常简单的,当软件变得更加复杂时,对等区间的确定和区间之间的相互依赖就越难,使用对等区间划分设计测试用例技术难度会增加。对等区间划分基本上还是移植正面测试技术,需要使用负面测试进行补充。

对等区间划分的原则:

1)如果输入条件规定了取值范围,或者值的个数,则可以确定一个有效等价类和两个无效等价类。

2)如果输入条件规定了输入值的集合,或者是规定了"必须如何"的条件,这时可以确定一个有效等价类和一个无效等价类。

3)如果输入条件是一个布尔量,则可以确定一个有效等价类和一个无效等价类。

4)如果规定了输入数据的一组值,而且程序要对每一个输入值分别进行处理,这时要对每一个规定的输入值确定一个等价类,而对于这组值之外的所有值确定一个等价类。

5)如果规定了输入数据必须遵守的规则,则可以确定一个有效等价类(即遵守规则的数据)和若干无效等价类(从不同角度违反规则的数据)。

6)如果确知以划分的等价类中的各元素在程序中的处理方式不同,则应进一步划分成更小的等价类,利用对等区间划分选择测试用例。

7)为每个等价类规定一个唯一的编号。

8)设计一个新的测试用例,使其尽可能多地覆盖尚未覆盖的有效等价类,重复这一步骤,直到所有的有效等价类都被覆盖为止。

9)设计一个新的测试用例,使其仅覆盖一个无效等价类,重复这一步骤,直到所有的无效等价类都被覆盖为止。

(2)边界值分析。边界值分析假定错误最有可能出现在区间之间的边界,边界值分析将一定程度的负面测试加入到测试设计中,期望错误会在区间边界发生,对边界值的两边都需设计测试用例。其做法是,首先确定边界情况。通常输入和输出等价类的边界值就是应该着重测试的边界情况。其次,应当选取正好等于、刚好大于或刚好小于边界的值作为测试数据而不是选取等价类中的典型值或任意值作为测试数据。考虑前面的二次方根函数的 2 个输入区间,边界如图 5-3 所示。

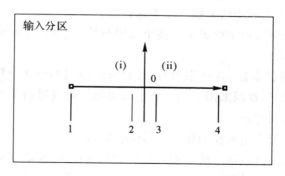

图 5-3 边界示意图

0 和大于 0 区间的边界是 0 和最大实数,小于 0 区间的边界是 0 和最大负实数。输出区间的边界是 0 和最大正实数。根据边界分析设计 5 个测试用例:

测试用例 1:输入一个很大很大的负实数—99…99(因为不可能取到最大的负实数),对应于区间(i)的下边界,输出则是"非法输入"。

测试用例 2:输入仅比 0 小的数—0.0000000…001,对应于区间(i)的上边界,输出则是"非法输入"。

测试用例 3：输入 0，对应于区间（i）的上边界外和区间（ii）的下边界，输出则是"0"。

测试用例 4：输入仅比 0 大的数 0.00000000…01，对应于区间（ii）的下边界外，输出则是"输入数字的正二次方根"。

测试用例 5：输入一个很大很大的正实数 99…99，对应于区间（ii）的上边界和区间（a）的上边界，输出则是"输入数字的正二次方根"。

对于复杂的软件，使用对等区间划分就不太实际了，对于枚举型等非标量数据也不能使用对等区间划分。如区间（b）并没有实际的边界。边界值分析还需要了解数的底层表示。一种经验方法是使用任何高于或低于边界的小值和合适的正数和负数。

选择测试用例的原则：

1）如果输入条件规定了值的范围，则应该取刚达到这个范围的边界值，以及刚刚超过这个范围边界的值作为测试输入数据。

2）如果输入条件规定了值的个数，则用最大个数、最小个数、比最大个数多 1 个、比最小个数少 1 个的数作为测试数据。

3）根据规格说明的每一个输出条件，使用规则一。

4）根据规格说明的每一个输出条件，使用规则二。

5）如果程序的规格说明给出的输入域或输出域是有序集合（如有序表、顺序文件等），则应选取集合的第一个和最后一个元素作为测试用例。

6）如果程序用了一个内部结构，应该选取这个内部数据结构的边界值作为测试用例。

7）分析规格说明，找出其他可能的边界条件。

（3）因果图。因果图方法最终生成的是判定表，它适合于检查程序输入条件的各种组合情况。

利用因果图生成测试用例的基本步骤：

1）分析软件规格说明描述中哪些是原因（即输入条件或输入条件的等价类），哪些是结果（即输出条件），并给每个原因和结果赋予一个标识符。

2）分析软件规格说明描述中的语义。找出原因与结果之间、原因与原因之间对应的关系。根据这些关系，画出因果图。

3）由于语法或环境的限制，有些原因与原因之间、原因与结果之间的组合情况不可能出现。为表明这些特殊情况，在因果图上用一些记号表明约束或限制条件。

4）把因果图转化为判定表。

5）把判定表的每一列拿出来作为依据，设计测试用例。

因果图生成的测试用例包括了所有输入数据的取 TRUE 与取 FALSE 的情况，构成的测试用例数目达到最少，且测试用例数目随输入数据数目的增加而线性地增加。

（4）错误猜测法。错误猜测法设计方法就是基于经验和直觉推测程序中所有可能存在的各种错误，从而有针对性地设计测试用例的方法，这种技术猜测特定软件类型可能发生的错误类型，并且设计测试用例查出这些错误。

错误猜测方法的基本思想：列举出程序中所有可能有的错误和容易发生错误的特殊情况，根据他们选择测试用例。例如输入数据和输出数据为 0 的情况，输入表格为空格或输入表格只有一行，这些都是容易发生错误的情况。可选择这些情况下的例子作为测试用例。

(5)功能图。功能图模型由状态迁移图和逻辑功能模型构成,状态迁移图用于表示输入数据序列以及相应的输出数据,在状态迁移图中,由输入数据和当前状态决定输出数据和后续状态。逻辑功能模型用于表示在状态中输入条件和输出条件之间的对应关系。测试用例则是由测试中经过的一系列状态和在每个状态中必须依靠的输入/输出数据满足的一对条件组成的。

2.结构测试用例生成方法

结构测试也叫白盒测试,主要是检查程序的内部结构、逻辑、循环和路径。这里介绍逻辑覆盖、程序插装方法。

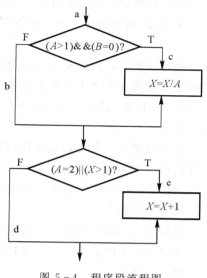

图 5-4　程序段流程图

(1)逻辑覆盖。逻辑覆盖主要的测试用例设计方法有路径覆盖、语句覆盖、判断覆盖、条件覆盖、判定一条件覆盖和条件组合覆盖。下面给出一个程序段的流程图(见图 5-4)作为下面介绍的例子。

1)路径覆盖。路径覆盖就是设计足够的测试用例,覆盖程序中的所有可能的路径。对于图 5-4 所示的例子,有 4 条路径,分别为

$$L_1:a-c-e$$
$$L_2:a-b-d$$
$$L_3:a-b-e$$
$$L_4:a-c-d$$

根据上面的路径,设计输入数据,使程序分别执行到上面四条路径。表 5-2 给出的测试用例即可覆盖上面的路径。

表 5-2　路径覆盖测试用例

测试用例	A	B	X	覆盖路径
Case1	2	0	3	L_1
Case2	1	0	1	L_2
Case3	2	1	1	L_3
Case4	3	0	1	L_4

上例的逻辑比较简单,路径中有 4 条,在实际问题中,一个不太复杂的程序,其路径都是一个很大的数字。要在测试中设计大量的测试用例来覆盖这些路径,靠人工的话需要花费很大精力,因此应该借助自动化的搜索技术。

2)语句覆盖。语句覆盖就是设计若干个测试用例,运行所测程序,使得每一条可执行语句至少执行一次。语句覆盖是最弱的逻辑覆盖准则。例如下面这个简单的例子:

...

if(i<=0)

　i=j;

...

如果上面的程序段错写成:

```
...
if(i>=0)
    i=j;
...
```

只要给出大于 0 的 i 的值,该语句就会被覆盖,但是这并不能发现其中的错误。

可见,语句覆盖除了对检查不可执行语句有一定作用外,并没有排除被测程序包含错误的风险。

3)判断覆盖。判断覆盖就是设计若干个测试用例,运行所测程序,使得程序中每个判断的 TRUE 分支和 FALSE 分支至少被经历一次。判定覆盖又称分支覆盖。

图 5-4 中一共包含了 c,e,b,d 四个分支。表 5-3 中的 Case1,Case2 就已经可以覆盖这四个分支。

4)条件覆盖。条件覆盖是指,设计若干测试用例,执行被测程序以后,使每个判断中每个条件的可能取值至少满足一次。

对图 5-4 的例子,首先给所有条件加标记。

第一个判断:

条件 $A>1$ 取真为时 T_1,取假时为 F_1;

条件 $B=0$ 取真为时 T_2,取假时为 F_2。

第二个判断:

条件 $A=2$ 取真时为 T_3,取假时为 F_3;

条件 $X>1$ 取真时为 T_4,取假时为 F_4。

根据这 8 个条件取值设计测试用例,见表 5-3。

表 5-3　条件覆盖测试用例

测试用例	通过路径	条件取值			
(1 0 3)(1 0 4)	a—b—e	F_1	T_2	F_3	T_4
(2 1 1)(2 1 0)	a—b—e	F_2	T_1	F_4	T_3

上面的测试用例即覆盖了所有的条件取值。

5)判定-条件覆盖。判定-条件覆盖要求设计足够的测试用例,使得判断中每个条件的所有可能至少出现一次,并且每个判断本身的判定结果也至少出现一次。也就是说,要求各个判断的所有可能的条件取值组合至少执行一次。

6)条件组合覆盖。条件组合覆盖就是设计足够的测试用例,运行所测程序,使得每个判断的所有可能的条件取值组合至少执行一次。

(2)程序插装。程序插装方法简单地说,是借助往被测程序中插入操作来实现测试目的方法。我们在调试程序时,常常要在程序中插入一些打印语句,其目的在于,希望执行程序时,随带打印出我们最为关心的信息。近一步通过这些信息了解执行过程中程序的一些动态特性。比如,程序的实际执行路径,或是特定变量在特定时刻的取值。从这一思想发展出的程序插装技术能够按照用户的需求,获取程序的各种信息,成为测试工作的有效手段。

如果想要了解一个程序在某次运行中所有可执行语句被覆盖的情况,或是每个函数的实际执行次数,最好的办法是利用插装技术。

在程序的特定部位插入记录动态特性的语句,最终是为了把程序执行过程中发生的一些重要历史事件记录下来。例如,记录在程序执行过程中某些变量值的变化情况、变化范围等。又如上面所讨论的程序逻辑覆盖情况,也只有通过程序的插装才能取得覆盖信息。实践表明,程序插装方法是应用很广的技术。特别是在完成程序的测试和调试时非常有用。

设计程序插装程序时需要考虑的问题:

1)希望获取哪些信息?

2)在程序的什么部位设置探测点?

接着,详细讲述一下基于遗传算法的分支覆盖测试用例生成。

1.用例生成模型

基于遗传算法的分支覆盖测试用例生成系统主要包括 3 个部分:测试环境构造、遗传算法包的实现和测试运行。

(1)测试环境构造是整个系统的基础,它主要是通过对被测程序的静态分析提取有用的参数(包括参数的范围)和对程序进行插装。

(2)遗传算法包则是用例生成系统的核心部分。它首先根据测试环境构造中提取出来的参数及其范围确定种群的规模,按照编码规则进行编码,生成初始种群,然后根据测试运行部分得到的信息计算适应度值,根据评价规则对初始种群反复应用 GA 运算(选择、交叉、变异)生成新一代的种群,直至最终达到终止条件。

(3)测试运行时第一部分和第二部分的桥梁与实现,主要完成的任务是实时地调用并运行插装后的被测程序,获取追踪信息传递给遗传算法包,根据遗传算法中的评价结果决定程序的运行与终止。

图 5-5 所示为基于遗传算法的测试用例生成的系统模型图。

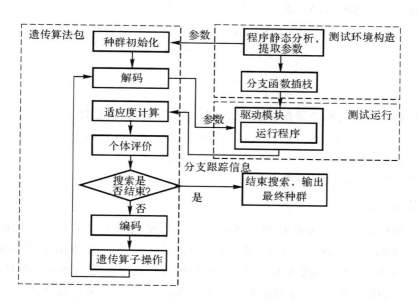

图 5-5　基于遗传算法的测试用例生成的系统模型图

2.参数的选择

一般程序单元中的变量类型有以下几类：

1)单元的入口参数(如函数的形参)；

2)单元的出口参数(如函数的返回值)；

3)全局变量；

4)单元内部的变量。

对这些变量,并不是所有的都需要进行编码,荚伟等人在他们的论文中提出了"有用参数编码原则",只选取与测试单元中指定分支、路径的条件表达式相关的变量编码,其他变量一概不进行编码。这里在参数的选取上也采用这种方法。

具体对这4类变量,首先是对单元的出口参数进行编码,由于单元的出口参数并不影响执行的分支、路径,因此不需要对它进行编码；其次对于入口参数,如果指定分支、路径的条件表达式中包含了此变量就需要编码,否则不用编码；然后就是全局变量和局部变量,只要给定分支、路径的条件表达式中包含了此变量,就要进行编码。

3.参数编码

对于不同类型的参数,首先对参数进行位串编码,使它成为一系列的有限长度串。测试用例生成系统中采用二进制编码。二进制编码的字符集小,它比非二进制编码要好,从另一个角度看,由于实际问题中往往采用十进制,用二进制数字串编码时,需要把实际问题对应的十进制变换为二进制,使其数字长度扩大约3.3倍,因而对问题的描述更加细致,而且加大了搜索范围,使之能够以较大的概率收敛到全局解。另外,进行变异运算时工作量小(只有0变1或1变0的操作),因此,一些遗传算法的编码采用二进制编码方式。

对于多个参数,先对每个参数单独编码成二进制串,然后将所有的参数位串连接起来,得到一个多参数的级联编码串,$X_1, X_2, \cdots, X_n$ 的二进制数可表示为

$$X_1 : a_{11}\ a_{12}\ a_{13} \cdots a_{1L_1}$$
$$X_2 : a_{21}\ a_{22}\ a_{23} \cdots a_{2L_2}$$
$$\cdots \cdots$$
$$X_n : a_{n1}\ a_{n2}\ a_{n3} \cdots a_{nL_n}$$

把这些参数的二进制数串联在一起,最终得到多参数的级联串为

$$\mid a_{11}a_{12}a_{13}\cdots a_{1L_1}\ \mid\ a_{21}a_{22}a_{23}\cdots a_{2L_2}\ \mid\ \cdots\ \mid a_{n1}a_{n2}a_{n3}\cdots a_{nL_n}\ \mid$$

其中,$a_{ij} \in \{0,1\}$。

该级联串就是遗传算法的一个个体。

4.种群的初始化

种群的初始化包括初始种群规模的确定及其初始值的选取。对于二进制的编码方式,Goldberg已经证明了若个体长度为L,则种群规模的最优值为$2^{L/2}$。因此在实际应用中,可以以此作为参考,同时结合程序的规模,如分支的数目、参数的个数等来确定种群的规模。而在初始种群产生方法的问题上,为了提高算法收敛性和效率,这里在采用随机产生的方法前先缩小数值范围。一般来说,程序结构测试是由程序开发人员或对程序比较熟悉的人员执行的。因此可以借助测试人员的经验,缩小初始值的选区范围,然后再从这个筛选出来的范围里面选

取初始种群,这样得到的种群其适应度会相应较高,从而提高效率。

5.适应度函数的构造

适应度函数是遗传算法与实际问题的唯一接口,因此适应度函数的构造同实际问题关系密切。分支覆盖测试用例的生成目的在于程序分支的覆盖。覆盖的分支越多,其个体的优越性越高,因此在适应度函数设计时可以用个体覆盖的分支数与总的分支数的百分比来作为个体适应度的评价标准。

为记录个体的分支覆盖情况,这里借鉴 Korel 提出的"分支含税"的插装技术。"分支函数"插装技术的做法就是选定分支的各分支点前插入相应的分支函数(假设待测程序有 n 个分支)。这里根据实际情况对"分支函数"插装技术做了变化,即插入分支覆盖信息的标识而不是分支函数。根据分支的数量和种群的大小定义一个二维数组 PatehValue,记录每一个个体的分支覆盖情况,当个体 i 经过分支 j 时,PathValue $[i][j]$ 的值为 1。在每一个分支中插入该赋值语句。

以被测程序中得分支$(P_1,P_2,\cdots,P_n)$为矩阵的列,以参数个体$(V_1,V_2,\cdots,V_m)$为矩阵行。矩阵的每个值表示该种群每个个体在对应分支上的分支覆盖信息的值,可表示为

$$\boldsymbol{M}=\begin{array}{cc} P_1 & \cdots & P_n \\ \begin{bmatrix} v_{11} & \cdots & v_{1n} \\ \vdots & & \vdots \\ v_{m1} & \cdots & v_{mn} \end{bmatrix} \end{array}$$

$\sum\limits_{j=1}^{j=n}v_{ij}$ 的值越大,说明该个体覆盖的分支越多。

因为我们的目标是要生成能够覆盖所有的分支的数据,所以只要 $\sum\limits_{i=1}^{i=n}v_{ij}$ 大于 1,则该分支 j 就会覆盖被覆盖。当某一种群对应的 PathValue 的 $\sum\limits_{i=1}^{i=n}v_{ij}$ 都为 1 时,该种群就是我们希望得到的种群。

6.遗传算子

(1)选择算子。作用在于根据个体的优劣程度决定它在下一代是被淘汰还是被复制。一般来说,通过选择,将使适应度大的个体有较大的存在机会,而适应度小的个体继续存在的机会则较小。有很多方式可以实现有效的选择。在分支覆盖测试用例的生成模型里,这里采用保留当前最优个体,并且把当前最差的个体以最优个体替代的选择算法,该最优保存策略的实施可保证迄今为止所得到的最优个体不会被交叉、变异等遗传运算所破坏,它是遗传算法收敛性的一个重要保证条件。

(2)交叉算子。交叉算子有多种形式,在分支覆盖测试用例的生成模型中,对单点交叉、双节交叉、均匀交叉都分别做了研究和实现。这几种方法在该模型中的具体使用描述如下:

单点交叉,这也是 SGA 使用的交叉算子,即从群体中随机取出两个二级制编码的个体,设串长为 L,随机确定交叉点,它是 1 到 $L-1$ 间的正整数。然后以确定的交叉点为分界,将两个串的右半段互换在重新连接得到两个新串,如图 5-6 所示。

双点交叉是指从种群中随机取出两个二进制编码的个体,设其长度为 L,在 1—$L-1$ 之间

随机生成两个数作为交叉点，然后把这两个交叉点之间的基因交换。其具体操作过程如图5-7所示。

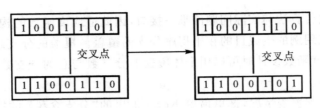

图 5-6　单点交叉

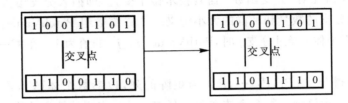

图 5-7　双点交叉

均匀交叉实际上是多点交叉的另一种表现形式，假设个体的二进制长度为 L，则随机生成一个长度为 L 的二进制数成为屏蔽字，根据屏蔽字个位的 0，1 值决定个体对应位的交叉情况，为 1 则对应位互换，为 0 则保留。具体操作如图5-8所示。

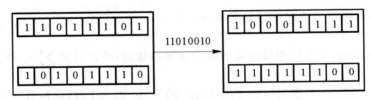

图 5-8　均匀交叉

（3）变异算子。变异算子是对个体的某一个或某一些基因座上的基因值进行改变，它也是产生新个体的一种操作方法。在分支覆盖测试用例生成模型上采用了单点变异和双点变异。单点变异也就是基本位变异，具体操作过程是，首先确定出各个个体的基因变异位置，然后将变异点的原有基本值取反，如图5-9所示。

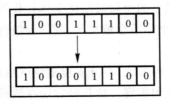

图 5-9　单点变异

双点变异的基本操作过程是，首先确定出个体的变异的两个点，然后按照一定的规则把这两个点之间的位取反，如图5-10所示。

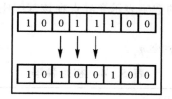

图 5-10　双点变异

对于上面所讲的这里给出遗传算法的手工模拟示例。

根据上面模型的描述,这里以具体程序为例手工模拟基于遗传算法测试用例生成过程中的一次遗传过程:

```
Int main()
{
Int a,b,c,min;
Printf("input a,b,c :");
Scanf("%d%d%d",&a,&b,&c);
If(a>b)
min=a;
else
min=b;
If(c<min)
min=c;
Printf("The result is %d\n",min);
}
```

1）参数选取及编码:通过对程序的分析,确定参数为 a,b,c,数据类型为 int 型,可以用 16 位的二进制数来表示。3 个参数连在一起就是一个 48 位的个体。但是通过对程序的分析。我们可以把数值范围缩小而不影响覆盖率。因此这里把 a,b,c 范围缩小为 0～15,用 4 位二进数表示。

2）初始群体的产生:首先确定初始群体的规模,在本例中确定为 3,根据缩小范围由随机算法产生。初始群体见表 5-4。

3）适应度计算:根据各个个体的分支覆盖情况,把个体的分支覆盖数除以总的分支数,得到的数值即为该个体的适应度。

4）选择运算（见表 5-5）:采用保留最高适应度个体的选择算法,并用最优的个体替换最差的个体。原来的最优解不参与随后的交叉、变异运算,其余的个体将按照交叉变异的规则产生下一代的种群。

5）交叉运算（见表 5-6）:本例的演示采用单点交叉的方法。其具体操作过程是,先对群体进行配对,然后确定出交叉点,把配对的个体的交叉点之后的各位数值互换,得到两个新的个体。

6）变异运算（见表 5-7）:本例采用基本位变异的方法来进行变异运算。具体操作过程是,首先确定出各个个体的基因变异位置,表 5-6 中第 3 列所示为随机产生的变异点位置,其中的数字表示变异点位置,其中的数字表示变异点在该基因座处,然后将变异点的原有基因值取反。

种群遗传过程见表5-4～表5-7。

表5-4 初始种群

个体编号	初始群体 P0	A	b	c
1	101010001110	10	8	14
2	001101101001	3	6	9
3	101101111101	11	7	5

表5-5 覆盖率、选择及配对

个体编码	分支覆盖率	选择结果	配对情况	交叉点
1	1/3	101010000101	1—2	8
2	1/3	001101101001	1—2	8
3	2/3	101010000101	不配对	不配对

表5-6 交叉及变异

个体编号	交叉结果	变异点	变异结果	子代种群
1	101010001001	9	101010000001	101010000001
2	001101100101	7	001101000101	001101000101
3	101010000101	不变异	101010000101	101010000101

表5-7 第二代种群

个体编号	a	b	c	分支覆盖率
1	10	8	1	2/3
2	3	4	5	1/3
3	10	8	3	2/3

上述是搜索技术解决分支覆盖测试用例的自动生成问题,但是分支覆盖并不完全,有些问题在分支组合的情况之下才会暴露出来,如果只是单纯的分支覆盖,有些可能没有办法发现,因此,很多学者也大量地研究了基于遗传算法的路径覆盖测试用例的自动生成,鉴于篇幅的限制,这里不展开叙述,如果读者有兴趣,可以翻阅相关的论文期刊。

5.2.2 基于搜索的测试用例优化

上一小节主要讲到了测试用例的生成,这一小节主要讲关于测试用例的优化技术。测试用例的优化对减少软件测试成本具有十分重要的意义,而对于测试用例的优化,主要是挑出覆盖率高和对于测试代价小的测试用例。这里讲解遗传算法在减少测试用例最小化的应用。

1.测试用例最小化

在我们通过测试发现程序中的错误后,就必须立即改正这些错误,然后对改正后的程序重复以前做过的各种测试,以保证没有出现新的错误,同时还要再测定覆盖率,以保证能达到既定的覆盖率。但是,通常情况下,设计的一组测试用例所获得的覆盖率很可能只需其中的几个测试用例就可以获得了,那些冗余的测试用例在每一次重新测试覆盖率时都浪费了大量的时间和资源。选取最小的测试用例集达到相同的覆盖度就是测试用例最小化。

这里把用例抽象表示成 n 长的二进制串: $f:\{x_1, x_2, x_3, \cdots, x_n\} \rightarrow \{1\,0\,0\cdots 1\}$,其中 1 表示该测试用例对其软件对应的模块,0 表示没有测试的软件模块。这个用例的生成,经过测试软件的插装来生成一个数据文件。这里定义,1 的个数在整个二进制串的百分比为这个用例测试软件的覆盖度,即测试到软件的模块数。这里把模块抽象定义为段。

2.覆盖率数据库文件

覆盖率数据库文件保存每次运行被测软件时,源程序的各个记录点对应的程序块是否运行过的信息。覆盖率数据库文件结构如图 5-11 所示。

m_lValidBitNumber	m_lLongIntNumber	CCase[1]	...	Ccase[n]

图 5-11　覆盖率数据库文件结构

在覆盖率数据库头文件上依次保存着两个 unsigned long 型数据:

longm_lValidBitNumber;

longm_lLongIntNumber;

m_lValidBitNumber:源文件包含的记录点个数(就是段数)。

m_lLongIntNumber:用一位(bit)数据表示一个记录点所对应的程序块在一次运行时是否被执行过的信息(值为 1 表示执行过,值为 0 表示未执行过),m_lLongIntNumber 这个域的值就是保存源程序中所有记录点的是否被执行过信息所需的 long 型数目。实际计算方法就是 m_lLongIntNumber ＝ (m_lValidBitNumber＋31) / 32。

在两个长整形之后,就依次是一个 CCase 结构体。每个 CCase 结构体保存一次运行被测程序时各个记录点所对应的程序块的执行情况。CCase 结构体如下:

```
struct CCase
{
longlTime;
longlAuxiliaryTime;
long * plData;   // total number: m_lLongIntNumber * 4
};
```

lTime:本次运行被测程序的时间。

lAuxiliaryTime：辅助时间位。

plData：连续 m_lLongIntNumber 个 long 型数据。每一位（bit）数据表示一个记录点所对应的程序块在一次运行时是否被执行过的信息：值为 1 表示已执行过；值为 0 表示未执行。对应于源程序中的记录点（断点）顺序，每一个 long 型数据从高位记录到低位。

3. 对测试用例建模

测试用例最小化的原理和意义已描述，下面用遗传算法来实现。

在数据覆盖文件中记录下源代码每个段在各个测试用例执行过程中的运行次数，并将统计数据保存在如图 5-12 所示的"段执行历史图"中。

"段执行历史图"中，值为 1 表示该段已执行，值为 0 表示未执行。

段执行历史图

	段 1	段 2	…	段 n	…
测试用例 1	1	0	…	1	…
测试用例 2	0	0	…	0	…
…	…	…	…	…	…
测试用例 n	0	1	…	1	…
…	…	…	…	…	…

图 5-12　测试用例覆盖段图

整个测试用例库文件达到的覆盖度定义为

$$\text{req}(r) = \sum_{i=1}^{n} a_{ij} / n \tag{5.1}$$

此覆盖度函数将作为遗传优化算法中的目标函数。

4. 遗传算法应用的具体实现过程

从测试用例最小化的算法可以得知算法的难点在于：如何尽快有效地确定最小覆盖点。也就是说以什么最有效的途径寻找最小覆盖点是设计的关键之处。

（1）遗传算法在测试用例模型上的实现。下面给出了遗传算法在该问题上的算法实现。

1）初始化编码：采用多参情况下的的编码方案。计算开始时，随机生成一定数目 N 个个体（父个体 1，父个体 2，父个体 3，父个体 4，…）。用 2 进制 1，0 来编码 1 个父个体。$F\{x_1, x_2, x_3, \cdots, x_n\} \rightarrow \{c_1, c_2, c_3, \cdots, c_n\}$。后面的变异和交叉操作只要改变二进制编码的结构，如 1 变成 0，0 变成 1。以种群形式存在的参数编码集通过加载遗传算法的寻优操作后，再进行解码。所得到的参数集就是提供的测试用例优化后的解集。

2）计算个体适应度值：如何定义适应度函数，是遗传算法解决问题的关键，评价函数的优劣将直接影响到解决问题的效率。取每个个体，计算"1"的个数占在 n 段中位数总和的百分比，作为整个优化的适应度函数。定义个体覆盖度为

$$\text{i\_req}(x) = \sum_{i=1}^{n} \text{count}[i]/n \tag{5.2}$$

3）选择：适应度越大表示这个个体越好。根据适应度大小顺序对群体中的个体进行排序。在实际计算时，按照每个个体顺序求出每个个体的累积概率，有

$$p(i) = \begin{cases} q = (1-q)^{i-1}, & i = 1, 2, \cdots, m-1 \\ (1-q)^{m-1}, & i = m \end{cases} \tag{5.3}$$

其中，i 为个体排序序号；q 是一个常数，表示最好个体的选择概率。$\sum_{i=1}^{m} p_i = 1$，若 i_req(x_1) > i_req(x_2)，则 $p_1 > p_2$，然后随机产生一个随机数，进行个体选择。显然适应度大的选种的概率大，然后去替换适应度小的个体。适应度高的个体直接保存到下一代中。

4）交叉：随机挑选经过选择操作后种群中两个个体作为交叉对象，根据交叉概率 $p[i]$ 两两进行交叉操作，这个操作重复进行直到全部个体已交叉。交叉过程是随机产生一个交叉位置 pos，从位置 pos 到个体的末位进行交叉。在实验中选取 $p[i] = 0.8$，通过大量实验数据分析，具有较高的优化效率。

5）变异：以往的遗传算法都采用静态的变异率。整个二进制编码按照一定的变异率进行在某位进行突变。考虑到测试用例库里测试用例的大小，我们提出适时交叉概率 rMutate(i)：按照种群大小动态地进行变化，采取自适应遗传算法的策略。这个改进在保持群体多样性的同时，保证了优化的收敛性。

$$\text{rMutate}(i) \begin{cases} 0.015, & 25 < \text{size} \leqslant 35 \\ 0.01, & 35 < \text{size} \leqslant 60 \\ 0.009, & 60 < \text{size} \leqslant 70 \\ 0.002\,0, & \text{其他} \end{cases} \tag{5.4}$$

式中，size 为初使种群数。

在开始时，设置最大的进化代数 max_gen 作为进化的终止条件。等进化完成后，把最好的个体输出，就是优化解：最小化的测试用例。在实验中设置 max_gen＝180。

（2）仿真实验性能分析。首先，对每个从原始数 1 到用例数 80 进行最小化选择，对原始用例的花费时间和运行时间以及最小化选择后的花费时间和运行时间进行采集。结果遗传算法在测试用例越大时，越能缩减花费时间（cost），继而有效缩减测试用例集的大小，有效降低回归测试成本。中间有个峰值，是因为在随机选择用例时，覆盖度在同一个段的重复度较高。解决方法是需要在随即产生用例的时候根据覆盖度进行选择，这个排序时间也是很大的一个开销。考虑到综合因素，还是随机产生用例比较合理。

图 5-13 中用折线来表示使用遗传算法来选取最小化用例的花费时间。为了更加直观地看出它的效率，图中也列出了贪心算法进行比较。除了以上这个例子，这里还进行了多次测试，发现遗传算法实际效果在初始用例很大的情况下，效率提高非常明显。

从上例也可明显地看出，对待一个软件工程问题，一个好的搜索算法对于软件工程技术问题的解决是非常有用的。在遇到软件工程问题的时候，首先应该分析利用什么搜索技术解决，

通常,对于测试遇到的软件工程问题,遗传算法是一个很好的解决算法。

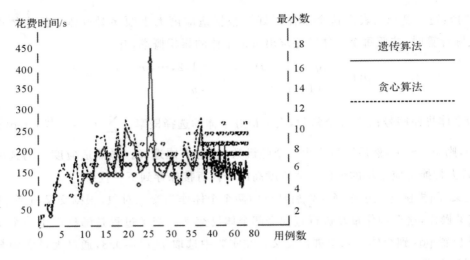

图 5-13　遗传算法和贪心算法比较

5.2.3　基于搜索的变异测试技术

变异测试是一种面向缺陷的软件故障定位方式,首创于 1970 年,变异测试最初被一个学生 Dick Lipton 提出,被 DeMillo,Lipton 和 Sayward 首次发现并公之于众。

1. 变异测试原理

让变异测试生成代表被测程序所有可能缺陷的变异体的策略并不可行,传统变异测试一般通过生成与原有程序差异极小的变异体充分模拟被测软件的所有可能缺陷。其可行性基于两个重要的假设:

假设 1(熟练程序员假设)　DeMillo 等人在 1978 年首先提出该假设。即假设熟练程序员因编程经验较为丰富,编写出的有缺陷代码与正确代码非常接近,仅需小幅度代码修改就可以完成缺陷的移除。基于该假设,变异测试仅需通过对被测程序作小幅度代码修改就可以模拟熟练程序员的实际编程行为。

假设 2(耦合效应假设)　与假设 1 关注熟练程序员的编程行为不同,假设 2 关注的是软件缺陷类型。该假设同样由 DeMillo 等人首先提出。他们认为若测试用例可以检测出简单缺陷,则该测试用例也易于检测到更为复杂的缺陷。Offutt 随后对简单缺陷和复杂缺陷进行了定义,即简单缺陷是仅在原有程序上执行单一语法修改形成的缺陷,而复杂缺陷是在原有程序上依次执行多次单一语法修改形成的缺陷。根据上述定义可以进一步将变异体细分为简单变异体和复杂变异体,同时在假设 2 基础上提出了异耦合效应,复杂变异体与简单变异体间存在变异耦合效应是指若测试用例集可以检测出所有简单变异体,则该测试用例集也可以检测出绝大部分的复杂变异体。该假设为变异测试分析中仅考虑简单变异体提供了重要的理论依据。

2. 变异测试分析流程

传统变异测试分析流程如图 5-14 所示。给定被测程序 P 和测试用例集 T,首先根据被测程序特征设定一系列变异算子,随后通过在原有程序 P 上执行变异算子生成大量变异体,接着从大量变异体中识别出等价变异体,然后在剩余的非等价变异体上执行测试用例 T 中的测试用例,若可以检测出所有非等价变异体,则变异测试分析结束,否则对未检测出的变异体,需要额外设计新的测试用例,并添加到测试用例集 T 中。

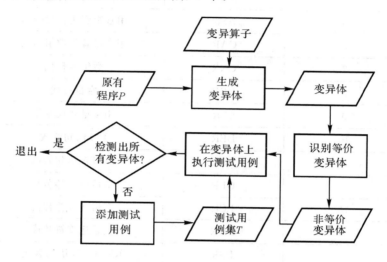

图 5-14 传统变异分析流程

基于上述传统变异测试分析流程,对其中的基本概念依次作下述定义。

定义 1(变异算子) 在符合语法规则前提下,变异算子定义了从原有程序生成差别极小程序(即变异体)的转换规则。

表 5-8 给出了一个典型的变异算子,该变异算子将"+"操作符变异为"-"操作符。选择被测程序 P 中的条件表达式 $a+b>c$ 执行该变异算子,将得到条件表达式 $a-b>c$,并生成变异体 P'。

表 5-8 一个典型的变异算子

程序 P	变异体 P'
...	...
if $(+b>c)$	if $(a-b>c)$
return ture;	return true;
...	...

Offutt 和 King 在已经研究工作的基础上,于 1987 年针对 Fortran 77 首次定义了 22 种变异算子,这些变异算子的简称和表述见表 5-9。这 22 种变异算子的设定为随后其他编程语言变异算子的设定提供了重要的指导依据。

表 5-9 针对 Fortran 77 的 22 种变异算子

序　号	变异算子	描　　述
1	AAR	用一数组引用替代另一数组引用
2	ABS	插入绝对值符号
3	ACR	用数组引用替代常量
4	AOR	自述运算符替代
5	ASR	用数组引用替代变量
6	CAR	用常量替代数组引用
7	CNR	数组名替代
8	CRP	常量替代
9	CSR	用常量替代变量
10	DER	DO 语句修改
11	DSA	DATA 语句修改
12	GLR	GOTO 标签替代
13	LCR	逻辑运算符替代
14	ROR	关系运算符替代
15	RSR	RETURN 语句替代
16	SAN	语句分析
17	SAR	用变量代数组引用
18	SCR	用变量代常量
19	SDL	语句删除
20	SRC	源常量替代
21	SVR	变量替代
22	UOI	插入一元操作符

在完成变异算子设计后,通过在原有被测程序上执行变异算子可以生成大量变异体 M,在变异测试中,变异体一般视为含缺陷程序。根据执行变异算子的次数,可以将变异体分为一阶和高阶变异体,并分别定义如下。

定义 2(一阶变异体)　在原有程序 P 上执行单一变异算子并形成变异体 P',则称 P' 为 P 的一阶变异体。

定义 3(高阶变异体)　在原有程序 P 上依次执行多次变异算子并形成变异体 P',则称 P' 为 P 的高阶变异体。若在 P 上依次执行 K 次变异算子并形成变异体 P',则称 P' 为 P 的 K 阶变异体。

根据定义 2 和定义 3 可知,高阶变异体和一阶变异体间存在包含关系。根据假设 2 可知,相对于一阶变异体,高阶变异体更容易被测试用例检测到。但在高阶变异体也存在一小部分变异体,其比对应的一阶变异体更难以被测试用例检测到。

图 5-15 显示了高阶变异体和一阶变异体。

测试用例	$a=1$	$a=-1$
原有程序	$x+y$	$3x+y$
变异体 1	$x+y+1$	$3x+y+3$
变异体 2	$x+y-1$	$3x+y-1$
变异体 12	$x+y$	$3x+y+2$

其中:

变异体 1(一阶变异体):

将第一行变异为 $z=++x$

变异体 2(一阶变异体):

将第二行变异为 $z=z+--y$

变异体 12(二阶变异体):

合并变异体 1 和变异体 2

两个测试用例:

(1)$a=1$　　(2)$a=-1$

```
输入:a,x,y
1. z = x;
2. z = z + y;
3. if (a > 0)
4. return z;
5. else
6. return 2 * x + z;
```

图 5-15　高阶变异体和一阶变异体

当测试用例 T 中的所有测试用例在生成的变异体上执行结束后,所有的变异体可以被划分为可杀除变异体(killed mutants)和可存活变异体(survived mutants),并依次定义如下。

定义 4(可杀除变异体)　若存在测试用例 $t(t \in T)$,在变异体 P' 和原有程序 P 上的执行结果不一致,则称该变异体 P' 相对于测试用例集 T 是可杀除变异体。

定义 5(可存活变异体)　若不存在任何测试用例 $t(t \in T)$,在变异体 P' 和原有程序 P 上的执行结果不一致,则称该变异体 P' 相对于测试用例 T 是可存活变异体。

一部分可存活变异体通过设计新的测试用例可以转化为可杀除变异体,剩余的可存活变异体则可能是等价变异体。这里对等价变异体定义如下。

定义 6(等价变异体)　若变异体 P' 与原有程序 P 在语法上存在差异,但在语义上与 P 保持一致,则称 P' 是 P 的等价变异体。

表 5-10 给出了一个典型的等价变异体。变异算子将被测程序 P 中 for 结构中的"$<$"操作符变异为"!＝"操作符,如果循环体中不存在修改变量 i 的语句,则程序 P' 是程序 P 的等价变异体。

表 5-10　一个典型的等价变异体

程序 P	变异体 P'

for (int $i=0$; $i<10$; $i++$){
　　sum += $a[i]$
}
	for int $i=0$; i！＝10; $i++${
	　　sum += $a[i]$;
	}

根据定义 6 易知,等价变异体不可能被任意测试用例检测到,因此在变异测试分析中需要

排除这类变异体。这里可以利用遗传算法,设置合理的适应值函数,确保当前变异体是等价变异体时,该函数可以返回一个很小的适应值。变异体在演化的过程中可以有效淘汰等价变异体。

Adamopoulos 等人提出的基于遗传算法的变异体和测试用例协同演化策略。在他们的方法中,为了从一系列变异体中选择一个规模较小且较难杀死的变异体子集,首先需要对每个变异体在 $0.0 \sim 1.0$ 之间的范围进行评价,其中一个较高的评分代表该变异体较难杀死。随后一些随机选择的变异体子集将作为演化的初始候选解,当某个变异体结合 S 中任意一个变异体的评分都不为 1.0 时,则适应值函数为 $f(S) = \sum_{i=1}^{n} S_i / S$,其中 S_i 代表变异体 i 的评分,否则该候选解 S 的适应值为 0。显然,当一个变异体的评分为 1.0 时,该变异体无法被测试用例集中的任一条杀死,因此这样的适应值定义方法能在一定程度上避免 S 重包含等价变异体。类似地,在测试用例上,如果一条测试用例能杀死更多的变异体,则该测试用例将被赋予较高的评价,而遗传算法将用于从候选测试用例集中选择一个规模尽可能少且评分尽可能高的测试用例子集。上述两个过程将同时并行的演化,从而不断改变变异体和测试用例集合,最终产生一个较难杀死且不含等价变异体的变异体集合,以及一个尽可能多地杀死变异体的高质量测试用例集。

搜索技术还可以应用到其他的软件测试活动中,例如,在集成测试中,测试人员需要依据各构件间的依赖关系来确定构件被集成的顺序,从而能尽可能地减少所需的桩程序数目,以及尽可能减少集成所需的步骤或时间,对于这类的 NP 问题,可以用遗传算法来解决最小化所需的桩程序问题。在组合测试数据的生成领域,搜索技术是主流应用的方法。同样,在软件的程序错误修复与错误定位中,搜索技术也表现出不凡的使用价值。

5.3 搜索技术在软件重构与维护中的应用

在软件开发总费用中,软件维护费用占有很大的比例,占总费用的 40% 左右。但软件开发人员可以通过软件重构、程序分析等手段提高软件的灵活性、可重用性等方面进而降低软件维护开销。近年来,基于搜索的软件工程利用搜索算法寻找有价值的软件重构方式或程序片组合模式,进而提高软件维护过程的效率,最终达到自动化或半自动化软件维护的目的。利用 SBSE 进行软件维护通常包括三个步骤:①建模软件维护问题;②设定合适的目标函数;③选择合适的搜索算法。基于搜索的软件工程在软件重构与维护问题上的主要研究内容包括软件重构与程序分析两部分。

在软件维护中,软件重构是 SBSE 主要的研究的方向。早期的基于搜索的软件重构技术集中在利用搜索技术提高程序执行效率、减少程序规模,该过程主要是通过启发式算法搜索并优化程序中的循环语句、冗余语句等,寻找更高效的代码表现形式。

随着面向对象语言的成熟,研究者尝试结合面向对象语言的特性利用基于搜索的软件重构方式进行自动化或半自动化的软件重构工作。在自动化软件重构过程中。研究者首先对软件重构问题进行建模,如从代码级别、方法级别甚至是模块级别进行问题建模,寻找符合搜索算法的域编码方式,并在此阶段确定不同域的重构规则,如降低域的继承层次、增加子类等规则。除针对软件源代码进行建模外,也有研究者对软件中说明性语言进行建模,研究软件说明性语言的自动化重构。其次 SBSE 需要设定合适的目标函数。在目前的研究中,软件重构目标函数以 QMOOD 度量为主,QMOOD 度量从软件的灵活性、可重用性、可理解性等方面评价软件重构结果的优劣。也有研究者从其他角度,如重构软件的可测试性等方面,进行软件重构结果的度量。由于软件重构结果可以从多个角度进行度量,因此研究者尝试联合多个目标函数进行多目标的软件重构化。最后 SBSE 需要选择合适搜索的搜索算法,大量的搜索算法被尝试用于进行软件重构,并且研究者通过经验学习的的方式在多个数据集上结合多种软件重构规则来对比不同搜索算法在软件重构的可用性,所对比的搜索算法如遗传算法、模拟退火算法、爬山算法等。

由于自动化软件重构可能会产生大量无意义的重构模式,研究者又尝试引入人机交互进行半自动化软件重构,通过对重构中间结果的人工干预,使得最终的重构软件符合预期。常见的方式如交互式遗传算法、可视化的 Pareto 最优曲线的引入等。

SBSE 在软件维护中的另一个研究方向是程序分析。程序分析这里指依赖分析(dependence analysis)与概念分配(concept assignment)。自动化程序分析能够帮助软件维护人员快速理解整个待维护的软件系统。在依赖分析方面,研究者利用遗传算法、贪心算法等搜索能够覆盖所有程序功能点的程序片组合,帮助维护人员进行程序依赖结构分析。在概念分配方面,研究者利用搜索算法寻找可能的程序片组合方式,挖掘便于理解的高层概念。

能让搜索技术在软件重构与维护中发挥巨大的作用,主要还是能就软件重构维护问题提出建模思想并设计良好的适应度函数。

5.4　搜索技术在其他阶段的应用

搜索技术不仅在软件测试、软件重构和软件维护中发挥着巨大的作用,同时在需求分析、软件项目开发管理、软件设计、软件自动修复和故障定位中也都发挥着巨大的作用。

在需求分析的过程中,Tonella 等人提出了一种交互式的遗传算法优化需求顺序,Kumari 等人采用了精英量子演化算法(Quantum - inspired Elitist Multi - object Evolutionary Algorithm,QEMEA)使用了骨架分析与启发式算法等,此外还包括多目标的混合式量子差异进化算法(Multi - objective Quantum - inspired Hybrid Differential Evolution,MQHDE),双归档算法(Two - Archive Algorithm,TAA)、聚类算法等。

在软件设计过程中,设计人员人工来确定最优的面向对象软件设计往往是很困难的,而搜索技术不仅能产生与人工设计质量相当的结果,并且能在一定程度上生成许多人工设计未曾考虑过的更优结果,因而是这一领域的一种较有潜力的方法。这里的适应值函数通常是基于方法或属性的内聚度或耦合度来进行设计,搜索技术同样可以用于面向服务的软件设计。通过将应用程序的功能作为服务发送给最终用户或者其他服务,面向服务的后绑定机制是面向服务软件的核心,这就使得面向服务系统可在运行时选择所需的具体服务。软件设计中的构件选择问题同样可以用搜索技术来优化。由于软件开发大多是迭代进行的,基于构件的方法可以不断地在当前状态下为软件加入新的构件以使得软件不断演化。然而为下一个版本选择构件并不是一项简单的工作,项目管理人员通常需要对开发开销、用户期望、开发时间、预期回报等指标进行组合考虑来做出最合理的选择。同时,现实中这些指标间存在一定的权衡,这就使得最优选择的确定变得十分困难,但是利用搜索技术来解决这些问题,可以使得这些问题得到良好的解决。在软件项目开发管理过程中,通过分析软件项目规模、开发人员专业度等因素来辅助项目经理对软件项目的人员、开发任务进行合理分配,达到减少软件开发时间、减少人员时间碎片的目的。SBSE 把软件项目开发管理建模为软件项目中多种资源的组合优化的问题,利用搜索算法进行高效的资源分配和项目评估。软件项目开发管理涵盖软件项目开发中的时间管理、花销管理、质量管理、人力资源管理、风险管理等,它可以分为软件项目资源优化和软件评估两个方面。而在软件项目资源优化方面,研究者利用分散搜索、遗传算法并结合软件项目中已知的可更新资源、人员等级等进行软件项目中的人员分配优化和工作模块分配优化,并研究如何根据人员的数量提出不同的分配意见。另外,人员交流情况、人员专业度等特征也可作为影响软件项目优化的因素。除进行单目标的资源优化外,软件项目中往往需要同时对诸如项目完成时间、项目花销等多目标进行优化。研究者提出利用多目标搜索的方式完成该任务,如利用多目标遗传算法、NSGA – Ⅱ,SPEA2 等演化算法。也有研究者从迭代的角度对多个优化目标进行迭代交叉优化或以基于事件的方式在某个资源发生变化时对其相对应的目标进行优化。考虑到多目标优化结果的多样性,研究者利用可视化的方式让决策者从多个优化方案中进行选择,如 Paeto 最优或对每一个目标利用仿真模拟器生成其对应的结果供决策者选择。软件评估是软件项目开发管理中的重要活动,利用软件评估结果可以进行任务分配、人员分配等任务,典型的软件评估工作如软件规模评估、软件开发开销评估等。研究者对已有的及其学习软件评估方法与基于搜索的方法进行对比,证明后者能够完成软件评估任务,并可能获得更好的准确性,但是基于搜索的方法在程序设置和运行开销上优势并不明显。因此研究者提出利用混合策略把已有的软件评估方法和启发式算法相结合,进行联合的软件评估,提高评估的准确性,评估各种因素在软件评估方面的考虑,除了常见的软件规模评估、软件开销评估外,也有研究利用 SBSE 进行软件复杂度,耦合度等影响其质量的因素的评估。

其中,在软件项目开发管理中,与上述利用软件项目资源优化结果和软件评估结果来间接辅助项目经理决策不同,SBSE 也可以直接基于已有的项目决策数据,搜索并生成优秀的项目决策组合方案。研究者可以根据项目经理对已有项目决策的标注结果,结合软件项目模拟器的模拟数据,利用搜索算法搜索出大量的"GOOD"决策,或直接把搜索算法应用到范例推理系统(Case – Based Reasoning system,CBR)中。

在软件产品线配置与优化中,智能搜索技术也被广泛应用。软件产品线是一组具有共同体系结构和可复用组件的软件系统,它们共同构建支持特定领域内产品开发的软件平台。软件产品线集中体现一种大规模、大粒度软件复用实践,是软件工程领域中软件体系结构和软件重用技术发展的结果。软件产品线特征建模是呈现组件模块之间依赖、互斥等关系的重要手段,自 Kang 等人在 1990 年提出面向特征域的分析方法后,特征建模就被广泛运用于软件产品线中。合理的配置特征模型直接影响和决定了整个产品线的质量和成败,然而产品线配置解决方案域并不唯一,因此如何获取最优配置方案解变得尤为重要。目前,将软件产品线特征模型映射编码后,通过遗传算法可以有效得到最优配置方案解。其中,软件产品线编码方式是将其特征模型依照特征进行编码,使它的排列形式符合遗传算法的基因序列,随后根据特征属性进行选择运算,最终获得软件产品配置最优方案解集。

5.5 SBSE 研究进展与展望

5.5.1 研究进展

图 5-16 统计了目前已经收录 SBSE 领域文章的作者国家分布,可以看出英国的作者占到 1/4。中国的软件工程学科起步较晚,2012 年才被正式认定为国家一级学科,但是中国的学者一直跟踪国际软件工程领域的研究热点,在国际会议和国际期刊发表的文献中作者数量已占到 5%左右。

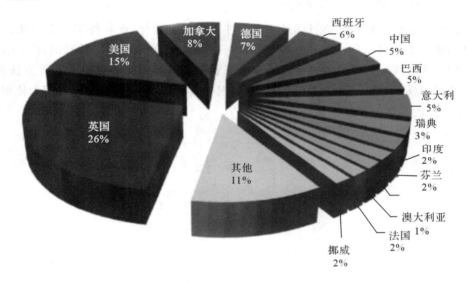

图 5-16 SBSE 研究人员的国家分布

此外,SBSE 是智能计算与软件工程的交叉,而国内从事智能计算、演化计算、系统优化的人员主要集中在控制科学与工程学科,从事软件工程的研究人员则集中在计算机科学与技术学科,因此目前国内从事 SBSE 领域的研究人员部分是具有计算机学科背景的,部分是具有控制学科背景的。SBSE 真正把两个学科的人交叉凝聚到了一起。

从研究内容上看,由于国内学者密切关注国际上的新热点,同步开展相关研究,在软件测试的自动化和智能化、测试数据自动生成、组合测试、程序自动修复、基于 GPGPU 的并行多目标演化算法等领域有较深入的研究,部分研究成果已经处于世界领先水平。

5.5.2 发展展望

通过国内外研究的综述与比较,基于搜索的软件工程将呈现以下几方面的趋势。

1. 大数据环境下的基于搜索的软件工程

伴随着计算机软硬件技术、网络技术、移动通信技术、信息处理技术等蓬勃发展,物联网、云计算、大数据等新技术被业界提出,从不同层面拓展了软件等外延和内涵,也对软件开发提出了更多的挑战。2012 年就提出了基于云工程,也是基于搜索的软件工程,并通过分析云计算的特点总结出基于搜索的云计算工程所面临的 5 个挑战。在 2014 年的国际基于搜索的软件工程研讨会上,提出了 SBSE 在大数据领域广泛使用 Hadoop 系统应用的专题征文。可以看出大数据环境下的基于搜索的软件工程将成为未来发展趋势之一。

2. 基于搜索的动态自适应软件工程

SBSE 在软件开发声明周期的每个阶段都有应用,基本涵盖了软件工程的方方面面,但同时也可以看出,现有 SBSE 的应用主要集中在软件声明周期中具体的一个阶段中的个案,并没有面向整个生命周期体系。智能计算及优化在其他工程领域已经有很多系统层次的解决方案,但是软件工程领域还没有,因此我们提出软件工程自动化是 SBSE 最终目标,基于搜索的动态自适应软件工程将成为 SBSE 未来发展的重要方向之一。

3. 知识自动化是软件工程自动化的核心

基于搜索的软件工程的最终目标是实现软件工程的自动化,而软件工程自动化的核心就是知识自动化。知识自动化可以分为两个方面,一方面是已知或已约定的知识自动化,另一个方面是未知或无法规定的模式的表示及处理。需要融入机器学习和人机交互等方法和技术,间接地改变行为模式,从以"知你为何"为基础实现自动化,转化到以"望你为何"为依据争取智能化,促使希望的测试结果或者目标得以实现。

第6章 大数据时代的软件工程

大数据时代的到来,使传统的软件工程面临新的机遇与挑战。众所周知,传统的软件工程一般以正向工程开始,然后进行软件维护,逆向工程与再工程等,而大数据时代的软件工程则以逆向工程开始。由于软件资源的大量积累以及大规模软件重用技术的发展与应用,软件数据挖掘与软件集约化生产会变得越来越重要,传统意义下一切从头开始的软件项目会变得越来越少。

本章讨论在大数据时代软件工程新的变化、特征及其发展趋势。除新的概念外,还将重点介绍一些具体的实现方法、技术以及工业实践经验。我们正处于一个软件工业大变革的前夜。随着软件资源的大量积累与有效利用,软件生产的集约化与自动化程度都将迅速提高,软件生产质量与效率的大幅度改进将成为可能。随着大数据时代的发展,软件工程将会改革得更加彻底。

6.1 大数据时代

近来,"大数据时代"的来临已成为媒体关注的热门话题。大数据也似乎在一夜之间闯入了任何一个关于互联网未来的讨论,成为一个炙手可热、无所不包的概念。如图 6-1 所示,大连 2013 夏季达沃斯世界经济论坛还为"大数据时代"的来临作了专题讨论。无论人们对此持有何种观点,但下列结论是共同的:"大数据时代"的来临已成为不争的事实;大数据作为一种新的资源,已对人们生活、企业商业活动以及政府公共管理带来了深远的变革。

当今世界大数据时代已经来临。什么是大数据?就像当今世界涌现出来的能描述大变局的概念一样,大都率先出现在欧美社会,进而传播到全世界。"大数据"的概念出现与流行也是如此。2010 年 2 月出版的《经济学家》杂志中一篇题为"The data deluge"的文章,被认为是"大数据"概念的发端。deluge 一词比较生僻,翻译过来是"大泛滥、大洪水、大量"之意,文章的标题应直译为"数据洪流"或"海量数据"。从文章讨论的内容来看,和今天流行起来"大数据"是差不多的,只是没有用"大数据"这一概念。2011 年 5 月麦肯锡全球研究院发表了一篇名为 *Big data:The next frontier for innovation,competivity and productivity*(《大数据:未未创新、竞争和生产力的下一个前沿》)的研究报告。这篇报告无论在 IT 界,还是经济界、学术界和公共管理部门,都极具影响力。"Big data"亦即"大数据",这个关键词愈来愈广泛流行。

顾名思义,大数据就是大量的数据或者说海量的数据。现代社会从 1941 年诞生第一台电子计算机以来,信息技术得到空前迅猛地发展。这种发展的内在驱动力是将阳光下所有的事物都"数据化"。那么大数据到底有多大?一组名为"互联网上一天"的数据告诉我们,一天之中,互联网产生的全部内容可以刻满 1.68 亿张 DVD;发出的邮件有 2 940 亿封之多(相当于美国两年的纸质信件数量);发出的社区帖子达 200 万个(相当于《时代》杂志 770 年的文字量);卖出的手机为 37.8 万台,高于全球每天出生的婴儿数量 37.1 万人。

图 6-1　大数据时代

　　截至 2012 年,数据量已经从 TB(1 024 GB＝1 TB)级别跃升到 PB(1 024 TB＝1 PB),EB(1 024 PB＝1 EB)乃至 ZB(1 024 EB＝1 ZB)级别。国际数据公司(IDC)的研究结果表明,2008 年全球产生的数据量为 0.49 ZB,2009 年的数据量为 0.8 ZB,2010 年增长为 1.2 ZB,2011 年的数据量更是高达 1.82 ZB,相当于全球每人产生 200 GB 以上的数据。而到 2012 年为止,人类生产的所有印刷材料的数据量是 200 PB,全人类历史上说过的所有话的数据量大约是 5 EB。IBM 的研究称,整个人类文明所获得的全部数据中,有 90％是过去两年内产生的。而到了 2020 年,全世界所产生的数据规模将达到今天的 44 倍。每一天,全世界会上传超过 5 亿张图片,每分钟就有 20 h 时长的视频被分享。然而,即使是人们每天创造的全部信息——包括语音通话、电子邮件和信息在内的各种通信,以及上传的全部图片、视频与音乐,其信息量也无法匹及每一天所创造出的关于人们自身的数字信息量。这样的趋势会持续下去。

　　当然,仅仅从量的角度来理解大数据是远远不够的。麦肯锡全球研究所报告《大数据:创新、竞争和生产力的下一个前沿》对"大数据"的含义进行了界定:大数据是指大小超出了传统数据库软件工具的抓取、存储、管理和分析能力的数据群。对于这样一个定义,我们还可以从大数据 4V 特点加以理解。所谓 4V(Volume,Variety,Velocity,Value)是由描述大数据特性的四个英文词的首字母所形成的:一是数据量巨大(Volume),数据已从 TB 级别跃升至 PB 级别;二是数据类型多样化(Variety),有网络数据、企事业单位数据、政府数据,网络数据又有媒体数据(比如社交网络、博客、微博等)、日志数据(比如搜索引擎,大家上网等等都会留下很多足迹),还有富媒体数据(视频、音频等等),类型纷繁,已无规律可循,其中非结构化数据所占比例逐年增大;三是密度低而价值大(Value),以视频为例,在连续不间断监控过程中,可能有用的数据也许只有一两秒,即所谓密度低,是对大量的数据通过"沙里淘金"的数据挖掘,可是里面又藏着巨大的价值;四是处理速度快(Velocity),及时分析对某些应用才更有意义,及时处理已经成为趋势之一,业内的"一秒定律"认为,各种处理必须在 1 s 内完成高速实时处理。从大数据的本质上来说,"大数据"所代表的是当今社会所独有的一种新型的能力,通过对海量数据进行分析,获得有巨大价值的产品和服务,获取更深刻的洞察力。在大数据时代,数据已经成为一种新的经济资产类别,就像货币或黄金一样。

在小数据和模拟数据时代,人们总是强调"为什么"来认识世界。物理、化学等自然科学里,科学家要在实验室通过反复试验来检验理论或定律为什么是正确的;天文学、经济学等学科则根据理论来推测现象,或根据历史数据来验证。只有理论与数据验证一致,才算揭示了现象背后的因果关系,才算回答"为什么"。

在大数据时代,人们更多强调的是"是什么"的问题,也就是寻找事物背后的相关关系。譬如说,研究人员利用大数据,不是试图弄懂发动机抛锚或药物副作用消失的确切原因,研究人员可以收集和分析大量有关此类事件的信息及一切相关素材,找出可能有助于预测未来事件发生的规律。加拿大的研究人员正在开发一种大数据手段,以便能在明显症状出现之前发现早产婴儿体内的感染。通过把包括心率、血压、呼吸和血氧水平等16种生命体征转化成每秒1 000多个数据点的信息流,他们已经能够找到极其轻微的变化与较为严重的问题之间的相关性,也就是研究人员与医生关注相关关系胜过因果关系。

在大数据时代,人的行为方式也将发展某种程度的变化。以往一般都是先想好要解决什么问题,再去获取相应的信息;而到了大数据时代,思维方式就变成了先尽可能多地占有信息,遇到问题时再从这海量信息中去"挖掘"解决方案。这两者的区别就像普通相机与光场相机(light field)的区别。据美国科技博客网站 Venturebeat 的报道,2012 年 3 月,美国硅谷创业公司 Lytro 开发的光场相机正式上市。与普通相机不同,光场相机可以在拍摄完照片之后再对焦,具体生成的照片聚焦在什么位置,可以在拍摄完成之后根据需要再决定。

具体地,大数据时代带给我们三个颠覆性观念转变:是全部数据,而不是随机采样;是大体方向,而不是精确制导;是相关关系,而不是因果关系。

(1)不是随机样本,而是全体数据:在大数据时代,我们可以分析更多的数据,有时候甚至可以处理和某个特别现象相关的所有数据,而不再依赖于随机采样(随机采样,以前我们通常把这看成是理所应当的限制,但高性能的数字技术让我们意识到,这其实是一种人为限制)。

(2)不是精确性,而是混杂性:研究数据如此之多,以至于我们不再热衷于追求精确度;之前需要分析的数据很少,所以我们必须尽可能精确地量化我们的记录,随着规模的扩大,对精确度的痴迷将减弱;拥有了大数据,我们不再需要对一个现象刨根问底,只要掌握了大体的发展方向即可,适当忽略微观层面上的精确度,会让我们在宏观层面拥有更好的洞察力。

(3)不是因果关系,而是相关关系:我们不再热衷于找因果关系,寻找因果关系是人类长久以来的习惯,在大数据时代,我们无须再紧盯事物之间的因果关系,而应该寻找事物之间的相关关系;相关关系也许不能准确地告诉我们某件事情为何会发生,但是它会提醒我们这件事情正在发生。

当时变幻的、海量的数据出现在眼前,是怎样一幅壮观的景象? 在后台注视着这一切,会不会有接近上帝俯视人间星火的感觉? 一个时代的来临往往对整个社会产生深远的变革和影响。

6.2 大数据时代的软件工程发展趋势

传统的软件工程方法以数理逻辑为中心,采用系统化的、规范化的、可定量的过程化方法去开发、测试、维护软件。在大数据时代,数据与软件密不可分,数据是计算的处理对象,软件虚拟化,具有松耦合、分布广、动态变化等特点,要求能够处理海量数据。传统软件工程方法已经不能适应大数据时代的需要。大数据时代,软件工程要有新的软件开发思想和方法。一方面,软件工程应当针对大数据处理的特殊需求,研究如何开发支持大数据处理各个环节的软件技术与系统,形成面向大数据的软件工程思想和方法;另一方面,软件工程项目开发过程中,会涉及大量具有大数据特征的软件过程数据,因此,有必要对这些数据进行充分分析和利用,从中发现可能的软件开发规律,从而指导后续软件项目的开发,形成基于大数据的软件工程方法。有人把这称之为大数据软件工程,以示与传统和现代软件工程的区别。

6.2.1 软件也为数据

其中在大数据时代,数据指的是一个原始的数据点(无论是通过数字,文字,图片还是视频等)。软件从某种意义来说也是一种数据,如图6-2所示。软件是是一系列按照特定顺序组织的计算机数据和指令的集合,按照特定顺序组织的电脑数据和指令的集合。简单而言,软件=程序+文档+数据集。软件是以标准化的文本或者图形化的形式去展示的,实际上来说就是一种数据,比如源代码和文档。

图 6-2 软件的定义

伴随全球宏观经济企稳向好、美国等发达国家 IT 需求的复苏以及云计算、移动互联网、大数据等创新业务的逐步落地,全球软件产业景气度提升。2014 年,全球软件产业规模达15 003亿美元,同比增长 5%,高于 2013 年和 2012 年增速;但受全球经济复苏缓慢、新兴经济体市场需求释放不足、IT 深化转型等因素影响,全球软件产业还未恢复到 2011 年两位数增长的水平(见表6-1)。

表 6-1 2011—2014 年全球软件产业规模及增速

年份	全球软件产业规模/亿美元	同比增速
2011	13 161	10.5%
2012	13 735	3.6%
2013	14 289	4.8%
2014	15 003	5%

与此同时,全球范围内海量的软件资源可以支持软件开发和发展。不管新的软件系统还是遗留的软件系统都是数据化的。而当下最火的莫过于开源社区的火速发展,互联网倡导开放、平等、协作和分享的精神。开源软件(Open Source Software,OSS)是一种源代码可以任意获取的计算机软件,这种软件的版权持有人在软件协议的规定之下保留一部分权利并允许用户学习、修改、增进提高这款软件的质量。当下有越来越多的公司开源自己的项目源码,光是

Facebook 公司在 Github 开源社区内就有90 000行代码开源,这一数据现在还正在增加。另外,现在已经在运行的系统的规模也是非常庞大的,包括一些 Web 服务,据不完全统计,互联网上在运行服务的网站数量达 7.59 亿个之多。而且新的 Web 网站服务正在通过以前的 Web 服务构建而成。

6.2.2 大数据时代下的软件开发

随着科技和社会经济的快速发展,全世界的互联互通已经成为不可阻挡的发展趋势,那么不同国家之间如何实现低成本的有效交流呢? 人工翻译所耗费的成本巨大,所以也许最好的解决方法就是:充分利用机器翻译技术提供智能自动翻译服务。机器不会累、学习快,一个系统同时掌握十几种语言互译也不是问题,也许永远不会像人一样出现翻译盲点。目前机器翻译的主流方式叫机器翻译。统计机器翻译的基本原理是:从语料库大量的翻译实例中自动学习翻译知识,然后利用这些翻译知识自动翻译其他句子。大体就是借助已经翻译好并被大家所认可的成熟语句来直接翻译新的语句。我们当然可以类比,我们的软件是否由已经开发好并且运行良好的软件来构建而成。故如何利用已有软件重用变得越来越重要。

1. 软件开发的大数据

在过去的数十年的时间里,软件行业得以迅猛发展。到现在,从软件定义网络(Software Defined Network,SDN)开始,软件的作用向计算、存储、数据中心架构甚至整个 IT 环境蔓延,以往基于硬件平台实现的许多功能逐渐通过软件实现,软件的地位越来越突出。数据分析公司 IDC 发布最新报告称:2014 年全球的软件开发者数量达到 1 850 万人。以当下移动应用软件为例作为说明。据不完全统计,全球各大型应用商店中的移动应用数量已超过 200 万,下载量超过1 000亿次,累计收入接近 300 亿美元,已经相当全球基础软件(操作系统、数据库、中间件和办公软件的 1/3 强)。所以世界范围内海量的软件资源,不管是静态的软件还是动态软件资源都将作为一个超大的复用软件基数来支持软件开发,也可以说当下大数据的有效发展为软件开发提供了新的基础。

2. 软件开发方式的快速转变

传统的软件开发方法认为每一个软件系统的开发应该严格地按照软件生命周期所规定的过程,逐一进行推进。因此,使用传统软件开发方法开发软件系统经历了一个从无到有,从抽象到具体的过程。传统软件开发方法不注意和关心软件重复创建出现的次数。重复创建在软件开发中造成了重大的资源浪费。无数软件项目耗费大量资源去开发已经存在的或相似的软件。软件浪费的现象普遍存在。对软件系统的比较分析表明,在多个系统中,系统功能的60%~70%是相同的。Stojanovic 的研究表明(2005 年),软件开发项目现在很少从头开始。常常需要考虑现有的遗留系统,第三方软件打包,COTS 组件,甚至 Web 服务。它是一种通过对预先构造好的、以复用为目的软件构件实施组装活动,从而建立软件系统的过程。它的基本思想非常简单,即放弃那种原始的、一切从头开始的软件开发方式,而是利用复用技术,由可复用构件来组装新的系统,这些可复用构件包括对象类、框架或者软件体系结构等。

3. 大规模重用的软件开发

重用,作为降低开发成本,提高质量的软件策略已经不是新方法,软件产品线肯定要涉及重用,事实上是最高级别的重用。那么区别何在呢? 以前的重用主要是指相对较小的代码块的重用,也就是小粒度重用。有些机构已经建成了包含算法、模式、对象和组件的可重用库。软件开发人员写的任何东西几乎都要放到库里,然后鼓励(有时是要求)其他开发人员使用库里所提供的东西而不是创建自己的版本。不幸的是在很多情况下,查找这些小模块以及将其集成到一个系统中所花费的时间比重新开发他们更长。倘若有文档,就可以说明模块创建的情况,却不能说明如何对模块进行集成或进行适应性的修改。小粒度的重用的成功依赖于软件工程师是否喜欢使用库里的内容、库中的内容对工程师需要的适应性,以及能够成功将库中内容进行改写并集成到系统的其他部分。如果这些条件都满足,则采取重用,但它具有偶然性,并非总能发生。

在软件产品线方法中,重用是有计划的、能够实现的和强制的(机会主义的对立面)。资产库包括从一开始就花费大量成本进行开发的各类产品——即需求、领域建模、软件架构、性能模型、测试用例和组件。所有资产都为重用而设计,并且为了能重用与多个系统进行了优化。软件产品线的重用是全面的、有计划的、有经济效益的。

6.2.3 大数据时代下的软件工程的发展趋势

1. 大规模软件的复用将会成为主流

软件复用的主要思想是,将软件看成是由不同功能部分的"组件"所组成的有机体,每一个组件在设计编写时可以被设计成完成同类工作的通用工具,这样,如果完成各种工作的组件被建立起来以后,编写一特定软件的工作就变成了将各种不同组件组织连接起来的简单问题,这对于软件产品的最终质量和维护工作都有本质性的改变。软件复用就是将已有的软件成分用于构造新的软件系统。可以被复用的软件成分一般称作可复用构件,无论对可复用构件原封不动地使用还是作适当的修改后再使用,只要是用来构造新软件,则都可称作复用。软件复用不仅仅是对程序的复用,它还包括对软件生产过程中任何活动所产生的制成品的复用,大叔据时代后来扩大到包括领域知识、开发经验、设计决定、体系结构、需求、设计、代码和文档等一切有关方面。

2. Web 接口服务将会被广泛使用

API(Application Programming Interface),又称应用程序接口,就是软件系统不同组成部分衔接的约定。由于近年来软件的规模日益庞大,常常会需要把复杂的系统划分成小的组成部分,编程接口的设计十分重要。ProgrammableWeb 这个网站从 2005 年开始跟踪全球的网络 API,到目前已经有七年的跟踪数据。今天,该网站宣布在其跟踪数据库里已经有超过5 000个 API,其中包括 Twitter 到政府的 API 都有。如果你有一家公司,特别是做社交产品的公司的话,那么开放 API 将是推广你的产品最好的方式。Twitter 就是最好的例子,而且目前几乎所有的互联网服务,都已开放 API。图 6-3 所示是 2015 年 1 月份统计的 1 张 10 亿级API 俱乐部的组成,从中可以看出,API 在公司的地位已经越来越重要。

毫无疑问,未来 API 将在互联网中占据重要地位。尤其是在移动互联网和大数据背景中,无数的应用、网站、数据都将通过 API 传播。因此,开放 API 已经是不可阻挡的趋势。而且互联网公司提供的都是标准化的 API 接口,开发者可以在此基础上任意二次开发。其中,"聚合数据"平台 11 年正式运行,提供各种标准化的 API 供开发者调用,目前已有 12 万注册开发者账户,所支持的 App、网站、微信号、软件已超过上万款,覆盖用户推算在上亿级别。所以说：API 开放，才能拥抱世界！

3. 群体软件工程将成为发展方向

美国的《超大规模的软件开发——未来的挑战》报告中指出，今后软件规模的将达到 20 个 Windows 的量级：

1）总代码行 12 亿行；

2）需要投入 90 万人/年；

3）需要 18 万专业程序员开发；

4）需要 20 个类似于微软规模的公司承包开发任务；

5）这是美国目前国家体制所无法做到的。

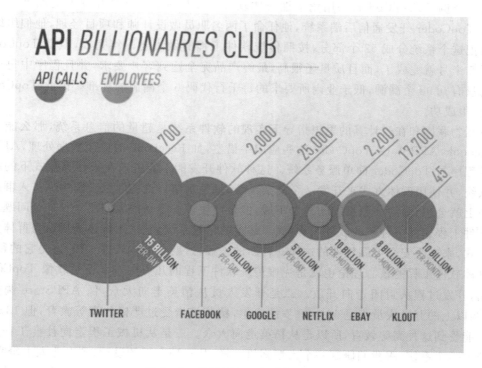

图 6-3 十亿级 API 俱乐部的组成

世界上最好的系统软件之一——Windows Vista，功能模块约 6 万个，代码 5 000 万行，9 000 名熟练的专业人士——微软的这些骨干们，耗时 5 年完成，这个数据量应该说是传统软件工程框架之下的杰作。但是基于大数据的社会服务系统，它的规模远远超过 Windows Vista 5 000 万行代码的量。举一个例子，比如说 Facebook 每个月都有 60 亿张照片上传，需要把每张照片和个人的信息等情况关联起来。我们国家重点实验室提出一个四面体全信息的标注和处理方法。经过 3 年的试验，得知要把一张照片四方面的信息标注连接起来，大概需要12 min。如果按照 1 万人开发来做这个事的话，需要 41 年才能完成，最后国家实验室没有采用此办法。Facebook 是怎么解决信息如此超量的问题呢？采用的是群体模式。

Facebook 有 8.5 亿个用户，这些用户都对自己上传的照片加以标注，或者至少一半以上加以标注，假设 8.5 亿个人，每个人负责自己的照片，或者一个朋友的照片，一个半小时就可以完成。这就是面对着超量信息以后新的解决办法,从软件工程角度来说这是一个重要的东西。以前是精英化的团体,1 万个精英开发 Windows Vista 这样的系统,现在在处理大量的、超量的、18 次方信息的情况下,8 亿人同时上就可以解决这个超量的问题,这是第一个例子。

第二个例子,现在最火热的移动应用是 APPStore 和 Android Market,2008 年 7 月开始,大家都有手机,都使用这些应用程序,前后有多少人参加? 相对于 Windows Vista 的 1 万人来说,现在 70 万人,至少是 70 万人次,在 4 年之内完成了 60 万个应用,这是过去从来没有过的现象。过去为什么软件贵? 就是因为这些都是精英专门研究出来的。这对于用群体开发模式解决超大规模建设人力不足的问题是一个很有说服力的例子。但是目前 APPStore 的技术只是群体开发的一个初级阶段,而且只支持互相独立的应用开发程序。

第三个例子,TopCoder,采用竞争性群体软件开发模式,25 万名开发人员加入。美国在线委托 TopCoder 开发通信后端系统,他任命了两名职员做设计师和项目经理,他们组织了少数人员把这个系统分成 52 个部分,按照传统软件工程的做法要 1 年完成,但是 TopCoder 仅仅用了 5 个月就完成了,而且质量还很高,最终产品完全达到客户要求,并且程序中每千行代码平均只有 0.98 个漏洞,低于业内所要求的每千行代码 6 个漏洞的标准。因此 TopCoder 做得很好,很成功。

既然物联网和在云计算的思想指导下实现的软件系统是超量的信息系统,那么能不能够从 Facebook,APPStore,TopCoder 这些应用中借鉴,如 Facebook 的应用数据处理,APPStore 的应用程序与 TopCoder 简单服务系统。这种软件开发能不能进入在云计算模式下的超量的复杂系统,并使用群体方式来开发一个复杂系统,就是本节讨论的问题。因为一进入群体之后大家马上就会想到,解决超量的问题是不假,但是产生了一个新的大问题——安全问题。所以群体软件工程这样一种新的软件工程,面对超量的信息系统,它采用群体的研发与群体竞争的研发方式,来产生安全可靠软件的这样一种新的工程,这就是群体软件工程,也是它的目标。

群体软件工程的核心理论也就是克服传统软件工程的几点困难。一是就像 TopCoder 这些应用,开发过程从封闭走向开放。二是开发人员从精英走向大众,像 APPStore 调查的一样,80% 以上的开发人员都是 13～28 岁的青年,精英是指受过严格的高等教育,但 13～28 岁不太可能受到这种高等教育,所以是从精英走向大众。三是从机械工程走向社会工程。我们现在开发一个系统,跟我们研制一个大型客机一样,从自顶向下的设计,到专业人士研究制造,训练有素。现在开发面向群社会服务的这样一些系统,就像建设城市一样,我们所有的城市建设都是在过去的基础上逐渐堆垒起来的。把所有整个区域都消灭掉,然后重新建设,这也不可能。所以社会工程更多的思想将渗入到超量信息的研究,特别是在云的思想指导下构造超量信息系统的东西。所以说,在海量信息系统的建设中群体软件工程将会发挥重要的作用。

6.3 软件工程大数据

版本控制系统、缺陷跟踪系统、邮件列表、SVN 项目开发文档和论坛等工具在软件开发活动逐渐得到普及。随着时间的推移,这些工具产生了海量的数据,记录了开发的过程。软件开发活动积累的大数据已经成为了现实,如何有效地收集、组织和运用这些大数据,采用全新的视角和分析方法重新审视软件工程的基本问题,突破原有的认知瓶颈,并在新条件下探索新的开发模式和规律,进而改进互联网时代软件开发方法并辅助商业决策等成为大数据背景下的软件工程新思维。

自 1968 年"软件危机"以来,大规模软件工程常被类比为困住恐龙的史前焦油坑,其复杂性一直难以控制。软件开发是知识密集型活动。个体差异和社会化生产环境是影响效率的重要因素,但这些因素又都难以度量和理解,导致软件开发过程可用数据不多。一方面,在实际项目开发中度量和评估并非首要任务,很难得到开发人员的重视,也就很难进行有针对性的数据收集;另一方面,即使开展了数据收集活动,被观察者也可能因为察觉到观察行为的存在而改变其真实的开发行为,这就是著名的霍桑(Hawthorne)现象。

因为开发活动的需要,近年来软件项目广泛使用版本控制系统、缺陷追踪系统、邮件列表和论坛等工具,大型软件工程的数字轨迹通常被保存起来。人们的每一次代码提交、每一个缺陷报告、对缺陷的每一次评论、每一个邮件及回复等,都被完整地保存在软件仓库中。软件仓库记录了软件开发过程和代码的演变,以及开发者个体和交互的行为。以可自由访问的开源项目为例,仅 Gnome 一个开源项目就有超过 70 万个缺陷数据,阿帕奇(Apache)开源社区拥有超过 600 万封邮件,Mozilla 社区有超过 2 亿条的代码提交日志。许多成功开源项目都拥有众多分布于全球的用户和贡献者,其软件工程数据时刻都在增长,例如 Gnome 每天有上百个新的缺陷提出,阿帕奇平均每天有 1 000 多封新邮件产生,Mozilla 每天有 2 万多条新的提交。而 Github.com 拥有超过 1 000 万个的项目,SourceForge.net 和 GoogleCode 则分别有超过 30 万个的项目。互联网上所有开源项目的版本控制系统数据总量估计在 70TB 的级别。这些数据分散在互联网上众多地方,每分每秒都在不断地产生和消亡,因此采集、存储和整理是首要面对的问题。

因为软件工程面临大数据的挑战,一种新的研究途径随之出现,如同人类考古学,人类祖先有意或无意留下的痕迹为考古学家提供了研究古代文化历史的可能,项目过程数据留下了软件的开发历史轨迹,使得人们能够从中挖掘有价值的内容,我们称之为软件的数字考古。经验软件工程(empirical software engineering)、挖掘软件库(miningsoftware repositories)以及商业智能等都是学术界和产业界的一些尝试,采用数据驱动方法来理解软件的生产过程,并利用这些数据度量程序员效率、计算成本和预测软件质量等,为许多实践操作和业务决策提供了很大的帮助。值得一提的是,这些数据是因为程序员和项目开发自身需要而自然积累下来的,并非为了度量或评估而填写或保存的,这使得霍桑现象不再是问题。

然而,如果只针对单个或若干个项目进行研究,研究结果的适用性相当有限。例如,文献[10]指出,大部分发表的研究成果都不可复制,在新的数据集上,研究结果经常不可再现。但是众多的软件仓库贡献了数量庞大的项目样本,对大样本将带来惊人洞察力的想象激励着人们用全新的观念审视大数据时代的软件工程:构建软件工程大数据池,更准确地计算成本,更精细地认识和改进过程,探讨以前无法度量的程序员的个体差异性和社会化生产的可知可控等难题。并且,在不同的时代条件下,软件开发模式在不断演化,我们从来不曾有机会纵横捭阖地比较各种项目的微过程,从广阔的时间维度上理解软件及软件开发的演化,获得对软件开发理论和方法的崭新认识。而软件工程大数据为此创造了条件。

综上所述,软件工程大数据是由众多软件开发过程中的工具自然产生和记录的软件演化和参与者活动的日志,它们分散在互联网的软件仓库、软件公司以及个体的各种环境中,而且软件项目样本多、日志数据种类和格式多(结构化的和非结构化的),总体规模巨大且时刻变化。基于大数据的软件工程研究是指在获取和组织软件过程大数据的基础上,采用新的视角和分析方法,一方面重新审视软件工程的基本问题,突破原有的认知瓶颈,另一方面探讨新的历史条件下新的开发模式,探寻新的软件过程规律,从而丰富人们对软件和软件开发复杂性的认识,建立新的软件理论和方法。

6.4　数据的获取和组织

数据驱动的研究方法是对下述步骤的一个迭代:首先,获取原始数据;其次,清洗数据;再次,针对问题建立相关量度,并对这些量度进行分析得到研究结果;最后是应用和验证。获取开源项目数据主要是采用爬虫从互联网上抓取相关项目的缺陷网页、提交日志、邮件列表等。面临的主要问题是需要爬取的数据类型多、量大且数据持续更新,而且爬取活动不能对开源项目的正常运转产生过多影响(开源项目对数据抓取有严格控制)。例如,Gnome 的每个缺陷都对应两个不同的页面,因此抓取 Gnome 社区的 70 多万个缺陷就需要抓取 140 多万个页面。更有甚者,同类数据在不同开源社区中的数据格式也存在差异,例如缺陷追踪系统 Bugzilla 的缺陷信息页面,在 Gnome 社区(例如 https://bugzilla. gnome. org/show_bug. cgi? id=693295)和 Mozilla 社区(例如 https://bugzilla. mozilla. org/show_bug. cgi? id=838947)中的格式就不相同,因而需要针对不同社区采用不同的处理方式。对活跃的开源社区,为了持续跟踪项目进展,还需要定期更新所有数据。因此,虽然互联网上开源项目的软件仓库是公共的可访问的,但获取任何一个大规模项目的数据则是费时费力的(例如获取所有的 Mozilla 缺陷报告一般需要两周)。

同时,如何存储这些海量数据,以便于检索和应用分析,也是一个重要问题。例如北京大学软件所的数据池采用层次化结构存储数据。各个层次的数据互相独立,一个层次的数据在经过处理后得到下一个层次的数据。图 6-4 展示了数据的分层处理流程。

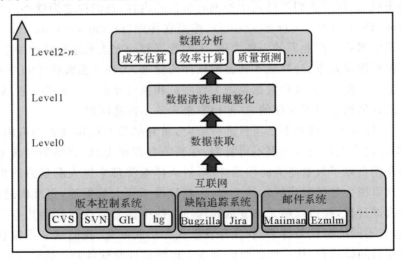

图 6-4　数据处理的分层结构

Level0 是从网络上抓取的原始数据;Level1 是对 Level0 数据的清洗,抽取所有可能有用的信息(取决于目前我们对原始数据的认知),去除冗余和噪音后得到的规整化数据,Level2 则是根据研究问题的需要,基于 Level1 计算量度得到的数据(https://passion-lab.org/

subtopic/data_gnome.php)。一般采用键值数据库(例如 Tokyo Cabinet)和文本方式存储数据,以方便检索和分析。

　　数据质量是保证研究结果真实可信的必要因素。然而,原始数据会因为各种原因而存在质量问题。例如一个项目在其演变过程中会更换版本控制系统(例如 Mozilla 就从 CVS 系统切换到了 Mercurial 系统),在更换过程中许多日志可能会遗失,造成数据不完整;人们在建立项目分支时会产生许多提交日志,如果使用提交数来度量效率,可能会有很大偏差。因此在数据清洗和建立量度的过程中,一般需要对原始数据有透彻的理解才能保证数据质量。然而,在大数据环境下,人工理解每个项目的应用领域和实践,以获得对研究结果解释的可能性较小,同时,鉴于软件过程数据有其自身特质,一些适用于其他类型数据的数据挖掘方法在此难以照搬,因此需要对传统的分析技术进行突破。对数据分析方法的研究是最近的一个趋势,例如文献[11]研究了何种样本集合是具有代表性的;文献[12]探讨了样本大小是否对缺陷预测(bug prediction)的效果有影响等。

　　围绕数据抓取、组织和应用,目前出现了一些建立软件过程数据中心的尝试。Sonar (http://nemo.sonarsource.org/)和 FOSSmole(http://flossmole.org/)主要提供(开源)项目各种维度的(统计)信息,例如参与人员、开发语言、软件许可证(license),以及代码行数统计、代码测试覆盖率统计、代码注释的比例等。美国西弗吉尼亚大学的蒂姆·孟席斯(Tim Menzies)倡导建立了 Promise Data 软件数据仓库(http://promisedata.googlecode.com),旨在为软件工程研究人员提供一个共同的公共数据平台,以组织和分享从全球各个研究组织中获得的现场数据。AVAYA 研究室的莫库斯(Mockus)曾提出建立一个公共代码资源库的设想,北大软件所联合 AVAYA 研究室建立了一个近乎开源世界全镜像的数据池(https://passionlab.org,下文称为 PAE)。若能将这些数据进行规整化,之后对其开源,一则为建立本领域的数据标准化提供一个尝试的例子,再则人们能够受惠于此。如果一个现象能够在每个项目中都得以验证,那会真正帮助我们建立好的理论和方法。30 年前,软件工程先驱柯蒂斯(Curtis)曾经说过,除非个体之间变化性的因素能在同一个数据集上进行比较,否则我们无法准确判断哪个因素是预测项目成功的最重要的变量。

6.5　基于大数据的软件工程研究

6.5.1　软件工程微工程

　　软件工程的一个核心理念是通过规范开发过程帮助提高开发效率和软件质量。然而,现实的过程模型一般是粗粒度的,例如迭代模型、极限编程等,在指导项目实践中非常依赖于实践者个体,某个项目的成功模式常常难以复制到其他项目中。因此,能否找到并量化可复制的细粒度项目的最佳实践,是软件工程研究一个十分重要的问题。这种最佳实践称为微模式(micro-pattern 或 micro-practice),是项目在完成各项特定任务(例如解决缺陷、提交代码、沟通需求、指导新手等)时所采用的方式方法或活动流程。既然软件仓库记录了软件开发和维护的大量行为,也就为理解和挖掘这种微模式提供了基础,尤其为判定结果的普适性提供了机会。例如,针对信息需求,华盛顿大学的考(Ko)等人识别出程序员从其合作者处搜寻最频繁的两类信息包括"我的合作者在干什么?(What have my coworkers been doing?)"以及"在什么情况下会失效?(In what situations does this failure occur?)"。如果能够自动挖掘并将这两类信息可视化,提供推荐,将对开发者有很大帮助。还有许多工作聚焦于理解缺陷报告的最佳实践,例如探究开源项目中的缺陷分类活动(bug triage),寻找重复的缺陷报告(duplicate bug),或者寻找最适合解决某个缺陷报告的人员预测哪个缺陷会被修复,以及哪个代码片段将发生问题等。

北大软件所目前开展的一个尝试是面向所有开源项目的所有版本历史,研究代码片断的演化历史,以期理解现实中软件代码变迁的过程,从而寻找代码复用的最佳实践。软件代码的创建、修改、分支和复用等事件构成了其历史演化。故面向 PAE 中所有的开源项目,建立了一个统一的模型来表示代码演化过程:采用基于多种特征的方法来进行代码的复用判定,并且在利用 Map - Reduce 技术来控制复杂度的基础上,分析数亿个文件的版本迭代和复用关系,达到了良好的效果。以统一模型为基础,我们设计了一个代码演化追踪工具,该工具能够追踪每一个源文件的版本迭代历史,建立不同开源工程间代码复用关系,并获取代码在每一个演化关键点的组织结构。该工具提供了代码演化相关的统一视图,可将代码演化过程中各种事件的检索抽象成该图上的操作。我们将以此代码演化图为基础,探索开源世界中源代码的演变模式。

6.5.2 社会开发复杂性的研究

学术界和产业界在软件工程领域一直致力于探讨程序员个体之间的差异,但因为缺乏相应的数据,早期的尝试失败了。目前,程序员个体差异及其协作等社会性因素再次被广泛关注,一是软件工程过去一直在研究可控制、可复制等技术因素,如今人们开始反省之前忽略的变化性最大的因素——人;二是目前许多互联网系统由大量独立系统及其背后的人们交互而成,其复杂性很难再从纯粹的技术角度来看待。例如在开源和众包模式中,分布在世界各地的开发者需要协同发布一个可用的高质量软件,这将面临大规模通信、协调和合作,由此可以看到社会化开发的复杂性。

软件社区中蕴含着海量软件数据和丰富的软件知识,如何利用它们,如何对程序员的技能、成长途径以及他们与环境的交互、环境对他们的影响进行度量,从而进一步理解群体构造的机理和演化规则,解决社会化开发的可知与可控难题,是目前人们广泛关注的热点。研究程序员个体的工作还包括程序员的成熟度模型。例如,我们研究了从哪些维度度量程序员在项目中解决关键问题的能力,他们在项目中的成长轨迹(承担哪些任务,如何逐步增加任务的难度和重要性,变成核心程序员)。基于这些度量可以评估项目中程序员的技能和效率,以及完成任务的能力与进度。我们还进一步研究了哪些关键因素会影响程序员的成熟度。当项目协作程度最高时,项目中新进人员的数量最多;当项目协作程度最低时,则新进者成为长期贡献者的概率最高。在开源项目中,如果参与者的初始缺陷报告能得到解决,则他留在社区的概率会翻倍;如果他从社区得到的关注太少,则留下来的概率将会减半。这些结果有助于开源项目的过程管理及招募志愿者。

针对群体协作,研究工作的一方面是聚焦于理解和量化协作中的问题和最佳实践。例如,卡内基梅隆大学的马塞洛(Marcelo)等人发现高产程序员会随着时间改变他们对电子通信媒体的使用,因此在协作需求与协作活动之间可达到更高的和谐一致性。我们发现在项目迁移到新的地方时,人们的组织协作结构将由产品结构决定。研究工作的另一方面是尝试建立机制和框架来协调程序员开发任务之间的依赖性。例如,Expertise Recommender 和 Expertise Browser建立了程序员和源代码之间的关系(即程序员技能浏览器),利用这个浏览器,其他程序员对于一些问题就知道应该去问谁。文献开发了一个 Eclipse 插件——Ariadne,基于代码修改信息分析软件项目中的依赖性,为程序员提供了可视化信息。

第7章　大数据时代软件工程的关键技术

随着计算机技术的不断发展,软件的作用越来越广泛,从计算、存储到整个 IT 环境,在硬件平台的基础上,越来越多的功能是通过软件实现的。大数据时代是人类社会发展的必然途径,是在人们适应和改造世界过程中的产物,是人们生产生活在网络上的投影。因此,在进行软件设计时,必须要考虑到大数据时代的整体背景。软件的发展是一个不断进步的过程,传统的结构化信息资源已经逐渐淘汰,对信息处理的要求越来越高,逐渐和网络结合在一起。

7.1　软件逆向工程

在面对大规模的软件资源使用的时候,逆向工程显得尤其重要。它可以帮助我们去更好地理解软件结构与设计,实现更好的再工程。"逆向工程"这个名词最早出现在对硬件产品的分析中,人们分析硬件产品以便改进自己的产品, M. G. Rekoffjr 将逆向工程定义为,对一个复杂的硬件系统实施有条理的检查,以开发出关于这个系统的一组规范说明的过程。在把这个概念应用到软件系统过程中,研究人员发现利用其中的许多方法可以获得对系统以及系统结构的理解。然而,对一个硬件系统实施逆向工程,一般是为了得到这个系统的复制品,而对一个软件系统实施逆向工程,一般是为了获得对这个系统在设计层次上的理解,以便于系统的维护、巩固、移植、改进。

软件逆向工程的基本原理是抽取软件系统的主要部分而隐藏细节,然后使用抽取出的实体在高层上描述软件系统。在软件工程领域,迄今为止没有统一的逆向工程定义,较为通用的是 Elliot Chikofsky 和 Cross 于 1990 年在文献中定义的逆向工程的相关术语。软件工程通常被认为是开发一个新的系统,尽管软件工程也包括逆向工程和再工程,为了避免对软件工程含义的误解,引进了正向工程的概念。

1)正向工程(forward engineering):从系统的高层抽象和逻辑上独立于实现的设计到系统的物理设计的传统过程,具体地说是从用户的需求到高层设计,再到底层设计,最后到实现的过程。

2)逆向工程(reverse engineering):对系统进行分析,以确定系统的组件和组件之间的相互作用,以其他形式表示系统,或在较高的抽象层次上表示系统的过程。值得说明的是,在对一个系统实施逆向工程时,并不改变这个系统本身,也不包括在此系统上构建新的系统的过程。

3)重构 (restructuring):保持系统外部行为(功能和语义)的前提下,在统一抽象层次上改变表示形式。

4)再工程(reengineering):通过逆向工程、重构和正向工程对现有系统进行审查和改造,将其重组为一种新形式。

5)设计恢复(design recovery):结合目标系统、领域知识和外部消息认定更高层次的抽象。其中,再工程、设计恢复不改变系统,重构改变了系统,但不改变其功能,再工程涉及正向工程与逆向工程的联合使用,逆向工程解决程序的理解问题,正向工程检验哪些功能需要增加、保留和删除、再工程改变了系统的功能和方向,是最根本和最有深远影响的扩展。图 7-1显示了这些概念之间的关系。

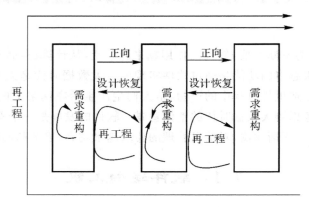

图 7-1 关系图

分析系统是指分析系统的结构及运行过程,但不管目标系统面向何种应用领域,分析系统不外乎是分析系统的静态信息和动态信息。目标系统面对不同的应用领域,要实现抽象目标系统的任务,需要领域知识和专家的经验。展现系统最好的方式是使系统可视化。

现有的逆向工程分析方法主要有以下 4 种。

1)词法分析和语法分析。该方法主要是对程序源码进行分析,得到程序信息的多种有用表示,其中最常用的就是交叉引用列表。通过语法分析可以得到两类表示:分析树(parse tree)、抽象语法树 AST(Abstract Syntax Tree),其中 AST 是更复杂的程序分析工具基础,包含了和程序的实际内容相关的细节。

2)图形化方法。图形化方法包括控制流分析、数据流分析以及程序依赖图。控制流分析是在确定程序语法结构之后进行。数据流分析关注于解决程序中从定义到使用的过程的相关的问题,比控制流分析要复杂得多。程序依赖图是数据流分析的进一步改进,比数据流分析更复杂。在程序依赖图中,控制流和数据流依赖放在一起处理,程序依赖图还具有这样的结构特性:一个程序依赖图描述了一个控制依赖的区域。

3)程序切片。切片技术来源于数据流分析方法,已经成为很多程序理解工具的基础。一个程序切片是由程序中的一些语句和判定表达式组成的集合。这些语句和判定表达式可能会影响在程序的某个位置上所定义或使用的变量的值。利用切片技术可以将关注点确定在一个较范围,而不是关注整个程序。

4)动态分析。静态分析是对程序源码进行分析。静态分析是对程序源码进行分析。动态分析则是在程序运行时进行分析,基本方法是对程序进行植入。植入是一种在全局范围内更改源代码以添加额外操作的过程。这种方法的基本原理是,利用代码的结构信息,依据固定的规则,将软件触发器添加到代码中。

软件逆向工程的研究已经有 10 多年的历史了。在国外,软件逆向工程是作为对软件维护的一部分出现的,主要是通过逆向工程理解程序,对系统进行维护、迁移和进化遗产系统。目前,逆向工程技术的重要性已经引起重视,得到了国内外学术界和商业界的广泛认同。IBM 研究中心(IBM Research)设立了"软件工程中关注点的多维分解"研究项目,研究工作已经进行了多年。逆向工程技术发展至今,已经研制开发出许多工具,下面介绍一些典型的国内外逆向工程工具。

1)Rigi。Rigi 是一个可扩展、可裁剪的逆向工程环境。用半自动的工具从软件表示中提取数据信息,将信息存入低层库中,系统被抽象为子系统的分层结构。主要由 3 部分构成:支持 C/C++,COBOL 等语言的程序静态信息解析器用于存储从源代码提取的信息的程序静态信息库以及展示和操纵程序静态信息的交互式窗口图形编辑器。Rigi 可以与一种支持面向对象动态建模的环境 SCED 协同使用,分别得出目标系统源程序的静态信息和动态信息。

2)Rational Rose /Rose RealTime/Rose/Architect。Rose/Rose RealTime(Rose I)提供的逆向工程工具,可以从多种程序设计语言源程序中自动产生静态设计模型,但目前只能逆向产生类图。Rose/Architec 是 USC(University of Southern California)与 Rational 合作开发的一种可视化工具,用于对 UML 类图中的实体进行基于规则的等价合并,以突出地呈现系统的软件体系结构成分。

3)Sniff +。Sniff +不是一个单纯的逆向工程工具,而是一个开放的、可扩展 C/C ++程序设计环境,具有逆向工程能力。Sniff +提供了一个有效而轻便的环境,用户界面友好。Sniff +适用于不能完全解析的半成品软件系统,在产生可打印的视图和浏览半成品系统等方面也具有特色。

4)Refine/C。Refine/C 是一种可扩展的、交互式反转 C 程序的工作平台,它提供了应用程序设计接口,以支持用户建立具有自己风格的源程序分析工具。在许多国内外文献中对 Refine/C 程序解析器评价很高,并认为它具有良好的可扩展性。国内的逆向工程工具主要有青鸟程序理解系统 JBPAS (Jade Bird Program Analysis System),是青鸟 Ⅱ 型系统的组成部分。JBPAS 是由一个 C++分析器前端和一组分析工具组成的程序理解系统。该系统针对 C++语言,采用增量分析技术对程序源代码进行静态分析;用 EER(Enhanced Entity Relationship)为 C ++程序建立概念模型并抽取程序信息,将信息保存在数据库中;按照不同的用户需求组织程序信息,辅助用户理解 C ++程序;逆向生成源程序的 OOD(Object - Oriented Design)文档和 Rose 文档。该系统中的面向对象测试支持工具(Object - Oriented Testing Supporter)能够利用插装技术跟踪程序的运行,以辅助测试用例的生成。

7.2 数据挖掘技术

随着软件需求的日益增长和开发技术的快速发展,软件系统的规模和复杂性急剧增长,其开发活动更加难以控制。在软件工程领域中,那些传统的定性的方法和简单的统计技术难以解决数据及信息量爆炸式增长所带来的困扰。因此,从程序、文档及相关数据集中发现规律并用以指导软件工程活动就显得尤为必要。

数据挖掘技术在软件工程领域的应用可追溯到 20 世纪 90 年代初,当时主要是用以发现一些可复用的代码。但软件系统复杂性的快速增长和数据挖掘技术的日益更新,极大地促进了该项技术在软件工程领域的广泛应用。从 20 世纪 90 年代末起,逐渐有软件工程或数据挖掘领域的学者从事这方面的研究,并通过实例证实数据挖掘技术是实现低成本、高效率完成软件工程任务的有效解决方案。直至目前,诸如 ICSE,ISSTA,ASE,FSE ,KDD 等顶级国际会议专门开设了相关议题;从 2004 年起挖掘软件资源库(mining software repositories,MSR)研讨会的成功召开标志着该方向已成为软件工程的一个重要研究分支。

数据挖掘技术在软件工程中的应用主要是采用有效的分类、聚类、预测和统计分析技术从各种软件资源库中发现潜在的知识、规则等用以反馈指导软件工程活动,以达到改进软件产品质量、提高开发效率的目的。本文以软件工程领域中的数据对象为主线,系统地介绍和对比了在程序代码分析、故障检测、软件项目管理、开源软件开发等软件活动中所运用到的数据挖掘技术。

7.2.1 面向程序代码及结构的挖掘

所谓克隆代码(clone code)就是以复用为目的进行拷贝和粘贴的代码段,有时也会作部分修改。一般在软件系统中会占到代码总量的 7%~23%。对克隆代码进行检测将有利于防止故障(fault)的拷贝性传播,还有利于软件在演化过程中的维护。克隆代码检测是在软件工程领域最早的数据挖掘需求,现已形成了多种方法,可归纳为以下几种。

(1)基于文本对比的方法。通过对比程序代码中的语句行进行判断,其后期改进主要表现在提高字符串的匹配效率,例如采用 Hash 函数技术,相应的工具有 Duploc。

(2)基于标识符对比的方法。典型的方法是对分词形成的标识符序列构造前缀树,再在此基础上作对比,该类型的工具有 Dup,CCFinder 等。

(3)基于度量的方法。对程序代码进行结构性度量,再着重考虑度量值相近的代码段是否形成克隆,这方面的工具有 CLAN。

(4)基于程序结构表示的方法。采用抽象语法树 AST(或抽象语法前缀树)和程序依赖图 PDG(Program Dependency Graph)等形式表示程序代码的语法信息,再在树或图上开展频繁子树(图)的挖掘,相应的工具有 CloneDR,Bauhaus,Duplix 和 GPLAG 等。此外,还有一些运用频繁项集、潜在语义索引 LSI 的方法和工具(如 CP - Miner)。虽然该问题提出的时间早,但目前较成熟的方法仅考虑了代码中的语法信息而忽略了潜在的语义,因此仍是知名国际会议上的重要议题之一。当前研究趋势有结合语义的查准率(precision)和查全率(recall)改进。

7.2.2 面向软件项目管理数据集的挖掘

软件开发发展到今天已经成为集开发技术、管理学、经济学、组织行为学等众多知识于一身的综合性学科。因此,当代软件开发企业除了注重软件开发技术的革新外,更注重规范、科学的管理。在软件项目管理过程中形成的文档主要有如下几类:①软件演化跟踪信息,如版本控制信息、缺陷记录等;②项目人员管理信息;③项目经费及时间进度信息;④软件开发过程记录信息等。在上述信息上开展挖掘将有利于发现软件演化规律、项目资源(人员、经费及时间)的优化配置、以及部分软件过程的复用。本文针对软件项目管理的不同类型的数据集,阐述在其之上的数据挖掘应用,并指出所带来的益处。

1. 版本控制信息的挖掘

版本控制系统(如 CVS,SVN,Visual SourceSafe 等)有利于程序修改的有序性、可回溯性以及全局统一性等,目前软件开发企业或开源组织基本上均会采用它来组织多参与者或分布式的软件开发活动。当前在版本控制信息上挖掘应用大多是挖掘软件变更历史的,并用以发现不同程序模块(子系统)间的逻辑依赖,预测程序故障的引入方式,或是预测今后的变更可能。通过上述挖掘活动,将有利于降低系统后期维护代价,便于系统逆向分析和前瞻性地预防一些因变更而引入的故障。

基于程序变更信息的挖掘为程序内部逻辑依赖分析提供了一种新途径:CAESAR 方法从分析系统的多个发布记录入手,找出软件模块之间的常规变更模式;Rysselberghe 则对变更历史数据进行可视化表示并发现一些有价值或有问题的部分来方便逆向工程活动,如发现内聚程序单元。

故障引入方式的挖掘会为软件系统的后期维护提供警示作用。Graves 等人将软件演化过程看作是"年龄"增长过程,运用广义线性模型等统计分析技术发现故障引入分布特征,他们的实验表明:基于变更历史的故障率预测比基于常规代码度量的预测更有用,并发现软件"年龄"增长一年以后其故障数将大致降至原来的 1/3。文献则通过扩展 JUnit 形成一个变更分类工具 JUnit/ CIA,该工具分别用不同颜色表征不同故障引起软件失效的可能性,可以方便开发人员快速诊断高危险性故障。挖掘工具 DynaMine 则在软件修复历史记录中挖掘一些常规的错误模式,其挖掘结果有助于软件开发者避免这些常见错误的再次引入。

后续变更的预测为项目的管理及相关决策提供重要的参考依据,较为典型的做法是在 CVS 版本控制文档上采用关联规则挖掘算法找出当前的程序变更将会引起的后续变更,Zimmermann 等人在此基础上开发出了用于版本控制信息挖掘的 Eclipse 插件系统 ROSE,该系统具有较强的适时挖掘能力,在粒度上除文件级别外还支持类、函数等级别间的关联分析能力。此外,挖掘版本库所形成的知识还有利于不同版本程序的对比,找出相匹配或近似代码。对于大型软件项目的开发来讲,所形成的版本库也是十分庞大的,聚类、搜索以及可视化等手段也常常应用到其中以方便程序变更规律的发现。

2. 人员组织关系的挖掘

在组织大规模软件开发过程中,如何协调、调度并分配人力资源也是软件工程领域的一个严峻问题。人们在解决复杂问题时往往会采用"分而治之"的思想,例如软件模块化设计就是一例典型应用。在构建一个大型复杂软件系统时,一般是数百人甚至上千人参加的一个系统工程(例如 Windows 操作系统的研发),而这些开发人员之间不可避免地通过讨论会、文档传递、电子邮件等途径产生交互,深入挖掘组织人员之间的关系将有利于小组划分、任务指派等管理活动。软件组织内部员工(以及软件客户)之间的关系网络是一种典型的社会网络,随着近年来复杂网络研究的兴起,挖掘该网络内部关系促进软件项目管理的研究已初现端倪。

早在 1968 年,M. E. Conway 就在其论文(*How Do Committees Invent?*)中给出这样一个假设(后来 Fred Brooks 在《人月神话》中称之为 Conway 定律):软件系统的结构是其开发组织结构的直接反映,如图 7-2 所示。随后,Bowman 等人分别对 Linux,Mozilla 和一个商用软件系统开展实证发现:软件概念结构、真实结构和开发人员间的关系结构三者之间表现出十分相近的结构特征。

近年来,Amrit 在 Conway 定律的指导下对由研究生组成的 4 个分布式研究小组进行问卷调查,进而形成开发成员之间、成员与任务之间的交互图,再结合复杂网络的度量指标以发现更优的任务分派策略。此外,他们还给出了组织过程结构的矩阵表达及计算方法。文献以一个大型的信息系统开发为例,通过收集 25 个小组在分析与设计阶段的实际数据发现:人员组织结构(如内聚性)是影响软件系统性能的至关重要的指标。

基于上述事实可知:对开发人员的科学组织和任务的合理分派将会给软件项目的代价、进度以及成功性带来重要影响。在这方面一个比较典型的研究方法就是对软件过程实施模拟建模。

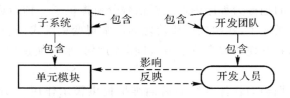

图 7 - 2　开发组织结构与软件结构的潜在关系映射

3. 经济效益及开发过程的挖掘

软件项目的成功与否一般受资金、进度和软件质量 3 方面的因素制约。关于软件质量和进度的挖掘、度量和预测等方面的研究已经较为深入,而数据挖掘技术在软件项目经济效益(代价)方面的应用则相对薄弱。早期,Barry Boehm 在对大量软件项目数据集进行统计(回归)分析的基础上提出了著名的软件工程经济学模型 COCOMO 及其改进 COCOMO Ⅱ。最近,英国学者 Bahsoon 和 Emmerich 提出了经济驱动的软件挖掘(Economics-Driven Software Mining,EDSM)的概念。他们认为从软件项目相关的数据仓库中提取的信息不仅可以用于技术层面,也可为软件系统的开发维护和演化提供投资决策。他们还进一步指出了 EDSM 的 3 个应用方向:①补充现有一般挖掘技术以实现特定的经济相关查询;②基于证据的发现,寻找表面上不相干的概念之间的潜在联系;③在挖掘过程中融合经济模型,即将挖掘结果作为模型的输入,其输出是软件开发、管理活动中要寻求的目标。软件开发往往在软件发布的时机上难以抉择:如果发布了没有充分排除缺陷的软件将会失去客户,而过于彻底的测试又会导致得不偿失。因此,在软件项目中如何找到最佳的发布时机以及发现缺陷修复代价的规律等问题一直备受关注。Ling 等人提供了一个将软件发布相关的最大获益问题转化为代价敏感学习(cost - sensitive learning)问题的通用框架,并通过大量实验发现代价敏感决策树方法是较好的解决途径。在软件故障修复代价的发现方面,Morisaki 等人发现了一系列故障特征和修复代价方面的关联规则,这些规则将会为后期维护活动提供量化指导。

软件复用发展到今天已经超出了简单的代码、测试用例复用的范畴,软件开发过程已经成为一种新的复用对象。主要从历史项目中挖掘软件项目成功的子过程、控制策略等或是从失败的历史项目中找到反面警示。目前,国内外在软件过程的挖掘与复用方面尚处于起步阶段。已出现的成果均是在历史项目控制数据集中逆向建立可供后续参考的过程模型:例如,中科院软件所 Internet 软件技术实验室提出了从历史项目数据中自动构建过程代理(process - agent)的技术;荷兰的 Rubin 等学者给出了从软件配置管理系统中挖掘形成软件过程模型的框架。

7.2.3　面向开源软件项目的挖掘

随着网络的快速发展与普及,以及全局软件开发和开源意识的增强,Web 环境下开源软件(Open Source Software,OSS)的发展非常之快。仅以 Source Forge 为例,目前已经超过 15.7 万个开源项目,近 168 万个注册用户。由于 OSS 的开发模式跟传统的商用软件存在很大不同,开发环境是开放式的,项目参与者也是动态变化的,正由于这些原因使得 OSS 项目的控制和管理变得异常困难。而数据挖掘技术在开源项目中的应用将有助于规律的发现,进而提高 OSS 的质量。

由于 OSS 是 Web 上可供利用代码的主要对象,怎样准确、高效地检索开源系统中的代码是代码检索领域中的研究重点。OSS 之间共用代码是非常普遍的情况,有实验研究表明有50%以上的文件应用到两个以上的开源项目中。因此,在克隆代码检测方面除了检测单个 OSS 内的重复代码外,发现 OSS 之间的代码克隆也十分必要。显著的有,日本大阪大学的 Livier 等人在 CCFinder 的基础上设计了一个分布式克隆代码挖掘系统 D-CCFinde,既可实现大规模系统的挖掘,还可以实现多个开源项目的全局挖掘。

开源项目的开发环境是全局、动态和开放的,因此对该类软件的开发过程管理将有别于传统的软件。一般而言,成熟的开源项目对参与到其中的开发者的活动、错误报告以及软件的使用等均有比较完整的记录。参与其中的开发者形成的是一个典型的社会网络,由于其开放性将导致参与的人员不断发生变化,对其动态演变性等网络特征的挖掘将会促进开源项目的高效管理。例如:英国牛津大学开发的 Simal 系统能对开源项目的开发者及使用者进行系统化地跟踪管理。此外,由于开源软件的开发模式相较传统软件发生了很大变化,关于 OSS 项目的代价估计问题也是一个重要的研究方向。开源项目的一个重要特征是其故障资源库、版本变更信息以及代码库等均是公开的,因此目前大多数研究人员采用它们作为实验数据集。

7.3 遗产软件系统的重构

遗产软件系统是一个较新的概念,还没有一个严格统一的定义,一个比较正式的定义是这样描述的:随着计算机技术的广泛使用,出现了一些难以维护和进化的大规模的复杂软件系统,称之为遗产软件系统。这些系统一般经历了数十年的应用积累,同时这些系统的规模越来越大、功能越来越复杂,它们积聚了大量的领域知识,包括需求、设计、业务规则、历史数据等等,因而这些系统有着巨大的重用价值。

软件重构是实现软件重用的一种基本方法,软件重构或重用已成为计算机科学的普遍问题和基本目标。在软件项目的开发过程中,用于改善和维护系统的人力和时间所占的比例越来越大,利用已有的软件系统服务于新的业务需求,已经成为软件工程的另一个重要发展方向。在此基础上,遗产软件重构的概念开始出现,并且其在软件生产过程中充当越来越重要的角色。

新系统的开发可以完全抛弃遗产软件,在零的基础上进行重新开发。这样无论在费用、开发周期、开发风险上都会面临着很大的挑战。在大数据时代,无数的遗产系统则是一笔非常巨大的财富,如果利用遗产软件资源对软件进行重用,则可以明显地减少费用、缩短开发周期、降低开发风险。挖掘遗产软件中的可用价值,并把先进的信息技术融合进遗产软件中,是对待遗产软件系统的积极方式。通过此种方式可以使遗产软件系统具备更高效的操作方式、系统能力、新的功能,并且是以较低的成本、较短的时间、较低的用户风险完成的。

目前对待遗产软件系统的方法基本可分为再开发(redevelopment)、打包(wrapping)和移植(migration)三大类。

(1)再开发方法主要可以分为重新开发和反向工程两类。重新开发是解决遗产软件问题的一种基本方法,这种方法抛弃了原有系统的代码,从零开始重新开发整个系统。反向工程又可以分为黑盒方法和白盒方法。黑盒方法一般是通过打包遗产软件及相关环境为一个软件层来隐藏遗产软件复杂的具体实现过程,同时提供了一个现代化的接口。在白盒方法中,是通过对遗产系统的深入分析来获取业务逻辑。白盒方法一般包括基于数据库的反向工程和基于程序的反向工程两种方法。基于数据库的反向工程方法相对比较成熟,可以借助一些辅助工具来较好地实现。基于程序的反向工程方法要求深入分析并理解遗产系统的体系架构,使得新的体系架构能够满足新的需求并消除遗产软件的一些缺陷。

(2)根据打包的内容,打包方法一般可以分为基于用户界面打包、基于数据打包和基于功能打包3种方法。基于用户界面的打包方法是根据遗产系统中的用户界面映射为新系统的用户界面。基于数据的打包方法是在遗产系统的数据结构的基础上来开发的,从而使得原有的数据可以应用到新的系统当中来,基于数据的打包又可分为数据库网关方法、XML集成方法和数据复制方法等等。基于功能的打包方法在利用原有数据的同时还考虑了遗产系统中业务逻辑。基于功能的打包还可细分为组件打包方法、面向对象打包方法和公共网关接口集成方法等等。

(3)移植方法基本上可以分成基于组件的移植方法和基于系统的移植方法。前者是先把大型的遗产系统分解成独立的组件然后对组件进行个别地移植。在整个过程中必然有遗产系统与新的系统并存的一个过渡时期,对待这个问题一般有两种策略,即协同操作和并行运行。当然这两种策略都需要数据的共享,可以通过数据库网关、复制或者将独立的域划分成小的片段来逐渐移植等方式来实现。而后者则是把整个遗产系统及数据的移植到新的系统作为一个步骤。基于系统的移植可以分为无增值的移植和有增值的移植两类,两者的本质差别在于是否存在用户界面、数据库、程序代码等方面的改进。计算机技术的发展为解决遗产软件系统的重构问题提供了各种不同的方式以及大量的方法,遗产系统重构的现状可以归纳如下:

1)再开发方法通常被大多数组织机构认为是风险最大的。

2)大型遗产系统的基于过程组件的反向工程仍未得到解决。

3)基于数据库的反向工程方法已经相当成熟,已有不少成功的实践应用。

4)打包方法仅是暂时解决了当前问题,并且加重了系统维护和管理的难度。

5)成功的遗产系统重构方法还很少,很多重构工程都不是很成功。

7.3.1 再开发

CORUM方法的基本思想是用统一标准化的方式来实现再工程信息的交互并最终创建一个齐全的并且能够共同使用的再工程工具集。然而这个方法主要关注的是在代码层的再工程,注重的是抽象语法树、控制流程图、数据流程图的创建及处理,而忽略了软件体系结构以及支持体系结构的工具集等方面的考虑,导致了体系结构标准化程度低、开放性差等。卡内基梅隆大学软件工程研究所在CORUM方法的基础上提出了CORUM Ⅱ模型,这是一个基于体系结构的再工程过程和前向工程过程的集成模型,弥补了CORUM方法在体系结构及其相关方面的考虑不足,他们将这个模型主要分为代码和体系结构的恢复以及一致性评估、体系结构的转换、基于新体系结构的扩充,包括高层的详细设计等3个步骤,但是该方法并没有提供详细的工作过程及过程执行的细节。

MaRMI - RE方法是韩国电子与通信研究院在CORUM Ⅱ模型的基础上建立的,重点考虑了在分布式环境下遗产软件体系结构的标准化及开放性的重要性,他们提出通过规划、逆向工程、构件化及部署四个阶段来完成其遗产系统重构的工作。使其能够在当前的技术环境下,更好地适应层出不穷的业务要求和需求的不断变化,同时实现体系结构的清晰明了及系统较好的可重用性。OSET 是从遗产系统接口的角度提出了一种对象结构提取的方法。这个方法可以通过接口使用情况的分析、接口对象划分、对象结构建模、对象模型集成四个步骤来完成,这种方法能够高效地分析和理解遗产系统信息并将其应用到新的目标系统当中。

7.3.2 打包

在基于组件的遗产系统重构过程中,打包和重用一直都比较费时并且效率低下,EJB 模型主要研究了组件打包的自动化问题,他们还提出用功能限制和打包系统架构的方法来了解业务规则。这种方法在增加系统的可重用性的同时降低了整个重构过程的风险。

面向服务计算的遗产系统中的表格移植是一项极具挑战性的任务,这种移植要求系统接口能够和 Web 服务进行交互。在文献中介绍了一种打包方法,用来实现在遗产软件移植过程中把系统中的交互功能转换成某种 Web 服务,这种包就相当于一个有穷自动机的某个解释程序。文中还提出了一个实现用户与系统交互的智能模型,这个模型是用反向工程中的黑盒技术来实现的,在移植过程和软件体系架构中,遗产系统的功能是以 Web 服务的形式作为输出的。把一些面向服务的体系结构应用到某些特定的领域,是遗产系统打包中的一个普遍问题。针对这一问题,文献提出了最小公分母接口、最受欢迎接口和协商接口三种设计模式,这三种模式都是先为遗产系统集成一些特定的服务,然后把这些服务规范化为一些数据模型和术语的形式。该文还用一个电子商务中的实例介绍了这三种模式的综合应用。

7.3.3 移植

Brodie 和 Stonebraker 提出了 Chicken Little 方法,在这个方法中突出强调了一个通过利用复合关口来实现移植的策略,这种方法虽然能够很好地实现遗产信息与目标系统信息的操作一致性,但是这种方法只能适应于小型遗产系统信息的移植,因为随着系统规模的不断增大,在移植的过程中就越有可能会造成某些信息的丢失。在 Chicken Little 方法的基础上,文献中提出了一个移植遗产软件信息的 Butterfly 方法,这一方法提出用自由关口取代 Chicken Little 方法中的复合关口,以提高移植过程中系统信息的独立性。Tilley 在综合考虑工程、系统、软件、管理、进化、维护等多方面的基础上提出了在遗产软件重构过程中使用框架的思想,从而使得在目标系统开发的同时能够保证遗产软件的正常运行,但是由于使用的框架是在一个非常高的层次上构造出来的,因而不能很好地应用于实际当中,同时这种方法还忽略了遗产软件中数据的移植。文献提出了一种能减小遗产系统移植的复杂性的新方法。他们认为综合应用过程动态分析、软件可视化、知识恢复和分治方法,可以较好地处理遗产系统移植过程中的复杂性问题。SGF 方法选择了基于组件的开发和聚类技术来进行面向栅格的移植,遗产系统中的程序理解则是通过反向工程中的程序转换方法来完成的。这个方法侧重考虑了通过代码分析来实现重用和在栅格平台上进行遗产系统的移植。

中国科学院计算技术研究所智能信息处理重点实验室史忠植等人提出了 AGrIP 方法,主体网格平台 AGrIP 架构在信息丰富的互联网上,是由底层集成平台 MAGE、中间软件层和应用层共同组成。AGrIP 是一个高度开放的软件环境且其结构可以动态地变化,它是一个规模和复杂性不断扩大的松耦合的计算机网络,同时也可以被看成是一个大型的分布式的信息资源。在这个方法中他们提出了一个通过 AGrIP 这个主体网格智能平台来实现分布系统集成的新途径,创建了网络信息时代软件系统发展的新模式。

7.4 软件产品线

7.4.1 软件产品线定义

软件产品线起源于 1976 年 Parnas 对程序族的定义。即对程序族的定义为一组有着广泛公共属性的程序集,它们的公共属性值得优先研究和分析。1996 年,在项目中给出了产品线定义产品线是一组相似系统组成的系统族。这些系统的组成元素和功能具有公共性和变化性。产品线可以是一系列不同的产品,也可以是一个具有多年生命周期和多个配置、版本的单个产品。Bass 等人将软件产品线定义为软件产品线就是一个公共软件资源集合基础上建立的,共享同一个特征集合的系统集。Jan Bosch 将产品线定义为一个软件产品线是由一个产品线体系结构、一个可重用组件集合和一个源自共享资源的产品集合组成,是组织一组相关软件产品开发的方式。

SEI 对软件产品线的经典定义为软件产品线是一组具有公共的、可管理的特征集的软件密集系统的集合。这些系统能够满足特定的市场或者任务领域的需求这些系统是在公共核心资源的基础上,遵循一个预描述的方式开发的。

软件产品线的上述定义强调了以下两点软件产品开发受到预描述方式的约束软件产品是从一组核心资源建立而不是单独开发。因此,如图 7-3 所示,软件产品线可以看作具有公共核心特征平台和一组不同特征变化部分的产品集合。

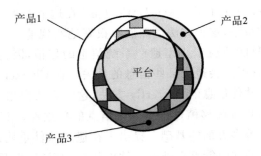

图 7-3 产品线的软件平台

7.4.2 软件产品线过程模型

STARS 定义了软件产品线最初和最简单的过程模型。如图 7-4 所示,该模型包括两个生命周期领域工程和应用工程。

领域工程的主要任务是通过识别给定领域或相似产品的公共结构和特征,开发产品线内产品的公共资源。公共资源不仅包括共享软件组件,也包括文档模板、需求规格说明,测试用例等。领域工程包括三个阶段领域分析,领域设计、领域实现。在领域分析阶段,首先分析和确定产品线范围,即定义和确定那些产品和特征属于该产品线。接着,分析产品线内产品需求和特征的公共性和变化性,建立领域模型。在领域设计阶段,根据领域模型设计软件产品线体系结构。最后在领域实现阶段,设计和开发共享组件等软件产品线的公共资源。

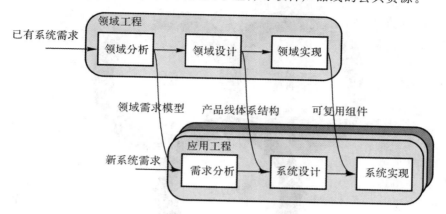

图 7-4　生命周期领域工程和应用工程

应用工程则是在领域工程生成的公共资源基础上,开发特定产品。与普通单个产品开发不同的是,在产品线环境的软件开发中,不仅仅考虑客户需求,也要受产品线公共资源约束。应用工程 3 个阶段为需求分析、系统设计和系统实现。STARS 的双生命周期模型定义了典型的产品线开发过程的基本活动,各活动内容和结果以及产品线的演化方式。这种方法综合了体系结构和软件复用的概念,在模型中定义了一个软件工程化的开发过程,目的是提高软件生产率、可靠性和质量,降低开发成本,缩短开发时间等。当前,大多数产品线过程模型都是在公共资源基础上发展的。

在 STARS 模型中,产品线体系结构有着重要的作用,是产品线成败的关键。一方面,基于产品线体系结构设计和开发可复用组件。另一方面,通过定制和实例化产品线体系结构,获取产品线内部各个成员的体系结构以及最终产品。对产品线体系结构描述、组装、精化、分析的等技术研究,能够提高和改进产品线体系结构设计质量,是软件产品线技术研究的重要方向之一。

7.4.3　软件产品线方法

软件产品线工程实践取得成功后,众多组织和学者积极开展软件产品线方法的理论研究。软件产品线工程,PuLSE,KoBro,FAST,Wheels,GenVoca,RSEB 等多种产品线方法被提出,并应用于指导产品线实践。这些方法各有特点,侧重于解决软件产品线的不同问题。下面介绍其中几种主要的产品线方法。

1. 软件产品线工程

卡内基梅隆大学软件工程学院是从事软件产品线研究最活跃的学术团体。以产品线实践为主要研究方向,目的是以其对软件工程实践的研究为基础推动和促进软件产品线技术的发展。从年起,多次组织和召开软件产品线的实践和学术研讨会议,并不断修改和完善所制定软件产品线实践框架。认为软件产品线开发过程包括如图 7-5 所示 3 个主要部分。领域工程主要完成产品线范围定义,需求规约、体系结构、组件和测试用例等核心资源的开发,以及制定产品计划应用工程则开发领域内的特定产品管理则负责产品线组织结构和人员的管理,以及协调产品线开发过程中的相关活动。

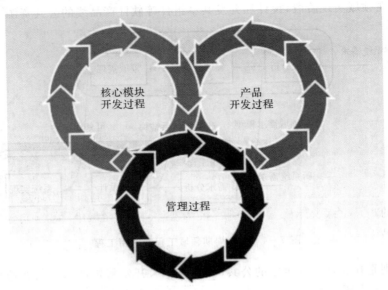

图 7-5 产品线过程模型

2. PuLSE

PuLSE(Product Line Software Engineering)是德国开发的一个软件产品线框架,它支持整个生命周期的构造、使用和演化期,主要由配置发布阶段、支持组件和技术组件3部分组成。配置发布阶段给出产品线生命周期的逻辑阶段,指出建立产品线所需活动。技术组件由针对软件产品线不同方面的技术、方法和支持工具等组成。支持组件包括项目管理、组织结构和质量评估三个方面的支持功能。产品线实施者可以根据具体情况的不同选择相应的组件分别实施。

3. KoBro

KoBro 是一个面向中小型软件组织的产品线方法。它综合了一些先进的软件工程技术,包括产品线开发、基于组件的软件开发、框架、架构为中心的检验、质量建模和过程建模等。

KoBro 采用面向对象技术对方法进行定制。框架工程活动对应于构造阶段,应用工程活动则对应于使用阶段。框架工程活动的目的是创建和维护一个框架,这个框架包含组成产品线的所有产品变量,包括它们公共和独特的特征信息。应用工程活动的目的是对框架实例化,创建一个特殊的产品线实例。每个裁减去满足不同客户的特殊需求,随后去维护这些具体变量。

KoBro 支持模型驱动的开发,采用图描述框架的组件。这使组件是独立于实现的。组件规约包含 4 个模型结构模型,行为模型,功能模型和决策模型。其中结构、行为、功能模型描述了通常的组件规约,而决策模型包含有关不同应用模型变更的信息和描述了组件不同变量。

4. FAST

贝尔实验室提出了面向产品线的抽象、规约和转化方法——FAST 方法。它实际上是一个包含领域鉴定、领域工程和应用工程的反复迭代的面向过程的产品线开发方法。其中,领域鉴定用于确认软件产品线开发的商业价值。领域工程由领域分析和领域实现组成,主要负责领域定义、开发应用建模语言、开发应用工程环境和应用程序生成方法。应用工程则利用领域工程产生的应用工程环境和方法构建产品,并且将其反馈信息送回领域工程以便对领域分析和应用工程环境做出必要的调整。

7.5　群体软件工程

从软件工程学科发展来看,近十年来出现的面向服务的软件工程,简称软件服务工程,是以服务为基本单位,支撑服务的共享与快速构建(协作组合建模)、随需而变、分布式应用、互操作性虚拟化管理、维护及废弃的软件工程。其特点是,将互联网中的软件虚拟化(隐藏软件的具体实现细节),强调松耦合、互操作,解决分布、动态变化的情境和异构环境下数据、应用、系统集成与协作的难题。在云计算、移动互联网、大数据等新兴领域中已得到广泛应用。在移动互联网兴起过程中,苹果公司创造了软件应用开发、使用和销售的新模式,激发了安卓、Chrome 等一批应用商店的蓬勃发展,软件产品的规模和使用人数也以前所未有的速度增长。截至 2013 年底,苹果应用商店中的应用数量仅在美国就突破 100 万个。美国 Top Coder 公司旗下的开发社区拥有超过 60 万名注册用户。对于美国在线委托的通信后端系统的开发任务,TopCoder 采用竞争性的群体软件开发模式,把系统分成 52 个部分,在开发社区招标。传统软件工程方法需要 1 年完成的任务,他们只耗时 5 个月就完成了,而且相对每千行代码不超过 6 个错误的行业要求,该系统完成后经测试发现每千行代码只有 0.98 个错误。

从以上两个典型案例可以看出,在网络化、服务化的环境下,软件开发从封闭走向开放,开发人员从精英走向大众,通过分享、交互和群体智慧,进行协同开发、合作创新、同行评审和用户评价,生产低价高质的软件。中国科学院院士李未认为,面对超量的信息系统,采用群体开发、群体竞争的研发方式,可称之为"群体软件工程"。

基于开源社区的全球协作模式一直被认为是开源软件获得成功的重要因素之一。因此,开源社区中开发者的参与动机、组织结构、合作模式等一直是研究人员关注的焦点。克劳斯顿(Crowston)等人分析了 SourceForge 上的 120 个项目,根据缺陷追踪系统中的通信交互,研究项目组的构成,没有发现典型的通用组织结构。为了更好地描述和模拟大规模的开源社区结构,一些研究者开始使用社会网分析方法处理收集到的数据,发现一些项目组有高度集中的组织方式。对于规模较大的项目,其开发组的交互结构从最初的星形逐渐向"核心成员-外围开发者"模式转变,并展现出更多的模块化特征。类似的组织结构是否是真实的开源软件项目更高效、更易发展的原因,还有待深入研究。

除了上述开源软件的典型开发方式,群体软件工程更强调基于众包的开发方式。由于众包是一种分布式的解决问题的方式和生产模式,不管是开源软件还是商业软件都可以利用互联网分配工作、发现创意或解决技术问题。因此,在软件生命周期的各个阶段,研究人员都尝试使用众包的方式来解决传统软件工程方法无法解决的问题。例如,利姆等人开发了StakeSource 工具,利用众包和社会网络对涉众进行分析,确认潜在的需求并对需求进行优先级排序。洛佩斯等人针对企业 IT 服务交付,提出使用众包来发现特定专家、构建虚拟团队、提供基于任务的服务,从而在企业内部更好地执行知识密集型任务。

7.6　密集型数据的科学研究

软件工程产生密集型数据,包含海量的历史密集型数据与流式密集型数据。例如,世界最大电信数据仓库的数据已超过 1 200 TB,世界最大电信业务流程——企业业务流程管理(Business Process Management,BPM)存储已超过 4 万个,中国移动通信拥有超过 8 190 个业务流程碎片、大量的标准化业务流程以及办公自动化流程。1984 年,图灵奖得主尼古拉斯·沃斯(Niklaus Wirth)提出"程序＝算法＋数据结构",关注的是程序的正确性和效率,数据被忽视了,因此有"数据围绕程序转"之说。1983 年,笔者在《计算机软件工程学》一书中提出"软件＝程序＋文档",指出软件的核心是文档体系(包含统一规范、工程系统数据、开发组织协作信息等),注重依据软件工程化产品化的文档质量与标准化开发软件。因此出现了软件工程中所谓"软件围绕数据(文档)转"之说。其积极意义是,推动了软件开发文档(逻辑、数据)规范化与标准化,提高了软件产品开发质量。

以众包软件服务工程为例,国际上已经开始高度关注众包软件服务工程中的密集型数据与流式数据,特别是在线服务产生的密集型数据与流式数据,如图 7-6(a)所示。如何将这些密集型数据的分析作为服务(Analysis as a Service,AaaS)、价值作为服务(Value as a Service,VaaS)、平台作为服务(Platform as a Service,PaaS)、基础设施作为服务(Infrastructure as a Service,IaaS),已成为大数据时代软件服务工程研究的难题。

从众包软件服务工程这一创新发展形态来分析,如图 7-6(b)所示,无论是服务消费方、众包服务开发提供方,还是平台管理与运营方,都存在着离线的密集型数据与在线的流式密集型数据。例如,数十万众包开发者的 GB 级版本信息、PB 级的用户在线行为数据与 TB 级的沟通信息、PB 级的应用数据,平台管理与运营方的百/千万级代码量、GB 级开发文档、TB/PB 级运行日志等。

这些密集型数据直接推送、左右着软件服务生命期(需求浮现、需求理解与分析、需求协同建模与设计编码、众包测试与评判、服务效能或废弃等),直接影响和决定着众包软件服务协作开发与生产运营、管理是否成功。这些密集型数据及其动态分布、异质异构、价值隐藏、动态交互阵发的复杂演化是情境鲜活的、有情感的原生态大数据。从本质上讲,它们只是内容多少的模量描述,往往缺乏内容标识,缺少语义化单位矢量。因此,创新的思维与研究方式不是陷入密集型数据的客体(原生数据),而是研究密集型数据的主体——数据所属领域或主题的专家,是密集型数据制造者、传播者、消费者、群体用户、管理与运营者等众包、网聚的群体智慧,从而形成面向领域与主体的知识。以知识为核心,研究密集型数据生命期信息学流程,推送软件服务生命期;研究内容标识及其语义化基本矢量,组织领域与主体的知识以及价值服务工程数据;研究异构价值服务交互阵发的语义互操作管理机理。在此基础上,面向领域与主体的知识,研究软件服务生命周期密集型数据的分析应用的关键技术,从而体现出众包软件工程是围绕大数据开展的。

2007 年,已故图灵奖得主吉姆·格雷(Jim Gray)在他最后一次演讲中,描绘了关于数据密集型科研发现的"第四范式(fourth paradigm)"的愿景。他提出需要研究第四范式的统一理论与方法,强调构建面向领域的大数据知识存储在计算机中的重要性。事实上,采用传统的第一、二、三范式的方法,直接研究密集型数据本身(即数据的客体)已经无法进行模拟推演,无法通过目前的主流软件工具在合理时间内撷取、管理、处理并整合成为具有积极价值的服务信息。2012 年,中国工程院院士李国杰指出,将大数据科研从第三范式(计算机模拟)中分离出来,单独作为科研第四范式。原因在于其研究方式不同于基于数学模型的传统研究方式。这不仅是科研方式的转变,也是人们思维方式的转变。做法是先采用第四范式,等领域知识逐步丰富了再过渡到第三范式。那么,大数据时代探索软件工程科研第四范式的方法论是什么?基本方法是什么?架构是什么?拟解决的关键科学问题又是什么?这些值得我们从软件工程发展的关键技术层面进行深入思考。

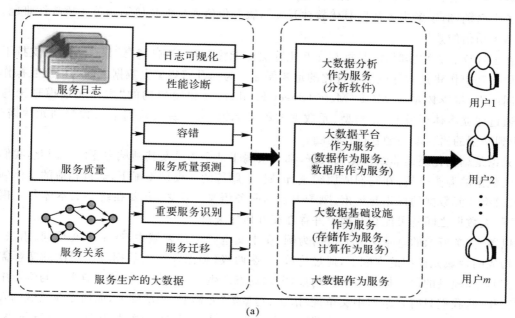

(a)

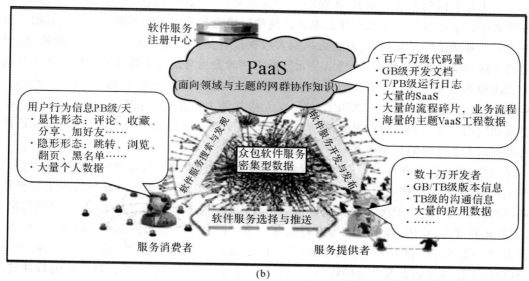

(b)

图 7-6 密集型数据

(a)软件服务工程中的密集型数据;(b)众包软件服务开发中离线的密集型数据与在线的流式密集型数据

　　学术界拟解决的关键科学问题是：大数据整合驱动的软件服务价值发现。面对密集型大数据，传统的数据生命期信息学流程是数据—信息—模型—模拟推演，因为大数据无法建立模型进行模拟，第三范式的模式已不再适应，将演变为密集型数据生命期信息学流程，即数据—信息—知识—价值服务—策略意义这样的第四范式新模式。在新模式中，研究数据整合驱动的知识、需求度量的价值(requirement is the measure of value)及其情境约束与策略决定的意义选择等，其中，知识—价值服务是核心。面向密集型数据整合服务的领域主题知识，研究密集型数据的分析、组织、管理与应用的理论与方法，支撑密集型数据生命期信息学流程驱动软件服务生命期，对于解决大数据时代软件开发与服务价值发现的科研第四范式挑战性难题，将取得事半功倍的效果。

　　在云计算和大数据时代，数据与交互比算法更能深刻地影响计算结果。大数据支持下的全方位交互协作将是软件成功与进化的重要保证。为提升密集型大数据之间的语义互操作性和协同能力，将本体融入 MOF(Meta Object Facility)元建模架构的"本体元建模理论与方法"，通过建立本体到模型、元模型、元数据的语义标识，可解决大数据中从数据到元数据(语法)再到模型的语义增强型互操作问题。

　　无论是结构化还是非结构化大数据，都是隶属于某个领域及其领域主题的。因此，我们应该从大数据的源头分析，在它们所属领域、论域、主题等的元模型支配下，通过相应的本体到元模型、模型或元数据的标识与约束，赋予大数据服务语义。反之，只要在统一的本体与元模型约束下，大数据之间就可能相互理解并存在交互协作关系。

　　以图 7-7 所示的电子文件大数据为例，在中文电子文件领域中，在由中文单词、语法、句型等构成的领域元模型的支配下，通过论域、主题两级(根据复杂大数据分割层次的实际需要可扩充)本体模型的语义标识与聚类约束，可以动态产生中文电子文件的大数据。与学习中文的过程相同，我们只有在掌握中文单词、语法、句型等"元模型"的基础上，面向专业领域的知识或者进一步具备面向主题的知识，才能写出专业论文，大家才能阅读、相互理解、交流与协作。这种符合语言学习习惯与认知规律的本体元模型架构为我们处理中文电子文件大数据提供了第四范式的基础架构。又如，在对金融风险大数据进行刻画与表示时，由金融风险模型、面向主题的金融风险元数据(数据表项)以及元数据之间的关系与语义推理规则构成的本体共同形成金融风险大数据刻画的本体元模型架构，有望在提升可扩展商业报告语言(eXtensible Business Reporting Language, XBRL)的语义互操作能力方面得到推广应用。本体元建模方法已成功应用于我国制造业信息化等领域的软构件库语义互操作管理与服务平台，并通过规模化推广产生了良好的经济效益。

　　在大数据时代下，软件工程的发展涉及到多个领域，需要具备高度的专业性和实践性。在软件工程中，要在实践中进行研究，而不是在研究中进行实践，核心在于如何对传统的软件理论进行创新突破。其中就涉及有关大数据第四范式的理论和研究方法问题，如何将其与第一、二、三范式的理论、算法、技术标准等进行融合。大数据在最初提出时具备 3 种特征：体量、增速和多样。随着时代的不断发展，大数据的特征也越来越多，如价值、真伪性、可证性、可变性等，对软件工程的发展有着重要的影响。在软件工程的研究中，要不断创新传统的软件技术，解决限制软件工程发展的客观条件，结合互联网的发展，对大数据时代下的密集型数据进行有效的处理，促进行业发展。

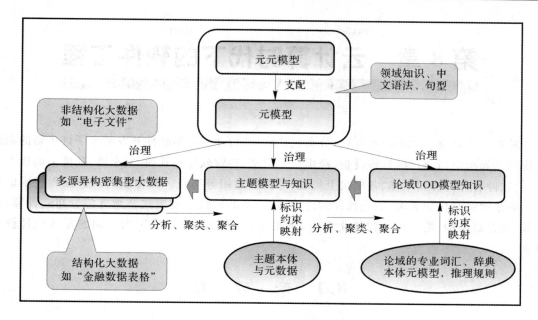

图 7 - 7 密集型大数据刻画与表示的本体元模型

第8章 云计算时代下的软件工程

随着云计算技术的兴起和发展,分布式计算、并行计算等给软件开发带来了许多新的问题和挑战。如跨空间、跨时间、跨设备、跨用户的共享,导致软件在规模、复杂度、功能上的极大增长,使软件有异构协同工作、各层次上集成、可反复重用等特点。而传统的软件工程技术已经不能满足网络时代的需求,适应软件的这种需求,新的软件开发模式必须支持分布式计算、浏览器/服务器结构、模块化和构件化集成,使软件类似于硬件一样,可用不同的标准构件拼装而成。

8.1 云 计 算

云计算(cloud computing)是分布式计算技术的一种,其最基本的概念是,透过网络将庞大的计算处理程序自动分拆成无数个较小的子程序,再交由多部服务器所组成的庞大系统经搜寻、计算分析之后将处理结果回传给用户。透过这项技术,网络服务提供者可以在数秒之内,达成处理数以千万计甚至亿计的信息,达到和"超级计算机"同样强大效能的网络服务。

1. 狭义云计算

提供资源的网络被称为"云"。"云"中的资源在使用者看来是可以无限扩展的,并且可以随时获取,按需使用,随时扩展,按使用付费。这种特性经常被称为像水电一样使用 IT 基础设施。

2. 广义云计算

这种服务可以是 IT 和软件、互联网相关的,也可以是任意其他的服务。这种资源池称为"云"。"云"是一些可以自我维护和管理的虚拟计算资源,通常为一些大型服务器集群,包括计算服务器、存储服务器、宽带资源等等。云计算将所有的计算资源集中起来,并由软件实现自动管理,无须人为参与。这使得应用提供者无须为烦琐的细节而烦恼,能够更加专注于自己的业务,有利于创新和降低成本。

有人打了个比方:这就好比是从古老的单台发电机模式转向了电厂集中供电的模式。它意味着计算能力也可以作为一种商品进行流通,就像煤气、水电一样,取用方便,费用低廉。最大的不同在于,它是通过互联网进行传输的。

云计算是并行计算(parallel computing)、分布式计算(distributed computing)和网格计算(grid computing)的发展,或者说是这些计算机科学概念的商业实现。云计算是虚拟化(virtualization)、效用计算(utility computing)、IaaS(基础设施即服务)、PaaS(平台即服务)、SaaS(软件即服务)等概念混合演进并跃升的结果。

总的来说,云计算可以算作是网格计算的一个商业演化版。早在 2002 年,我国刘鹏就针对传统网格计算思路存在不实用问题,提出计算池的概念:"把分散在各地的高性能计算机用高速网络连接起来,用专门设计的中间件软件有机地黏合在一起,以 Web 界面接受各地科学工作者提出的计算请求,并将之分配到合适的节点上运行。计算池能大大提高资源的服务质量和利用率,同时避免跨节点划分应用程序所带来的低效性和复杂性,能够在目前条件下达到实用化要求。"如果将文中的"高性能计算机"换成"服务器集群",将"科学工作者"换成"商业用户",就与当前的云计算非常接近了。

8.2 云时代下软件开发新格局

8.2.1 软件无处不在

在 IT 行业,软件扮演着越来越重要的角色。在工信部制定的《软件和信息技术服务业"十二五"发展规划》里明确规定,到 2015 年我国软件和信息技术服务业收入将突破 4 万亿元,占信息产业比例达到 25%。近日,工信部网站公布的数据显示,我国软件和信息技术服务业持续稳中有落态势,全行业效益持续好转,人员和工资总额保持稳定。软件业实现利润 2 126 亿元,同比增长 25.5%。

软件被用于创建更加高效的世界,云时代,软件开发应对新格局云计算是塑造未来行业的主要趋势,通过云计算来交付软件则是非常重要的方式。驾驭以云计算和移动互联网为基础的信息大爆炸的发生,与无数移动设备、物联设备实现通信,同时,软件还不断促进产品差异化,为全球市场提供服务。现在全球经济体的发展和创新越来越依赖软件的发展,如图 8-1 所示,无论是在系统工程领域,还是在其他科学研究领域,全球创新在很大程度上都是以软件的开发、变更和监控为基础的。

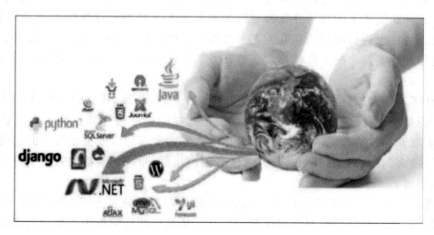

图 8-1 被软件包围的地球

软件定义的网络、软件定义的存储、软件定义的数据中心等又再次把软件推到了风口浪尖。如图 8-2 所示,"软件重塑 IT"已经成为可以和"云计算、大数据、物联网、智慧地球"等媲美的 IT 行业热门词汇。

越来越多的企业更加注重自身软件和系统交付的能力,无处不在的软件成为实现创新发展的基石。"服务多租赁化、平台可伸缩性,以及资源虚拟化"这是被大家普遍认可的云计算的特性,这些云计算特性主要是靠软件来实现。比如,资源的虚拟化,虚拟化的实现必须靠软件的变化来实现,否则,无限和有限的资源便无法实现无缝衔接。软件在云计算时代将更加普遍存在,其作用也会更加举足轻重。

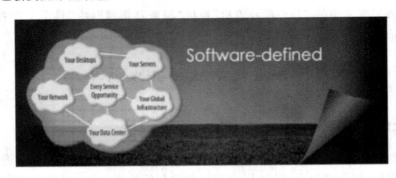

图 8-2 软件定义的世界

8.2.2 "云"改变软件开发

企业的云应用正从 SaaS 向 PaaS 和 IaaS 方向发展。用户需要可以结合自身企业特点的开发、测试、在线部署等功能的软件产品。而这就对云计算时代的软件开发提出了新的要求,软件开发人员要在架构设计上具有新的思路,要让软件能够实现从私有云向公有云的无缝迁移。

(1)云计算时代的软件是运行在云平台上,并具有在线租赁、可伸缩性、按需定制等特性的软件。云计算下的软件开发打破了软件开发商与用户的二元格局,第三方云计算中心的作用更加重要。云计算模式下的软件开发和运行环境基本上都是由云计算中心来架构的,这些资源按照开发者的要求进行配置。在开发者一端省去了硬件设施架构、运行环境调试等工作,只需一个浏览器和一些简单的工具就可以实施开发。开发完成之后的测试以及运行和维护也全部由云计算中心负责。

(2)云计算改变着软件的开发方式。随着平台的开放,开源、开放的软件开发社区越来越多。开源厂商是联系社区和商业应用的企业,类似这样的企业可以捕捉社区内最新的需求和技术动向,实现开源软件产品的商业化,同时以商业上的利润和方式推动社区的运营。要知道社区中除了"极客",用户也在其中。与需求的近距离接触,带来最直接的效果就是使得软件开发周期大幅缩短。

(3)软件运行在数据中心里,而不是在用户的服务器和计算机上,这是云计算时代必备的特征。而且云时代的软件还需要应对用量的变化。从制作网络镜像手工增删资源到系统和平台的自动伸缩性,这些都是云计算时代软件必须具备的特征。云时代的软件还需要能够实现个性化的定制。对于同一个软件的同一个版本,用户可以根据自己的需要做一定程度的定制,这就要求软件具有很稳定的基础结构。还有,云计算时代还会要求软件的快速开发。随着技术水平的提高,快速开发的水平越来越高,云计算的资源共享,以及标准的服务集成让快速开发变得更加有效。最后,软件和服务之间的界限也变得更加模糊,服务模式发生了很大的改变。在云计算的驱动下,软件销售采用"打包"方式,应该是比较务实的方式。比如一个方案中既包括可以进行 IaaS 或 PaaS 的软件产品,还包括提供云计算咨询的服务产品。同时也会提供相应的培训课程。基于云计算的咨询和服务将会成为软件企业的一个利润增长点。

8.2.3 软件开发面临新需求

云计算时代的软件需要新的开发技术。开发人员需要使用云计算时代的软件开发技术去提高开发能力。云计算时代要求软件开发人员思考架构设计,甚至需要考量运维模式和商业模式。云计算是在分布式计算、并行计算和网络计算的基础上,经过一系列的创新融合而形成的。从开发技术的角度来看,云计算平台以及云计算平台上的应用软件开发都是使用分布式并行编程技术的。分布式并行编程的关键技术有三方面:分布式并行数据处理技术,分布式文件系统,分布式数据库。从程序的架构设计方面来看,开发人员需要在程序筹建过程中,就要思考哪些应用能够实现私有云、公有云以及混合云之间的互用。需要开发人员设计出一种能够在功能上满足当前业务需求,又能够适应用户需求发生变化或者能够在可以预见的未来适应环境变化的应用。从商业模式方面来看,以前,软件都是依靠软件授权模式来销售,或者直接是免费的。但是在云计算时代,认真思考盈利模式对于软件开发人员来说是一个更大的挑战。一旦具有了清晰的商业模式,就会很快地实现软件的盈利。

云计算无疑已受到极大的关注,云计算时代的到来让 IT 技术面对着不同的挑战。我们也可以看到云计算对 IT 行业的硬件模型、应用模型和用户体验等方面带来了革命性的影响。云计算开发技术的发展使得开发人员可以快速构建高可用的、可以几乎无限扩展的应用。云计算的服务需要创新和发展。尽管云计算的分布并发编程和数据库技术还不够成熟,编程模式的开发框架和方法学体系也只是适用于较简单的海量数据高效处理,但是,云服务软件系统的开发技术,需要发展、积累和创新。云服务软件系统的开发技术将提高生产能力,满足开发更大规模、更复杂软件系统的社会需求。同时,科研界和产业界已经展开共同研究,国家"十二五"规划对软件开发和云计算的重视,同样也会推动云时代软件开发的发展。软件正在推动着创新,软件的系统也变得越来越复杂。根据调查,成功创新的公司都实现了在整个生命周期中软件和系统交付的整合。软件作为 IT 系统的灵魂,不会随着 IT 技术的发展而减低其作用,更不会消逝。软件开发技术也会随着 IT 技术的发展而改变,并在这个改变中不断创新并焕发出新的活力,新的软件技术将会不断提高技术人员开发软件系统的能力。

8.3 云时代下软件开发新模式

在互联网时代各种应用软件模式趋向标准化使得有限类型的基本模式就可以为多种应用提供公共基础服务云计算是分布式处理、并行处理和网格计算的发展,或者说是这些计算机科学概念的商业实现,是虚拟化效用计算、基础设施即服务、平台即服务、软件即服务等概念混合演进并跃升的结果。

与网格计算相比,云计算更好地迎合了企业界的发展需求。它不仅是一种技术体系,同时也是一种商业模式。由于人类所掌握的物理规律的限制,单处理器所具有的信息处理能力已经不能再按摩尔定律无限制的增长,传统的软硬件产品提供商已经很难通过提高器件性能来发展其产品市场。而云计算的理念正好提供了新的利润增长点微软等跨国公司正在全球布点。构建为全社会提供公共信息服务的云服务系统。

从纯技术角度看,云计算实质上是对软件和信息系统的体系结构的又一次革新。将系统软件和应用的边界进行了重新划分。云计算环境下软件工程模式的主要特点就是将基础软件服务由专业机构统一提供,行业应用可以依此为基础去构建更为复杂的应用软件系统。

8.3.1 云时代软件工程体系结构

图 8-3 所示为传统的 3 层软件体系结构,而在云时代,这种传统的结构模式已经不能满足或者说不能很好地利用云的优势。目前在云计算中,根据其服务集合所提供的服务类型,整个云计算服务集合被划分成 4 个层次:应用层、平台层、基础设施层和虚拟化层。这 4 个层次每一层都对应着一个子服务集合。图 8-4 所示为云计算服务层次。

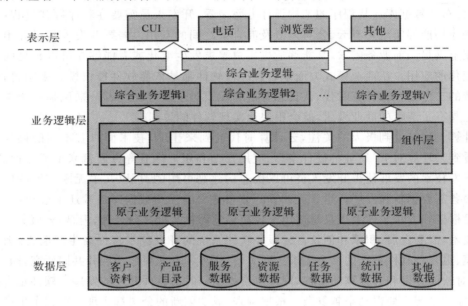

图 8-3 传统的软件体系结构

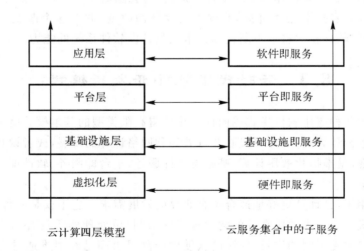

图 8-4 云计算服务层次

云计算的服务层次是根据服务类型即服务集合来划分,与大家熟悉的计算机网络体系结构中层次的划分不同。在计算机网络中每个层次都实现一定的功能,层与层之间有一定关联。而云计算体系结构中的层次是可以分割的,即某一层次可以单独完成一项用户的请求而不需要其他层次为其提供必要的服务和支持。

根据云计算的模型,提出了云时代的 4 层软件体系结构,如图 8-5 所示。

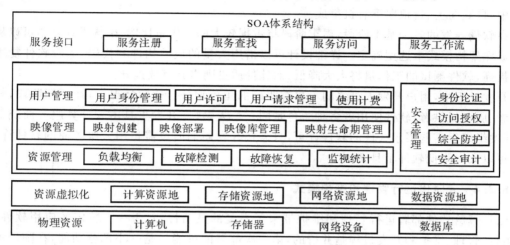

图 8-5　云计算信息系统软件体系结构

与传统的软件体系结构相比,基于云计算的软件体系结构最重要的特点在于其前所未有的开放性和成熟的构件化。云计算应用软件必将大量利用云服务提供的现成的软件构件。同时,新研制的软件又将成为后续应用软件开发所能利用的成熟构件,云计算应用软件体系结构在本质上是完全分布式的。由客户端、服务端、管理端、开发端、测试端等多种软件构件有机集成。多种应用共享公共软件构件应用之间仍然有清晰的逻辑边界,但不再有截然分开的物理边界。

8.3.2　云时代开发重心的转移

过去的软件开发可以说是以"产品为中心"的,而今后应更多转向以"服务为中心",使提交的软件产品成为可共享的服务,结合云计算,就是如何使"软件即服务"(SaaS)成为现实。如何在未来 Internet 平台上进一步进行资源整合,形成巨型的、高效的、可信的和统一的虚拟环境,使所有资源能够高效、可信地为所有用户服务,成为软件技术的研究热点。

网络时代软件工程技术发展的趋势:软件技术的总体发展趋势可归结为软件平台网络化、方法对象化、系统构件化、产品家族化、开发工程化、过程规范化、生产规模化、竞争国际化。

服务计算可以说是与云计算平行发展的一个开发范式,从企业商务应用开发的角度看,面向服务的业务流程分析和设计技术,也是比面向对象技术更自然和直接的方法论,因此可预见今后会有开发范式的自然转移。为描述客户的服务需求和可提供的共享服务,也需要一种更可视化的面向服务的建模技术,因此也有人建议将云计算与模型驱动工程结合起来,并就此提出"模型即服务"(MaaS)的观点。

8.3.3　云时代开发组织形式

从生命周期特点看,传统的软件生命周期模型是串行的,本质都是瀑布模型的变形。这样的生命周期模型更易于控制可以保证在确定时间有确定的结果。但在云计算环境下软件开发生命周期模型：并发模型、多重螺旋模型将成为主流瀑布模型，迭代模型的使用越来越少在，软件部署后交付的都是中间版，软件升级成为常态。

软件开发不再是一个封闭的、全局控制的流程，而是存在多个并发和自治的流程。在一个项目中，自底向上、自顶向下有机集成。

在软件开发的各个基本阶段，需求阶段将占据较大的工作量比例，架构设计基本可以从已有的成熟架构模式中选型确定。详细设计可以借用大量的成熟构件和代码，随着软件复用程度的提高，软件测试的工作量将大大降低，而软件质量则得到有效提升。

开发过程中，用户开发人员之间不再有明确的角色划分。通常情况下，在不同阶段，软件开发者、服务提供者、软件使用者多种角色是同一个人，软件开发工具由云计算服务商统一提供，开发组织无需购买永久性的软件许可，只需在开发周期内按需租用云服务商的软件许可，这样可以大大降低软件工具费用。

8.3.4 云时代运行管理和维护模式

云计算给软件部署运行管理和维护带来了高度的灵活性，对于一个特定的应用软件，部署、运行、管理、维护和开发过程是并行的，第一次部署的可能只是一小部分功能，在随后的软件升级中不断完善。由于云计算模式极大的降低了软件构件之间的耦合程度，软件的客户端、服务端、管理端等构件完全以并发、独立的方式部署和管理，甚至软件运行的基础设施也可以在用户透明的方式完成升级换代和重新部署。

云计算软件是按照用户需求随时运行，软件运行平台采用目前非常成熟的虚拟化技术。在客户端，可以产生多种虚拟环境。如 Windows，Linux，甚至是浏览器等，用户可以根据自己的喜好来选择。在服务器端，可以把大规模的服务器系统虚拟化为单一处理单元和连续的存储单元，降低用户端的管理复杂程度。

云计算软件运行的最底层的硬件系统和基础软件系统则由专业的计算机信息系统集成商统一维护管理，对用户来说完全可以不关心底层软硬件的细节。目前微软等跨国公司正在全球部署云计算基础设施。

8.3.5 云时代下软件工程应用分析

云计算还是一项发展中的技术，它的前景是非常广阔的。但毕竟刚起步，和应用任何一项新技术一样，必须慎重考虑它对软件开发的有利方面和不利方面。下面就从成本实施步骤和风险几个方面进行探讨分析。

从成本上看，云计算重要优势就是能够降低成本。对于软件开发组织，特别是中小企业来说，在硬件设施软件工具等方面将大大降低软件开发费用，但对云计算服务商来说，在建设云计算基础设施时需要较大投入，如能利用已有设施和工具这项成本也可以降低。

从实施步骤看，可首先选择适合 SQA 架构的应用软件，采用云计算体系进行开发，同时也为云计算积累成熟构件。软件开发组织应新成立专门负责云计算的部门或机构，负责协调云计算过程中与现有体制和技术产生的问题。

从应用云计算带来的风险分析，由于云计算在全世界还处于起步阶段，各厂商提供的云计算产品和服务的标准化程度还比较低。选型不当将对后期应用产生致命影响，因此必须充分考虑这个风险；同时还要考虑到，目前的云计算基数还有局限性，对网络基础设施的依赖很大，安全保密措施还不完善，因此对于高可靠性、强实时性、硬件资源有限安全保密程度高的应用软件，采用云计算方式还需慎重考虑但应积极尝试。

第三部分

进 阶 篇

第9章 并行系统测试概述

大数据、云计算的快速发展引发了新一轮技术浪潮,也给软件测试以新的挑战,特别是以云计算、大数据分析、大型企业 ERP 和实时嵌入式系统等为代表的应用领域,已经开始大量地使用并行程序,并行系统以及分布式系统测试已成为当今软件测试研究的一大热点。

9.1 并行系统测试

如何有效地开发和应用并行程序,充分利用多核设备带来的潜在的计算能力,已经成为当今软件从业者共同关注的问题。然而,由于并行程序不同于传统串行程序的诸多特点,在应用并行程序的过程中存在不少问题,特别是由并行程序的故障引发的一系列问题,对应用系统构成了巨大的威胁,并且造成了许多严重的事故和巨大的财产损失。因此,如何做好并行程序的测试,保证并行程序的可靠应用,已经成为能否有效应用并行程序的关键问题。

并行程序的测试相对于传统串行软件的测试更加复杂,主要体现在三方面:

1)并行程序的运行过程和运行状态具有不确定性。

2)不同类型的并行错误样式不同,需要不同的检测方法进行检测,不存在通用的检测方法。

3)应用开发人员通常习惯串行程序思维模式,导致在编写并行程序时产生一些错误。

目前,并行程序的测试主要是通过错误检测和测试调度,错误检测致力于发现每一次运行时潜在的错误;测试调度旨在尽量暴露出程序可能出现的交互情况,尽可能保证测试的覆盖率,二者相互合作,关系紧密。然而由于并行系统线程交互情况非常复杂、庞大,并行错误往往是由于一些不容易出现的稀有线程交互情况引起的。

9.2 并行错误分类

根据错误的根源,并行错误可以被划分为死锁、数据竞争、原子性违背、次序违背等类型。

9.2.1 死锁(dead lock)

当两个或两个以上的线程在执行过程中,因争夺资源而造成一种互相等待的现象,若无外力作用时,它们都将无法推进下去,此时程序处于死锁状态。这些互相等待的线程成为死锁线程。具体来说,当以下 4 个条件同时满足时,就会发生死锁:

1)各个线程任务所使用的资源中至少有一个不能共享任务存在。

2)至少有一个任务占用一个资源并且需要等待一个被其他任务占有的资源。

3)资源无法被抢占,各个线程任务必须进行资源释放后其他任务才能使用。

4)有循环等待,某个任务在等待其他任务所占有的资源,而后者又在等待另外一个任务战有的资源,这样循环下去,导致所有资源都被锁住。

下面是一个死锁的代码例子。

```java
public class DeadlockDemo {
  public static void main(String[] args) {
    final Object resource1 = "rsc1";
    final Object resource2 = "rsc2";
    Thread t1 = new Thread() {
      public void run() {
        synchronized (resource1) {
          System. out. println("resource1 locked!");
          try {
            Thread. sleep(50);
          } catch (InterruptedException e) {
          }
          synchronized (resource2) {
            while (true) {
              System. out. println("resource2 locked!");
              try { Thread. sleep(10000);
              } catch (InterruptedException e) {
              }
            }
          }
        }
      }
    };
    Thread t2 = new Thread() {
      public void run() {
        synchronized (resource2) {
          System. out. println("resource2 locked!");
          try {
            Thread. sleep(50);
          } catch (InterruptedException e) {
          }
          synchronized (resource1) {
```

```
        System. out. println("resource1 locked!");
        }
    }
    }
    };
    t1. start();
    t2. start();
    }
}
```

该例子中,resource1 和 resource2 分别为 DeadlockDemo 的两个资源。线程 1 的任务在得到 resource1 后休眠 50 ms,然后又需要获取资源 resource2;线程 2 的任务先得到资源 resource2 后休眠 50 ms,然后又需要获取资源 resource1。如果线程 1 和线程 2 同时被启动,那么,系统在线程 1 和线程 2 分别获得了资源 resource1 和 resource2 之后,就由于各自下一步需要获取的资源均被占用而无法继续执行,形成了死锁现象。

解除死锁的方法有多种,但其主要目的都是使得相互等待的资源任务的某一方先放弃自己所占有的资源,如上述代码中,在死锁情况发生后,如果强制线程 1 或线程 2 中任意一个释放自己拥有的资源 resource1 或 resource2,那么死锁情况就可以被解除。

9.2.2 数据竞争(data race)

在并行系统中,数据竞争是较为常见的错误类型之一。它是由于共享内存的多线程或进程程序并发执行所引起的一类错误。数据竞争的引发条件为:

1)两个或两个以上的线程或进程对同一内存空间进行访问操作。

2)其中至少有一个访问操作为写操作。

3)被访问的内存空间没有被锁保护或是被不同的锁保护。

现在给出一个数据竞争的例子。

```
Initial value:
total = 100.
value1 = 50.
value2 = 15.
//  Thread 1                               //  Thread 2
total = total + value1                      total = total - value2
//  Thread 1
1. move ax, dword ptr ds:[031B49DCh]//将 total 的值赋给寄存器 eax
2. add eax, edi                        //将 value1 加到 eax 上,并将值赋给 eax
```

```
3. jno 00000033//若操作没有溢出,跳转到地址 00000033
4. xor ecx, ecx                    //将寄存器 ecx 的值设置为 0
5. call 7611097F
6. mov dword ptr ds:[ 031B49DCh], eax    //将 eax 的值写回 total
//   Thread 2
1. move ax, dword ptr ds:[031B49DCh]//将 total 的值赋给寄存器 eax
2. sub eax, edi                    //从 eax 中减去 value2,并将值赋给 eax
3. jno 00000033 //若操作没有溢出,跳转到地址 00000033
4. xor ecx, ecx                    //将寄存器 ecx 的值设置为 0
5. call 76110BE7
6. mov dword ptr ds:[ 031B49DCh], eax    //将 eax 的值写回 total
```

上述代码中,两个线程 Thread1 和 Thread2 试图对同一共享变量 total 进行操作,线程 Thread1 试图给 total 加上 value1,而线程 Thread2 试图给 total 减去 value2,变量 total 的初始值为 100,value1 为 50,value2 为 15。从源代码执行过程中的汇编码可以看出,由于一个线程可能在其时间段执行全部代码,也有可能只执行其中一部分代码,从而导致数据竞争的发生。

9.2.3 原子性违背(atomicity violation)

在软件系统领域,所谓原子性(atomicity)是指一段代码执行不可被打断的属性。原子性违背是指当两个或者两个以上线程在对一段具有原子性代码进行操作时互相打断和干扰的情况。下面为一个原子性违背的代码示例 AtomVio. java。

```java
public class AtomVio {
    static int key = 0;
public static void main(String[] args) {
Thread t1 = new Thread(){
        public void run(){
            if(key == 0)
            System. out. println("key = 0!");
            }
        };
        Thread t2 = new Thread(){
public void run(){
            key = -1;
```

```
            }
          }
    t1. start();
    t2. start();
      }
  }
```

其中,变量 key 的初始值为 0,线程 t1 判断 key 的值是否为 0,如果是则打印出 key;线程 t2 将 key 的值更改为 −1。通过观察本程序可以很容易地发现,线程 1 中的判断 key 值以及打印 key 值两句语句是具有原子性的,应该被一起执行。然而,在实际执行中,有可能线程 t1 与线程 t2 同时执行时,该原子块可能由于线程切换而被插入线程 t2 中的修改 key 值语句,从而产生原子性违背错误。原子性违背常常是由于程序中存在数据竞争所导致的,但是,这并不等同于零数据竞争就会不存在原子性违背。

原子性违背的规避方法并不是特别复杂,一般只需要将具有原子性的语句置于临界区域(synchronized 块)中,并使可能破坏该原子性的语句在执行前必须得到该临界区域对应的锁即可。

以下代码是对 AtomVio. java 代码修复的结果。

```java
public class AtomVio {
    static int key = 0;
    public static void main(String[] args) {
    final Object lock = "lock";
    Thread t1 = new Thread() {
    public void run() {
synchronized (lock){
        if (key == 0)
        System. out. println("key = 0!");
     }
       }
     };
      Thread t2 = new Thread() {
      public void run() {
synchronized (lock){
        key = −1;
      }
```

```
        }
    };
    t1. start();
    t2. start();
    }
}
```

9.2.4 顺序性违背(order violaiton)

当一个操作 A 应该在另一个操作 B 之前执行而程序没有强制使之执行时,会发生顺序性违背。顺序性违背导致了 1/3 的现实无死锁并发错误。表 9 - 1 中代码给出了一个简化过的现实顺序性违背的示例。

表 9 - 1 顺序性违背示例

线程 1	线程 2

while(⋯)
{
tmp = buffer[i]; // A
}
	free(buffer); // B

9.3 并行错误检测方法

9.3.1 静态检测

静态检测是指在不实际运行程序的情况下,通过分析待检程序的源代码,对程序运行时可能表现出来的异常行为进行分析或推测,进而发现受检程序中可能存在的错误。静态检测通过"相似性"来判断程序行为。但是,在实际系统中,一方面,系统的实际运行轨迹往往受输入数据或外部依赖数据的影响而变化,导致静态检测技术很难精确预测出其在真实环境中的运行情况;另一方面,穷举并行系统各种可能的线程交互情况是不切实际的,即便存在遍历的可能性,其成本也是无法承担的,因此如何平衡准确性和效率是静态检测研究中需要考虑的一个问题。综上所述,静态检测的优点和缺点总结如下。

1. 静态检测优点

(1)避免编写大量测试用例,节约时间。

(2)通过单次扫描便能够对待检代码的多条或全部路径完成错误分析,简单可行。

(3)大多数静态检测工具都可以给出较为完善的错误代码定位和修复报告,以辅助编程人员进行错误修复。

(4)通过静态检测技术,编程人员可在项目开发早期及时发现错误,错误发现和修复代价较低。

2. 静态检测缺点

(1)误报率较高。

(2)修复警告的成功率较小。

9.3.2 动态检测

动态检测是一种运行时检测技术,主要是通过在程序运行时对程序二进制代码插入检测代码(插桩代码),以分析报告程序运行路径下存在的数据竞争。动态检测能分析检测出程序真实发生存在的数据竞争,误报较低,产生的错误信息对程序员帮助较大。但是,动态检测方法存在着对源程序执行带来巨大性能开销的问题,如3~4倍内存开销,10~30倍时间开销,这显然也是真实测试环境难以接受的。

动态检测目前主要依赖于两种方法:基于 Happens - before 关系的方法和基于 Locksets 的方法。

1. 基于 Happens - before 关系检测方法

基于 Happens - before 关系的方法通过判断事件之间是否违背了 Happens - before 关系来检测数据竞争。Happens - before 关系给出了一种动态程序语句时间上的偏序关系。当且仅当满足下列条件中任意一个的时候,表明事件 A 发生在事件 B 之前(记为 A→B)。

(1)A 和 B 属于同一个线程,A 在 B 之前执行,则有 A→B;记为 HB1。

(2)A 和 B 属于不同线程,A 和 B 是同一个同步变量上的操作,并且语义上含有 Happens -before 关系,例如(A 释放一个锁,B 顺序地获得同一个锁),则存在 A→B;记为 HB2。

(3)如果存在 A→B,B→C,则有 A→C,因为 Happens - before 关系存在传递性;记为 HB3。如果同时不存在 A→B 和 B→A,那么表明事件 A 和 B 是并发的。当两个线程并发访问同一个变量时,并且其中至少有一个是写操作时,就会产生数据竞争。图 9-1 显示了根据 Happens - before 关系的 3 条准则判断是否存在程序错误的方法。

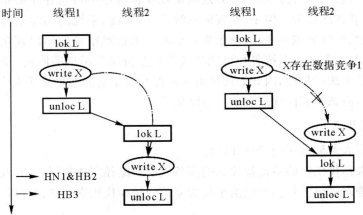

图 9-1 利用 Happens - before(HB)关系的三个准则检测错误

基于 Happens-before 关系的数据竞争检测方法检测的是程序的真实执行路径,不存在误报问题。但是,由于运行过程中需要维持线程创建和销毁,以及共享变量读写、同步操作等时钟向量(vector clock)信息,存在时间和空间开销过大的问题。

2. 基于 Lockset 检测方法

基于 Lockset 的算法是通过对共享变量候选锁集合和持有锁集合做交集运算,来判断是否存在数据竞争关系,如图 9-2 所示。具体来说,首先对一个线程维持一个该线程目前持有锁集合 lock_held(t),变量 v 的候选锁集合 C(v),在程序执行中,依据线程 t 所持有的锁实时更新 locks_held 集合,进而对集合 locks_held 和 C(v) 集合做交集运算,并更新 C(v),然后通过检查 C(v) 是否为空来判断是否存在数据竞争关系。

程序片段	持有锁集合	候选锁集合
lock(mu 1)	{ }	{mu1,mu2}
v:=v+1	{mu1}	{mu1}
unlock(mu1)	{ }	
lock(mu2)	{mu2}	
v:=v+1		{ }
unlock(mu2)	{ }	

图 9-2 利用 Lockset 算法检测错误

基于 Lockset 的数据竞争检测方法相比而言,检测开销要小许多,但是存在着误报的情况,开发人员需要花更多的时间去排除误报的数据竞争,因此这种方法并不是十分实用。

动态检测优点:

(1)动态测试的输出结果是准确的,不会发生误报。

(2)通过动态测试所发现的错误一般都能引起程序员的修复行为。

动态检测缺点:

(1)检测结果无法准确定位出错误的具体原因和出错位置,只是提供逻辑设计等错误的预测。

(2)需要系统开发人员花费大量时间精力设计、编写测试用例,以达到尽可能高的路径覆盖。

(3)对于类似于"多线程并发访问共享资源"这类不易控制的测试场景,很难设计并编写出足够多的测试用例以穷举各种可能出现的情形。

9.4 分布式系统测试

当今,分布式软件基础设施已经成为云计算和现代应用程序的主要支柱。大规模分布式系统,例如可伸缩计算框架、存储系统、同步和集群管理服务已经成为数据中心的操作系统。越来越多的开发人员编写大规模的分布式系统,数十亿最终用户依赖于这些系统的可靠性。

9.5 分布式并行错误

分布式系统在成百上千没有共同时钟的机器上执行许多复杂的分布式协议,而且必须面很多随机的硬件故障。这样的组合导致分布式系统容易产生因不确定性时序的分布式事件(诸如信息到达、节点崩溃、重启、超时)造成的分布式并行错误。这些错误不能直接被单机并行错误技术解决,同时它们会造成毁灭性的影响,诸如操作故障、宕机、数据丢失和不一致。

9.5.1 基本概念

分布式并行错误(Distributed Concurrency,DC)错误是在分布式系统中,由以不确定顺序发生的分布式事件导致的并发错误。这个事件可以是消息的到达/发送,本体运算,故障和重启。局部并行(Local Concurrency,LC)错误是指发生在线程交错的节点的并行错误。要对付分布式并行错误是一项很有挑战性的任务,对并行错误的全面认识是预防、发现以及修复分布式并行错误的先决条件。对现实世界分布式并行错误的全面研究依赖于三个关键因素:用户和开发者的详细错误描述,开放访问的源代码和补丁,被研究系统的普遍的文档。尽管 DC 错误在理论上已经存在了数十年,但所有关键因素从未匹配,这导致了全面 DC 错误研究的缺乏。有一些普遍的开源分布式系统,但它们并不详细记录错误。有一些讨论了在现实世界专利系统中 DC 错误的错误检测和诊断的论文,但对于一个全面的研究来说报告的错误数量太少了,同时它们并不公开源代码和补丁。幸运的是,随着开源云计算出现,许多今天流行的数据中心分布式系统提供了所有的关键成分。

9.5.2 分布式并行错误分析

以当今四个经典的分布式数据中心系统——Cassandra,HBase,Hadoop MapReduce 和 ZooKeeper 为基准,从中选择 104 个经典分布式错误,从多个维度(如触发时序条件,输入条件,错误和故障的症状,以及修复策略)对这四个系统中分布式相关错误进行分析,具体细节如图 9-3 所示。

对 DC 错误复杂性分析结论如下:

1)贯穿目标系统的发展,新的 DC 错误不断出现。尽管这些系统很普遍,但仍然缺乏有效的测试,验证和分析工具来在部署之前检测到 DC 错误。

2)现实世界的 DC 错误很难被发现,因为它们中的许多徘徊在复杂的多个协议的并发执行中。完整的系统的包含许多面向用户的前台协议之后的后台操作协议,它们的并发错误可能是致命的。

3)63%的 DC 错误和硬件故障同时出现,诸如机器崩溃(和重启)网络延迟和分区(超时),以及磁盘错误。当故障发生时,恢复协议创建更多的与正在进行的操作并行的不确定性事件。

4)47%的 DC 错误导致了沉默故障,因此很难调试和离线重现。

然而,通过对每个错误仔细和详尽的研究,我们的结果仍然带来新鲜积极的见解:

1)超过60％的DC错误是由单个不合时的对其他消息或是运算提交了顺序违背或原子性违背的消息传递造成的,这个发现促进了DC错误的检测将重点放在时序推论和违背检测上;它提供了简单的DC错误检测,故障诊断和运行预防的程序描述和故障预告模板。

触发
触发时序条件有什么? 消息到达出乎意料地延迟/提前。 消息到达出乎意料地在中间到达。 在一个意外的状态中出现错误(组件错误) 在意外状态出现重启。
触发输入先决条件有什么? 错误,重启,超时,背景协议及其他。
触发范围有哪些? 涉及多少个节点/信息/协议?
错误和故障
错误的状态是什么? 局部内存异常。 局部语义错误信息 & 异常。 局部挂起 局部沉默错误(不一致的局部声明) 全局信息丢失 全局意外信息 全局沉默错误(不一致的全局声明)
故障的状态是什么? 节点宕机,数据丢失/损坏,操作故障,减速
修复
修复策略有哪些? 修复时序:添加全局同步 修复时序:添加局部同步 修复处理:稍后重试信息处理 修复处理:忽略消息 修复处理:接受没有新运算逻辑的消息 修复处理:其他

图 9-3　DC 错误的分类

2) 53％的 DC 错误导致明确的局部或全局错误。这个发现将促进基于以开发者给定的错误检查为形式的局部正确性规格(local correctness specifications)来推断时序规格。

3)大部分 DC 错误是由小的策略集修复的。30％是由禁止触发时序修复的,而 40％只是通过时延或忽略不合时宜的消息,或是接受它而不引入新的处理逻辑来修复的。这个发现对于自动化生产 DC 错误来说是独特的研究机会。

4)其他许多观察也使得我们可以分析行业描述的工具和现实世界 DC 错误之间的差距以及 LC 错误 DC 错误之间的差距。

DC 错误影响现实世界分布式系统的可靠性、可用性和性能。即使所有的冗余和故障恢复系统都被已经被配置在今天系统内了,DC 错误还是可以让软件单点故障。对付 DC 错误将对未来的软件系统产生深远的意义,因为在这个云计算的时代,构建的组织越多,机器和服务就会有越多的分布式系统层。分布式系统可靠性的理论和实践之间的差距会变小,我们希望我们的工作可以开始更多的来自并行领域、故障容忍领域以及分布式系统的不同研究者和实践者的跨领域动向来一起对付 DC 错误。

9.5.3　错误诊断

给定了错误的症状之后,分布式系统的开发者必须要对许多节点进行推理来找出故障的触发和根源。以下提供一些 DC 错误诊断过程的指导。

1. 限制/依赖分析

识别哪些指令会影响一个指令 i 的成果要广泛使用对于确定序列错误的调试技术。然而,它不能扩展到整个分布式系统,因此很少使用。大部分 DC 错误有确定的错误传播,许多 DC 错误是通过丢失或错误的消息传播的。因此,可以快速识别生成的局部错误是否取决于到来消息的每个节点的依赖性分析有助于 DC 错误故障诊断接近触发消息发生的位置。

2. 错误记录

错误记录对故障诊断十分重要。如果 DC 错误的首错是一个显式局部错误,错误记录可以帮助开发者快速识别触发节点并专注于一个节点上的诊断。研究表明,只有 23％的 DC 错误导致显式局部错误,这个发现促使以后的工具将更多的 DC 错误通向显式局部错误。

3. 统计调试

将成功运行的轨迹与运行失败的轨迹进行比较有助于识别单机软件中的语义错误和并行错误的故障预报器。关键设计问题是在失败和成功运行间的什么类型的程序性能应该被比较。例如,在诊断语义错误中要比较分支结果但 LC 错误中不比较。我们可以收集运行时所有发送/接收的消息,然后通过与正常的"健康的"顺序比较找到稀有的会导致故障的顺序。许多 DC 错误来自许多协议的交错,因此,在记录时只记录一系列来自同一请求的消息是不够的。此外,一些 DC 错误是由消息-运算顺序触发的,因此,单独记录消息也是不够的。

4. 记录与重现

用记录和确定性重放来调试 LC 并发错误是一个普遍的方式。然而,这样的方法没有被渗透到分布式系统调试中。一个 ZooKeeper 的开发者对我们指出一个新的造成了整个集群运行中断但耗时几月仍未被修复的 DC 错误,因为开发日志没有记录足够的信息来重现错误。

第10章 原子性违背错误检测

研究表明,并行错误中 70% 的非死锁错误都是由原子性违背引起。本章介绍一款原子性违背错误检测工具 AVIO(Atomicity Violation Fault Detection),该工具能够自动推断出程序员期望的执行交互,并当这些预期交互次序被违反/打断时,就会报告错误。AVIO 提供两种实现方式:AVIO-S 和 AVIO-H。

10.1 AVIO 设计思想

10.1.1 基本概念

访问:简单起见,除非特别提到,所有的"访问"都是到同一个共享内存位置的。

本地线程:将那些原子性执行被打断的线程称作"本地线程"。

本地访问:"本地线程"所进行的访问称作"本地访问"或者"本地读/写",但是需要注意的是"本地访问"所对应的变量并不一定是"本地变量"。

远程访问:打断本地访问的线程访问称作"远程访问",或者"远程读/写"。

远程线程:"远程访问"所对应的线程称为"远程线程"。

交互:一般指多线程访问中的执行顺序。本节针对交互讨论假设了连续一致性存储模型,对于更多的可能在更宽松的内存一致性模型中的交互可暂不考虑。

本节重点研究两个本地访问中的交互和一些远程访问的交互。远程访问具体来说就是本地访问 A 与 B 之间,在执行过程中被远程访问 C 打断。一个串行交互是一个在局部与远程访问间的交互,这等价于它们的一个串行执行。

10.1.2 访问交互不变量

并行错误的本质原因是程序实际执行中的某种交互次序违背了程序员预期的交互次序,原子性违背错误也不例外。比如,程序员往往假定对共享变量的访问是原子性的,不会出现非序列化访问,但是实际代码编写中又没有保证这种原子性,从而导致了并行错误的发生。

程序员的原子性意图有不同的模式。最常见、最基本的可以被描述为一种类型,称之为访问交互不变,在后面的论述中,将访问交互不变简称为 AII(Access Interleaving Invariable)。如果访问对儿是由它自己和相同位置前述访问组成,那么不变量是由这样的访问对儿的指令保持的,且是不可串行化交互的。称这个指令为 I-指令(不变量指令),前一个访问指令为 P-指令(先行指令)。需要注意的是在有 AII 的情况下,这是完全可以拥有的交互。只要是串行化的交互,其原子性就可以保持。表 10-1 采用了经典的银行账户案例,给出了一个 AII 的简单演示。

表 10 - 1 访问交互不变示例

线程 1	线程 2
temp ＝ account account ＝ temp ＋ 10	
	temp ＝ account account ＝ temp ＋ 10

说明：银行账户存款代码片段，假设代码可序列化；该代码在正确的执行中，非序列化交互不会发生。

在这段代码中，程序员假定账户的读取和修改永远在一起，且永远不可能被冲突的远程访问串行化交互，否则原子违背可能会导致程序的不当行为。

AII 表明了程序员的原子性假设。这样的假设是并行执行正确性的本质。就像在银行账户示例中一样，原子性假设是在程序员的设计和实现中进行，它们更适应串行化思考。假设可以通过锁定、障碍、标志或其他同步机制强制执行交易，在一些执行中，实施不利的原子性的假设会导致同步错误。

我们应该注意到程序员并不假设所有的代码区域都是原子性的，也不是每一个共享指令的访问变量都持有 AII。相反，一些指令通常是允许不可串行化交互的。例如，在基于标志同步实现的情况下，程序员并不需要一个 AII。自动区分是否预期拥有 AII 的代码，会让我们避免许多误报。例如，表 10 - 2 说明了使用了标志变量的同步实现。

在执行中，没有 AII 在 while 循环的标志读访问中被观察到，因为不可串行化交互每次运行都会发生。在这个例子中，这种访问交互的非不变量匹配了程序员的意图：需要一个远程访问的不可串行化交互来确保活跃度。

表 10 - 2 不具备访问不变性例子

线程 1	线程 2
	While（！flag）
…	｛
flag ＝ true;	…
…	｝

说明：Spin - flag 代码片段，用于同步，其中读的操作应该是非序列化的交互。该代码中，非序列化交互在任何执行中都会发生。

当然，访问交互不变性 AII 并不是程序员原子性假设的唯一模式，而是最常见、最基本的一种。涉及多个共享变量原子性假设在实际并行系统中比较少见，而且可以从 AII 中进行扩充而得到。

综上所述，原子性违背错误是指那些被期望在原子区域进行执行，而在实际执行中原子性被中断了的并行运行情况。系统实际运行时，串行执行或可串行化的交互可以绝对维持原子性，但是，不可串行化的交互也不一定违反正确性。其中部分原子性和可串行化的代码依赖于程序员的意图，并可以通过访问交互不变性 AII 很好地表示出来。因此，如果我们可以自动提取系统访问交互的不变性 AII，这种信息就可以被用来检测 AII 集中应该被保持的代码片段中的"不可预知的"非串行化交互，从而实现对原子性违背错误的分析和检测。

10.1.3 串行化分析

在并行系统中,并不是所有的线程交互都是不可串行化的,而且,可串行化的交互也不一定导致原子性违背。本节中,我们将详细分析可串行化和不可串行化交互的具体形式。线程交互可被总结为 8 种模式,可以通过一个共享变量的两个连续的本地访问是否被一个远程访问交互打断来表示。

表 10-3 给出了并行系统的 8 种线程交互访问模式,并描述了每一种情况下的具体案例,解释为什么有些访问模式是可以被串行化的,它们有着怎样的等效串行访问交互模式;而对于不可串行化交互进行了错误示例和解释说明。在这 8 种线程访问模式中,4 个案例(第 0,1,4,7 个)是可串行化交互模式,而另外 4 个(第 2,3,5,6 个)是不可串行化模式。

表 10-3 8 种线程交互访问模式

交 互	案例 ID	描 述	序列化	等价序列化访问	非序列化用例存在问题
$read^p$ $read_r$ $read^i$	0	两个本地读操作被远程读打断	Y	$read^p$ $read^i$ $read$	N/A
$write^p$ $read_r$ $read^i$	1	本地写之后的读被远程读打断	Y	$write^p$ $read^i$ $read_r$	N/A
$read^p$ $write_r$ $read^i$	2	两个本地读操作被远程写打断	N	N/A	远程写操作导致两次本地读得到不同结果
$write^p$ $write_r$ $read^i$	3	本地写之后的读被远程写打断	N	N/A	本地读操作得到的不是本地写操作的结果
$read^p$ $read_r$ $write^i$	4	本地读之后的写被远程读打断	Y	$read_r$ $read^p$ $write^i$	N/A
$write^p$ $read_r$ $write^i$	5	两个本地写操作被远程读打断	N	N/A	两次本地写中间值原本不期望被其他线程访问到
$read^p$ $write_r$ $write^i$	6	本地读之后的写被远程写打断	N	N/A	本地写依赖于本地读的结果,但是结果被远程写篡改了
$write^p$ $write_r$ $write^i$	7	两个本地写被远程写打断	Y	$write_r$ $write^p$ $write^i$	N/A

表 10-4 给出了一个 Apache httpd 服务器中一个实际发生的由于非序列化交互所引起

的并行错误,该示例属于表 10－3 所给出的案例 2 的不可串行化线程交互访问模式,当线程 1 在对 buf→outcnt 进行操作的过程中,线程 2 也对 buf→outcnt 进行了写操作,从而篡改了线程 1 的中间结果,导致线程 1 接下来得到一个错误的值。

表 10－4　案例 2 非序列化交互所引起的并行错误

Apache httpd－2.0.48 mod_log_config. c	
线程 1	线程 2
1. 1 ap_buffered_log_writer()	2. 1 ap_buffered_log_writer()
1. 2 {	2. 2 {
…	…
1. 3 s ＝ &buffer[buf→outcnt];	
1. 4 memcpy(s, str, len);	2. 3 s ＝ &buffer[buf→outcnt];
	2. 4 memcpy(s, str, len);
	2. 5 temp ＝buf→outcnt ＋ len;
1. 5 temp ＝buf→outcnt ＋ len;	2. 6 buf→outcnt ＝ temp;
1. 6buf→outcnt ＝ temp;	2. 7 }
1. 7 }	

表 10－5 显示了案例 5(见表 10－3)中一个 MySQL 数据库服务器中真正的错误。

表 10－5　案例 5 非序列化交互所引起的并行错误

mysql－4.0.12 log. cc，sql_insert. cc	
线程 1	线程 2
1. 1 MYSQL_LOG∶∶new_file ( )	2. 1 sql_insert ( )
1. 2 {	2. 2 {
…	…
//close old binlog	//do table update
1. 3log_type ＝ LOG_CLOSED	
…	//log into bin_log_file
//open new binlog	2. 3 if（mysql_bin_log. log_type!＝ LOG_CLOSED）
1. 4log_type ＝ local_log_type	2. 4 { //log into binlog }
1. 5 }	2. 5 else
	//do nothing
	2. 6 }

我们得到了这样的不可序列化的情况:对于单个的远程交互访问,它由 4 个案例组成。对它进行扩展,我们可以得到以下四例相似的不可串行化条件下的案例,它们对账户中的同一个共享变量有多个远程访问。这种情况将在本章的其余部分中使用,来引导 AVIO 错误检测(为了便于说明,交互远程访问被放在括号里;＊表示零个或多个交互读或写访问;上标 i 或 p

表示一个访问,并且它的前置访问是来自同一个线程的):

案例 2:$r^p[*w_r*]r^i$,两个局部读取至少由一个远程写入交互成,因此它们可能有不同的观点。

案例 3:$w^p[*w_r*]r^i$,写入后的局部读取至少由一个远程写入交互而成。由于这种远程写入,读取将无法得到自己期望的局部结果。

案例 5:$wp[rr*]wi$,一个读取后的局部读取是由一个以读取开始的远程访问序列交互的,使局部中间结果对远程线程来说是可视的。

案例 6:$rp[*wr*]wi$,读取后的局部写入由至少一个远程写入交互成。这使以前的读取结果失效。

10.1.4 AII 自动提取

一个具有挑战性的问题是如何获取 AII,并且知道哪些代码区域不欢迎不可串行化的交互。在本节中,我们描述了 AVIO 中使用的高层次理念。

显然,我们不能指望程序员提供这样的不变量,因为原子性违背经常发生那些在代码段,这些代码段中程序员不会自觉地意识到自己的假设。同样,在没有同样限制的情况下,我们不能使用 lock - set 分析来提取 AII,就像之前基于 lock - set 算法一样。

自动学习一个程序员的意图,最好的办法是研究在正确执行下的程序的行为。如果代码段在正确运行情况下总是串行化的(运行时没有体现出错误),它可能认为始终是这样。换句话说,可以通过统计学训练"学习"程序的 AII。具体来说,收集和分析一组正确运行下的访问交互(训练运行),我们可以看到哪个共享访问允许不可串行化交互,哪一个共享访问从未有过不可串行化交互。

上述想法的可行性取决于训练效果。具体训练需要考虑两个问题:

1)如何确保训练是正确的运行占主导地位的(正确性问题)?

2)如何获得足够的不同的训练样本(充分性问题)?

这两个问题基于所有不变性问题而产生,所幸的是并行错误两个独特的特性使训练 AVIO 比一般的不变性训练更容易。换句话说,在检测这些类型的错误时,我们已经把消极的"麻烦的"错误特性转化为了积极的特性。

(1)正确性问题可以由以下两个因素解决:

1)即使有暴露错误的输入,并行错误也表现得非常罕见。它们的表现通常需要特定的访问交互,这是一个极度不好的特性,也使得后期诊断的并行错误很难复制。有真正错误的实践经验表明,即使有触发错误的输入,通常它也需要成百上千或更多的重复执行来触发这个错误。结果就是,我们可以很容易地得到正确性为主导的训练。

2)现有的基础设施和软件测试中的研究可被用来得知标签训练运行得正不正确。根据前面的研究,大多数运行错误都是以失败而终止的。软件测试人员在内部测试中通常有多种方法(除了崩溃或挂起)来确定测试运行的正确性,此外,断言和自动提取谓词可以进一步帮助筛选出不正确的训练运行。访问交互提取算法也可以被设计成容忍一小部分未过滤的不正确训练运行。

（2）因为底层线程交互是不确定的，所以并行执行也是不确定的，而充分性问题就是由这样的因素决定的。我们知道，多处理器的执行和操作系统的线程调度都有很大的随意性。因此，即使只有一个输入，我们也可以很容易地得到大量的不同的访问交互。例如，在我们的实验中，以一个输入运行 100 次 SPLASH－2 基准，会产生 100 个不同的踪迹。当然，随着交互搅动，更好的设计可以获得更多潜在的有效的训练。

受益于非决定性的、AVIO 中的后期分析训练（使用模型 1）是非常容易的。只要运行很多次该程序的错误触发输入，我们就会获得足够的访问交互的训练结果。这是相对于传统不变量工具的一大优势。对于即时检测（使用模型 2），AVIO 的该能力与路径覆盖相关，这对所有动态监测工具都是一个问题，而不仅仅对基于不变量的技术如此。在 AVIO 中，如果训练不包括特定的代码块，那么没有可用的 AII，还有可能会发生误报。我们需要依靠内部测试套件的合理分支覆盖，并且在检测中 AVIO 可扩展至积极学习新变量。值覆盖的关注较少，因为 AII 与指令和交互有关，与数据地址或值无关。随着不同的输入，指令可以用不同的值来访问数据，但程序员假设的与这个指令相关的所需原子性仍然是一样的。

上述分析表明 AVIO 是能够通过训练来提取 AII 的，实验进一步验证了这一点。所有 AVIO 检测的真实服务器错误都是基于只有一个输入的训练的，这不到 100 个训练需求。

10.2 AVIO 算法设计

为了研究硬件和软件之间的取舍，我们以两种方式实现了 AVIO 的理念和算法：一个纯软件的方法 AVIO－S 和一个硬件辅助的方法 AVIO－H。因为 AII 提取测试是在内部测试中完成的，它在开销上不那么重要，因此其提取可基于 AVIO－S 实现。

AVIO 自动从离线测试运行中提取 AII，然后在监测运行中监测潜在的违背来提取 AII。因为 AII 提取算法是基于检测算法的，故将首先描述检测算法，然后展现提取算法。

10.2.1 检测算法

假设已经拥有了一组 AII，这给了 I 指令的列表。一个 AII 的违背，是 I 指令与它的同一个共享变量的前述本地访问指令（P 指令）间的不可串行化交互。根据串行化的分析，检测任何这样的不可串行化交互，检测过程只须简单地遵循图 10-1 中的二元决策图，它总结了所有四个不可串行化交互的情况。

图 10-1 中的决策图清楚地表明，AVIO 需要 4 条信息来从串行化交互中分辨出不可串行化交互。这 4 条信息是，当前指令的访问类型（即 I 指令类型）；相同存储器位置下的前述局部指令的访问类型（P 指令类型）；交互远程写入信息和交互远程读取信息。有了这四条信息，AVIO 可以很容易地检测出 AII 的违背行为。

10.2.2 提取算法 AVIO－IE

AII 提取即从大量正确的程序执行中提取编程人员预期的访问交互不变集 AII，将它命名为 AVIO - IE 算法。

基于 AII 违背检测，AVIO - IE 算法可以很容易实现，其提取过程是一系列 AVIO 检测可用情况下的正确运行。以下内容为 AVIO - IE 算法伪代码：

```
AVIO - IE (ProgramBinary P)
{
AISet = all global memory accesses in P;
while (AISet is changing in the last m iterations)
{
ViolationSet = RunOnceWithViolasDetection (P, AISet);
AISet = AISet - ViolationSet；
}
AISet = AISet - NonTouched Instructions；
}
```

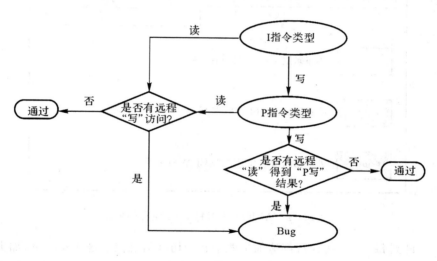

图 10 - 1 AVIO 错误检测流程

最初的 AII 访问交互组，包括所有目标程序的全局内存访问。然后在 AVIO 上多次运行程序，每次运行结束时 AVIO 报告此次运行中的现有访问交互组违背。违反一条指令 I 表明在当前正确运行中遇到了一条不可串行化交互（由测试 Oracle 标记）。因此，I 处不存在真正的 AII；I 应该从访问交互组中除去。这个过程会重复多次，直到访问交互组在最后 m 次运行中保持不变，m 是可调值。最后，筛选出从未执行的指令，并返回访问交互组。

要容忍错误标记的训练运行的一小部分（即一个不正确的运行被标记为正确的），AVIO - IE 可以引入一个不变的过滤阈值 T。只有当一个不变量的违背次数大于通过测试 Oracle 的训练次数 T 时，这个不变量才从访问交互组中移除。由于一些错误标记的训练运行，该技术可避免一些真正的不变量被过滤掉，但会以在违背检测中增加一些误报为代价。因此，对程序员来说，最好的办法是基于测试 Oracle 和它们的误报容忍度来调整阈值参数。

10.3 AVIO 硬件实现

10.3.1 AVIO-H 设计

硬件实现 AVIO-H,充分利用现有的高速缓存一致性协议,并实现了可以忽略不计的开销和简单硬件扩展的小扰动执行,就如图 10-2 所示的一样。AVIO-H 目前假设一个 CMP 机与物理地址索引的 private-L1 缓存和 unified-L2 缓存层次结构,它使用失效为基础的高速缓存一致性协议。将其扩展到其他多处理器架构,如 SMP 和其他高速缓存一致性协议是相对简单的。

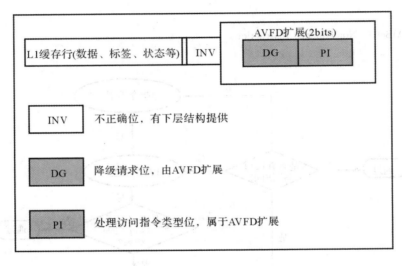

图 10-2 AVIO-H 对每个 L1 缓存的扩展

AVIO-H 对每个 L1 缓存行都追加了两个新的访问信息位。这些新的位,加上原有的无效(INV)位所用的高速缓存一致性协议,提供了足够的信息来执行 AVIO 检测算法信息描述。

1. PI 位(前述访问指令位)

该位提供"P 指令类型"的信息。它在每个相应缓存行中的局部读取中被设置为 1,而在每个局部写入中没有被设置。

2. DG 位(降级位)

该位提供的信息用于找出以前的局部写入的结果是否已经被远程写入读取。有趣的是,在现有的失效为基础的高速缓存一致性协议中,这样的操作是与从读取者发送到写入者这样的降级请求联系在一起的。因此,AVIO-H 只需在降级需求上设置一个 DG 位,并在每个本地访问后取消设置。

3. INV 位

该位已经存在于当前的缓存一致硬件中。它提供了在局部内存访问后的任何"交互远程写入"的信息。在现有的失效为基础的高速缓存一致性协议中,交互远程写入操作将使所有其他 L1 缓存的副本失效。因此,AVIO－H 只需要检查 INV 位看远程写入是否已经发生。

　　硬件缓存一致性协议被扩展以支持上述信息位和违背检测。最后,为 I 指令添加特殊指令编码(读取和写入),并在 L1 缓存访问命令中的一个特殊位来指示一个存储指令何时是一个 I 指令。利用这些扩展,可以很容易地实现图 10－3 中的硬件检测协议。

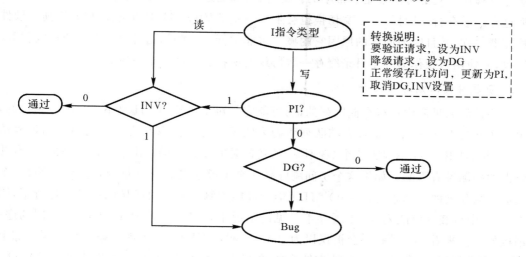

图 10－3　AVIO－H 状态维护和错误检测

　　4. 复杂性和开销

　　如同图 10－3 中显示的,AVIO－H 中的错误检测都有很简单的逻辑。有趣的是,进一步研究检测协议表明,不可串行化交互仅发生在原始高速缓存一致性协议不能使用本地副本,需要联系 L2 来获得最先进的最新副本和/或独有写入权限时。因此,只有当一个 I 指令不能被它的局部 L1 缓存满足时,AVIO－H 的检测过程才被触发。

　　整个检测阶段具有较小的空间开销和可忽略的时间开销。额外空间只是每条 L1 缓存行占两位,开销不到 0.4%。因为仅当一个 I 指令必须到达共享的 L2 缓存时,不变量检查才被实施,检查并不是在关键路径－简单检测协议可以通过 L2 缓存访问延迟被隐藏。只有发现一个错误时,AVIO－H 才需要增多开销来记录它。

10.3.2　AVIO－H 的设计问题

　　描述 AVIO－H 的基本机制后,我们对其设计相关问题进行分析,其中一些问题对 AVIO－H无影响,而另外一些,在极少数情况下,可以影响 AVIO－H 的精确度,其方式类似于之前的硬件数据竞争检测器。所有这些问题都是具体到硬件实现,不影响软件实施。

　　1. 记录和报告原子性违背

　　检测到 AII 违背后,AVIO－H 标记了重新排序缓冲区的 I 指令,并当该指令收回时发出一个信号。因此,没有对推测性指令报告错误。AVIO－H 支持两个错误报告选项:以异常中断执行,或只记录 I 指令的 PC 和由软件指定内存位置的访问地址。

　　2. 缓存行位移和上下文切换

　　当它被移位时,一个缓存行的最近访问历史可能会丢失。这个问题在现有的大多数的硬件竞争检测器中也遇到了,且因为它只在非常罕见的情况下导致误报而被忽略了。这一点尤其适用于 AVIO,因为 AII 主要集中在两个连续的、同一个线程相同的内存位置访问上。直观上,这两个访问都在附近(这就是为什么程序员会首先忘记保护它们了),因此它们被一个相关的缓存行移位交互的可能性是非常小的。此外,可以通过驱逐私有(例如,一个堆栈)缓存行来推迟这样的缓存行。同样,上下文切换也会带来一些 AVIO - H 中的误报,如同之前的硬件竞争检测器一样,并且因为同样的原因它的概率也非常低。这些问题可以在将来通过线程 ID 标签解决,或使用目录作为基于目录缓存一致协议的牺牲者缓冲区来解决。

3. 负载存储队列与写合并

一些访问如果命中负载存储队列的话,可能它们对于 AVIO - H 是不可见的。幸运的是,如果该访问是 I 指令,命中负载存储队列明确表明了没有该读取和之前本地访问的远程访问交互,因此 AVIO - H 不检查这个"看不见"的访问是完全正常的。出于同样的原因,写合并也对错误的检测没有影响。如果这个访问刚好是一个 I 指令之前的 P 指令,它可能导致一个双重效应。从积极的一面来看,AVIO - H 可能因此能检测更大一块区域的原子性违背了,因为它在 r^{P2} 命中负载存储队列且 L1 缓存不可见的情况下,弄错了 $w^{P1} r^{P2} r_r w^I$ 与 $w^{P1} r_r w^I$ 的序列。从消极的一面来看,$w^{P1} r^{P2} r_r w^I$ 会被误以为是 $w^{P1} r_r w^I$,AVIO - H 可能忽略这个错误。综上所述,在大多数情况下,负载存储队列没有影响;在很少数情况下,它可以帮助或损害 AVIO - H 检测一些错误。注意,之前的硬件竞争检测器也面临着类似的问题。以前的解决方案迫使全局内存访问通过较低的内存层次[RL98]。因为这个问题对 AVIO - H 很少有不好的影响,我们在目前的原型中并不选择这种解决方案。

4. 强/弱一致性模型,乱序访问和执行问题

不同存储器一致性模型可能对于相同的并行程序引起不同的存储器访问顺序。但是,这并不影响错误检测。不管访问顺序是怎样的,AVIO - H 看见的是在硬件上执行的实际顺序。乱序执行同样对 AVIO - H 没有影响。这里唯一的例外是,当预取结果最终被丢弃且访问交互与案例 5 匹配时(这种事件概率很小),可能会发生一些误报。

5. 由于缓存行间隔尺寸的伪共享

在设计中 AVIO - H 使用了缓存行作为一个单元来保持信息和错误检测。这可能会产生一些伪共享,之前的硬件竞争检测器[PT03]也面临着一个问题。在以增加空间开销和总线通信量为代价的情况下,它可以通过使用一个更小的间隔尺寸(例如,字)来解决。还可以通过使用性能分析来找到伪共享,然后使用编译器来自动添加填充使这个问题得到缓解。这些过程已经成为一个标准的优化,以减少不必要的缓存一致性流量和缓存未命中性能方面的原因。

6. 缓存行无效的其他原因

在 AVIO - H 中,使用缓存行的 INV 位来记录远程写访问信息。除了高速缓存一致性失效,该位也可以通过其他源来设置,如 DMA。这并不影响 AVIO - H 的错误检测能力。原子性违背仍然会被正确地报告,即使它可能来自一个 DMA 操作。

7. SMT 支持

目前的 AVIO 设计是基于 CMP/SMP 的。支持 SMT,AVIO 需要一个简单的扩展:带有

线程 id 的 L1 缓存行标签。

8. 与特定的处理器和高速缓存一致性协议的兼容性

AVIO 所需的缓存管理政策一般是,基于无效缓存一致性协议。然而,可能有一些实际的处理器,它与 AVIO 当前原型不相容。在这种情况下,AVIO 需要简单扩展到高速缓存一致性协议来获取一些所需的错误检测信息,如降级信息。

10.4　AVIO 软件实现

为了研究效率和精确度之间的平衡,也实现了 AVIO 纯软件技术。如同 AVIO – H,AVIO – S 的主要任务是收集和维持 AVIO 检测协议所需的访问信息。具体而言,对于所有的全局内存,AVIO – S 保持最新的局部和远程访问历史信息,然后用它来检查可能的 I 指令违背。在软件中,各种访问信息是通过每一条全局内存访问的二进制仪器进行收集的,并被维护在访问表数据结构中。每个线程都有一个访问表,持有其最新的每个全局内存位置的访问类型的信息。还有一个全局访问所有者表,记录线程的每个全局内存位置的最新写入的标识符。每个 I 指令的内存访问中,P 指令类型可以从本地访问表中获取,通过比较线程 id 和所有者 id,远程读写信息可以被推断并设定标签。

一旦检测到一个原子性违背,如同在 AVIO – H 中,AVIO – S 要么停止程序并引发一个异常,要么记录所有调试信息并继续执行。调试信息,如涉及 3 个指令的地址,P 指令,I 指令和远程交互访问,可以被记录在全局和本地访问表中。

10.5　AVIO – H 和 AVIO – S 的选择

AVIO – H 和 AVIO – S 都有各自的优点和缺点。首先,AVIO – S 成本更低因为它不需要任何的硬件扩展。其次,AVIO – S 更精确。具体原因有以下两项。

(1)AVIO – S 的检测间隔尺寸更灵活,默认为一个字节到一个字的行缓存。因此,AVIO – S 比 AVIO – H 的伪共享问题更少。

(2)由于 AVIO – S 监测和检测是通过测量代码完成的,它不受缓存位移、负载存储队列、上下文切换或其他硬件相关的问题的影响。

然而,作为权衡,AVIO – S 会带来更高的开销和运行时交互场景,具体有两个来源:

(1)监视开销。每一个全局访问都要更新访问数据的访问信息。

(2)检测开销。对每个 I 指令,AVIO – S 都需要检测对应的 AII 可能的违背。

为了减少开销,将散列应用于快速定位信息表。同时,全局拥有者表可以被所有线程访问,自旋锁被用于自动同步,所有这些优化措施都对减少 AVIO – S 开销有帮助。然而,如同在后面实验结果中展示的一样,尽管 AVIO – S 的表现比其他几款并行错误检测工具更精确,但是其所需要的开销仍比 AVIO – H 高得多(4 个数量级)。即使使用静态分析可以进一步优化 AVIO – S,但是要达到适合生产运行的类似 AVIO – H 的层次仍然是相当困难的。此外,AVIO – S 的错误检测能力也会被其较大的执行搅动所影响。

10.6 实验及结果分析

本节是对 AVIO 设计算法及工具的具体验证和评估。通过使用 4 个开源并行系统 Apache，MySQL，Mozilla 以及 SPLASH - 2 对 AVIO 的可靠性和性能进行评估。这些工具对其每个版本所修复的 bug 有着明确公开的信息说明，方便实验分析和应用，因此被广泛使用。

10.6.1 实验设计

实验使用一个系统完整、周期精确、型号为 4 核 CMP 有序 X86 机器的 X86 模拟器。非内存操作有一个固定的周期延迟和经过缓存和内存层次结构的内存操作，该体系结构的参数见表 10 - 6。对 AVIO - H，由于大 0.4% 的 L1 缓存与每个拖延周期与准备调试信息的错误报告的 500 个惩罚周期，因此假设整个芯片的频率有一个 0.4% 的额外减缓。

表 10 - 6 AVIO - H 模拟配置

CPU	2.0GHz
L1 缓存（私有）	32KB，4 道，64B/行，2 个惩罚周期
L2 缓存（共享）	1MB，8 道，64B/行，10 个惩罚周期
内存	200 个惩罚周期
缓存随机分布协议	CMP 缓存随机分布协议

实验使用了两组应用程序，第一组是用来评估 AVIO 的错误检测能力。之前许多硬件竞争检测研究都是通过人工植入的错误的方式进行评估的，而本实验使用 6 个真实的原子性违背错误，其均是在两个大型开源服务器应用（Apache 和 MySQL）和 Mozilla 中被原始程序无意引入的。表 10 - 7 给出了错误的应用和 6 个真实的错误的描述。对于这些应用，评估该错误是否可以被检测与错误表现运行期间报告了多少误报。

表 10 - 7 实验采用应用程序和包含的错误

程序	Bug No.	Bug 描述
Apache Http server 253K LOC	1	为被保护的缓冲长度读和写导致 log 文件记录出错
	2	未被保护的写-读计数器引起空指针引用
MySQL DB Server 699K LOC	3	未被保护的数据库 bin 日志关闭和打开引起某些未被日志记录
	4	未被保护的 query - id 设置和读取导致数据库服务奔溃
	5	未被保护的删除表操作 查询和记录日志引起数据库日志乱序
Mozilla - extract	6	未被保护的脚本控制器设置和读取引起空指针引用

在第二组中，用几个著名 SPLASH - 2 基准测试来评估 AVIO 的开销和误报。SPLASH - 2 也已经在许多以前的研究中被用来评估误报，因为它们只有很少的并行错误。

除了比较 AVIO - H 和 AVIO - S 的两个实现，还直接在增强 Lockset 算法中比较误报、漏报和开销,并将之称为 Val(grind)-Lockset 算法。此外,还间接比较 Happens-before 算法和 SVD 算法,通过分析评估是否每个错误可以在基于对这两种算法的理解下,被它们检测到。在误报和开销方面,参考以前的论文:Happens-before 算法与 Lockset 算法开销水平相近;SVD 报告一个多达 65 倍服务器应用的开销和用于同一服务器应用,MySQL 和 Apache 中的 1~60 个静态误报。

为了演示 AVIO 在训练运行的不严格输入,在实验中的检测和训练中不使用相同的输入。为了提取 AII,在 100 次训练运行期间(或 100 个服务器需求)对每个应用检查了多访问交互。不变过滤阈值 T 被设置为 0。此外,还对服务器应用和 SPLASH-2 基准的训练运行的次数进行敏感性分析。结果表明,不超过 100 个服务器请求或 5 次训练运行足以获得合理的准确的 AII 的所有测试的应用程序。

10.6.2　评价指标

采用以下评价指标对 AVIO 进行评价:
1)错误检测能力;
2)误报率;
3)时间开销。

10.6.3　结果分析

1. 功能结果分析

(1)错误检测能力。AVIO 比 3 种备选(Val-Lockset,Happens-before 和 SVD)检测出了更多真正的测试用错误。具体来说,AVIO 可在 6 个测试用错误中检测出 5 个,而另外 3 个备选只能检测出 1 个或 3 个(见表 10-8)。

表 10-8　错误检测结果

程　序	检测到的错误				
	AVIO-H	AVIO-S	Val-Lockset	Happens-before	SVD
Apache ♯1	Y	Y	Y	Y	Y
Apache ♯2	Y	Y	N	N	N
MySQL♯1	Y	Y	Y	Y	N
MySQL♯2	Y	Y	Y	Y	Y
MySQL♯3	N	N	N	N	N
Mozilla-extract	Y	Y	N	N	N

MySQL 错误 3 需要多个全局变量访问中的原子性。这些变量彼此都没有数据或控制依赖性,但语义原因必须是一致的。其结果是,它没有被任何一个评估工具检测到。除了这个错误,Lockset 算法也不能检测到 Mozilla 提取错误,因为它是数据竞争自由的。同样,Happens-before 算法也不能检测到它。SVD 不能检测 MySQL 错误 1,因为原子性违背涉及一个 write-after-write 访问对,且其中并没有数据依赖性或控制依赖性,所以这个访问对不能放

入一个计算区域,从而不能被 SVD 检查。同样,Apache Bug2,MySQL Bug2 和 Mozilla-extract 都是write-then-read 访问对内的原子性违背,也不会被 SVD 自动检查。

相比之下,AVIO 的错误检测能力更全面,因为不像竞争检测器,其不依赖于同步原语;不像 SVD,基于串行化分析其可以检测读-写或写-写依赖性的原子性违背。

(2)误报。表 10-9 表明,AVIO 对每个服务器应用只引入了 1～11 个静态误报和 1～17 个动态误报,相比平均有 51.5 个静态误报和 118.5 个动态误报的 Lockset 算法,它的误报要少多了。类似的,对于没有错误的 SPLASH-2 基准,AVIO-S 没有误报且 AVIO-H 只有平均 1.25 的静态和动态误报,而 Lockset 具有平均 8.25 个静态误报和 26 313 的动态误报。

表 10-9 误报数据

基 准	动态误报			静态误报		
	AVIO-H	AVIO-S	Val-Lockset	AVIO-H	AVIO-S	Val-Lockset
Apache #1	6	5	6	3	2	6
Apache #2	1	1	23	1	1	20
MySQL #1	4	4	107	4	4	79
MySQL #2	17	6	338	11	6	101
平均值	7	4	118.5	4.75	3.25	51.5
fft	1	0	4 098	1	0	6
Fmm	4	0	389	4	0	12
Lu	0	0	65 026	0	0	5
radix	0	0	35 740	0	0	10
平均值	1.25	0	26 313	1.25	0	8.25

Lockset 算法的误报率较高的原因是错误地将所有使用基于 non-lock 方法的正确同步的共享访问都报告为错误,例如 barriers 和 flag-synchronizations。即使不评估 Happens-before 算法的误报,预计其结果仍是相似的,因为 Happens-before 算法将会使用相似的同步原语的知识来排序执行片段,从而遇到评估 Lockset 算法时同样的问题。之前算法中的大量误报也需要程序员的很多努力去进行人工筛选。

相比之下,AVIO 会少报告很多误报,因为它不依赖于任何同步原语。相反,它立足其访问交互的检测,这对原子性违背错误是更本质、更基础的。无论同步方法被怎样使用,正确同步访问都没有被报告为错误,因为它们不会违反 AII。此外,AVIO 可以很容易地从真正的错误中区分出良性的原子性违背,因为良性违背没有任何 AII(即,这些代码段实际上欢迎不可串行化交互)。因此,AVIO 没有在这些代码点报告错误。

AVIO 仍然有一些误报。对于软件 AVIO,误报是由于训练不足造成的。由于服务器应用程序是非常复杂的,短期训练(仅有 100 个客户请求)过程中不会发生一些正确的交互。对于硬件 AVIO,除了训练不足,对大多数误报的原因是在缓存行间隔尺寸中的伪共享。不同于 Lockset 算法,即使当静态误报率可与 Lockset 算法相比时,AVIO 也从来没有巨大的动态误报数,因为大多数 AVIO 的误报是因为罕见的交互或代码路径而发生的。

(3)AVIO－S 与 AVIO－H 的功能性比较。因为 AVIO－S 比 AVIO－H 的间隔尺度更小,所以 AVIO－S 更为精确。比如说,它比 AVIO－H 少5例静态误报。但正如在下一节中所示,这种更高的精确度有着更高的开销。

2. 开销结果分析

由于硬件支持和使用的简单检测算法,AVIO 的检测开销更低。如对 SPLASH－2 基准的实验显示(见表 10－10),AVIO－H 只有0.4%~0.5%的开销,显然对生产运行使用是可行的。如果没有硬件支持,AVIO－S 软件实现平均要放缓25倍。尽管对于内部测试或确定性重放支持的后期分析来说这是可以接受的,但它对于生产运行来说太高了。即使在激烈的静态分析优化后,预计其开销仍然大幅高于 AVIO－H。

表 10－10　在 SPLASH－3 开销结果

基　准	错误检测执行减慢		
	AVIO(硬件) 单位%	AVIO(软件) 单位 X	Valgrind－Lockset 单位 X
fft	0.5	42	1217
Fmm	0.5	19	660
Lu	0.4	23	661
Radix	0.4	15	236
平均值	0.4	25	694

虽然硬件实现 AVIO－H 的效果较差,但是软件实现 AVIO－S 仍然胜过以前的这些软件方法。如表 10－10 所示,Valgrind－Lockset 平均减缓了694倍。这样的性能优点,主要是由于该错误检测算法的简单性。在未来,静态分析可用于进一步提高 AVIO－S 的性能。

综上所述,AVIO－S 对离线的错误检测和诊断来说是一个不错的选择,而 AVIO－H 可用于生产运行。

3. 训练敏感性

敏感性研究结果表明,对于大多数应用程序,几个运行已足够获得一组合理准确的 AII,这对于其他输入来说也较稳健。图 10－4 和图 10－5 分别展示了在 SPLASH－2 基准和 MySQL 平台的误报数。在 SPLASH－2 基准的训练中,使用的数字是从1~10随机选取的不变量;在 MySQL 平台的训练中,采用的数字是从1~100随机选取的不变量。

在所有4个 SPLASH－2 基准测试中,当使用两个以上的训练运行中提取的变量时,误报会下降到0。同样,对于 MySQL,大多数误报在100次训练需求后就被消除了,这样的结果表明,AVIO 的训练要求是不严格的。

如前面提到的,在所有的实验中,在检测的运行中使用的输入与那些训练运行中使用的是不同的。因此,结果还表明,一个输入的训练可用于指导其他输入的错误检测。当然,类似其他基于不变量的办法[HL02,ZLL＋04]和一般的动态错误检测器,AVIO 可以从被训练的代码中生成不变量。

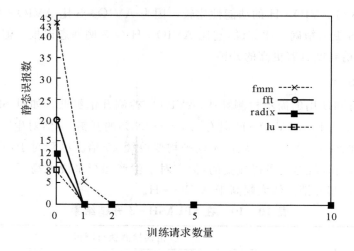

图 10-4 SPLASH-2 中误报数

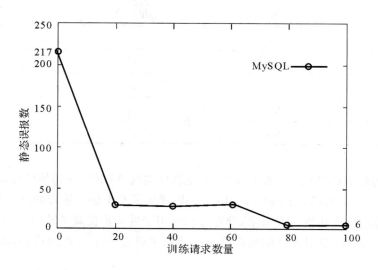

图 10-5 MySQL 4.1.1-alpha 中误报数

4. AVIO 独特的优点

与现有的方法相比较,AVIO 具有下述优点。

(1)检测各种原子性违背错误。相比之前的算法来说,AVIO 检测了更多的各种类型的被测试的真实原子性违背。原因是,AVIO 提供不同类型的串行性违背的更全面覆盖。此外,AVIO 可以检测未被数据竞争检测解决的原子性违背错误。

(2)不需要注释或规范。不像许多以前的方法,AVIO 不需要程序员提供有关同步原语或原子区域的任何规范。因此,AVIO 的理念不仅仅适用于使用基于锁同步的标准多线程程序,也适用于那些使用应用程序确定的同步,以及未来的被写在事务存储模型中的应用一样。

(3)少量误报。相比之前的许多工具,有两个因素帮助 AVIO 取得更少的误报。首先,AVIO 不依赖于特定的同步原语,也不会将自定义的同步保护的代码区域报告为错误。第二,有时程序员想要数据竞争或不可串行化的交互。AVIO 可以经过训练自动推断出这些错误,因此避免将这些报告为错误。在实验中,AVIO 只对所评估的应用报告少量静态误报(平均 3~5个)。相反,以前的方法平均报告 51 个误报,这显著破坏了其错误检测功能,因为程序员需要在 51 个错误中进行筛选来得到真正的错误。

(4)训练数据生成的不严格需求。训练在所有基于不变量的方法中都十分重要。利用并行程序不确定的特性(即,不同的运行以相同的输入自动产生不同的交互),相比之前的基于变量方法,在 AVIO 中训练数据生成有独特的优点。结果表明,运行次数少于 5 次的 SPLASH - 2 基准和小于 100 个需求的服务器应用程序已经足够好,来生成相当精确的 AII 组。

(5)低开销。AVIO,尤其是它的硬件实现 AVIO - H,有着很小(0.4%~0.5%)的开销,幅度小于基于软件的并行错误检测工具。软件 AVIO - S 的实现导致了 15~42 倍的开销,但这仍低于(或类似)之前的软件工具如 SVD(65 倍)和 Valgrind - Lockset(大于 200 倍)。

5. AVIO 的限制

AVIO 绝不是万能的,现有的 AVIO 原型有着下列限制且它在今后需要更多工作来增强 AVIO 解决问题的能力。

(1)在监测运行期间未暴露的错误。如同之前许多动态的竞争和内存错误检测器,AVIO 只报告那些体现在监控运行中的错误,并可能错过了运行过程中没有发生的潜在错误,如果 AVIO 能够像 Lockset 算法一样同时预测非暴露的错误将会是一大提高。然而,Lockset 算法侧重于数据竞争,并不能检测原子性违背错误,因此也受到高误报率的影响,不太适用于未来的事务存储等程序。今后,AVIO 可以使用检测期间的静态和动态分析来推断潜在的交互,从而对调度不那么敏感。先进的并行测试生成技术也可以帮助 AVIO 来解决这一问题。

(2)涉及多个变量的原子性违背。如同现有的大多数错误检测工具如 Lockset,Happens -before 和 SVD,AVIO 着重于单变量相关的错误,并且不能检测涉及多个共享变量的并行错误,例如 MySQL bug3。幸运的是,实际系统中的并行错误鉴定的结果表明,涉及单一变量的并行性错误更为典型,可以作为多变量的构建模块。为了扩展 AVIO 来检测多变量原子性违背,在许多情况下,可以简单地从多个单地址原子区域中构成多地址区域。只需要扩展检测协议就可以看出,一个变量访问的串行化何时与另一个变量冲突。在更复杂和更具有挑战性的情况下,当多地址与高层语义相关时,如同 MySQL bug3 一样,AII 需要被扩展来考虑多变量 AII。

(3)训练开销。训练也会对整个 AVIO 错误检测过程增加一些开销。幸运的是,训练结果可重复使用。即使代码被改变,仍然可以保存不变部分的训练工作,只重做那些变化相关或没有训练好的训练。对于每个运行训练,开销类似于检测运行,运行训练数量取决于需求的充分性,只要相关的代码区域被覆盖,通常是小数目的训练运行(实验服务器应用中小于 100 的请求)会提供足够的交互样本。

第11章 基于输入的并行错误检测

影响并行程序测试结果的两个关键因素是测试输入和线程访问交互。本章首先分析通用的并行系统测试中测试输入与测试结果关系。在此基础上,提出并行函数对的概念,以此作为测试输入度量标准,并给出度量算法指导并行系统测试输入生成。最后以典型并行错误检测为例对并行函数对在并行系统测试中的适用性和可行性给出理论分析。

11.1 测试输入对错误检测影响分析

11.1.1 案例分析

本研究使用 5 个开源应用程序来代表不同类型的软件。所有应用程序都是用 C/C++ 编写的,并使用 POSIX 线程作为底层并行框架,具体信息见表 11-1。

表 11-1 选择应用程序

应用程序	描 述	代码行
Click 1.8.0	一个软件路由	290K
FFT	一个来自 SPLASH2 的科学计算程序	1.2K
LU	一个来自 SPLASH2 的科学计算程序	1.1K
Mozilla-JS m10	一个 JavaScript 引擎	87K
PBZIP2 0.9.4	一个并行压缩程序	2.0K

1. 测试输入获取

Click 和 Mozilla-JS 已经有了由他们开发人员写的测试输入,并将其公开。我们将使用 Click 所有不需要操作系统内核变化的输入,并随机抽取 20 个由 Mozilla-JS 公开单线程组成 7 个多线程输入。FFT,LU 和 PBZIP2 没有公开的测试输入,我们为它们设计了基于它们命令行选项的测试输入。FFT,LU 和 PBZIP2 各有 8 个重要命令行配置选项。因此,我们为每个都写了 8 个测试输入,每一个输入都只指定一个唯一的命令行选项而不指定其他的。比如,我们的 FFT 测试输入测试了不同的计算选项,如正常 FFT,逆 FFT,打印进程统计数据等等。再比如,PBZIP2 输入测试了压缩、解压、错误消息抑制、压缩完整性测试及其他配置测试。最终对 5 个应用程序完成的测试输入结果见表 11-2。

为了评估我们测试输入的质量,用 gcov 测试了这些声明的覆盖度,结果表明对于每一个项目而言,测试集中的每个测试输入都包括一些不被其他输入覆盖的独特语句。

表 11-2　研究中用到的应用和测试输入

应用程序	测试输入集		
	#输入	#线程	描　　述
Click 1.8.0	6	2	由 Click 的开发者设计
FFT	8	4	根据命令行选项设计
LU	8	4	根据命令行选项设计
Mozilla-JS m10	7	4	由 Mozilla-JS developers 开发者设计
PBZIP2 0.9.4	8	4	根据命令行选项设计

2. 错误检测工具

本章研究中,针对两种最常见的并行错误:数据冲突和单变量原子性违背。当两个线程可以同时访问一个共享变量,而其中至少有一个访问是写操作时会发生数据冲突;当两个对同一共享变量的连续操作被第三个不可串行化的操作打断时,就会发生原子性违背,如图11-1给出了 4 个单变量原子性违背的缺陷示例。

为了检测这两种类型的错误,首先需要使用一个运行时定位工具来收集每个线程执行中内存访问和同步操作的踪迹,然后通过分析这些踪迹来检测原子性违背错误。

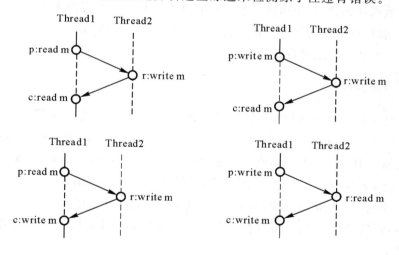

图 11-1　4 个单变量原子性违背情况

Lockset 和 Happens-before 是两种常用的并行冲突检测工具,CFix 工具采用 Lockset 和 Happens-before 混合的检测算法进行冲突检测。具体思路为当两个指令满足以下条件时它们可被视为数据冲突:

1)它们通过不同线程访问同一个内存位置;

2)它们不被任何公共锁保护;

3)它们有基于顺序同步执行的并行时间戳向量,例如栏杆、线程添加和线程创建。

对于原子性违背的检测,采用的检测算法具体思想为,给定 3 个指令 p, r, c,当 3 个指令满足以下 3 个条件时,则认为发生了原子性违背:

1)指令 p 和 c 通过同一线程连续访问一个内存 m,而 r 同时通过另一线程访问 m;

2)没有锁或顺序同步操作能阻止 r 在 p 和 c 之间执行;

3)指令 p,c,r 的读/写类型符合图 11-1 所示的 4 个场景之一。

图 11-1 中的四个单变量原子性违背情况中,箭头表示运行顺序,m 是一个共享位置。为了执行上述的错误检测算法,检测器识别出以下 C/C++语言的同步操作:pthread mutex (un) lock, pthread create, pthread join, and the barrier macro in SPLASH2 benchmarks (FFT and LU)。和其他检测器一样,我们的检测器不识别自定义的同步操作,因为这样容易导致误判。

上述过程采用的数据冲突和原子性违背算法是已经被设计好并经过检验的,因此在同一输入下它们的错误检测结果都相当稳定。也就是说,运行一次程序的结果就可以代表大多数(也许不是全部)在该输入下的错误报告。同一输入下更多次的运行程序也许会偶尔带来更多的错误报告,但这种微小效益通常与需要付出的大量额外测试代价不符。在我们的实验中,再一次输入运行后的错误检测结果通常很少变化。因此,在本章讨论中,只显示每个测试输入对数据冲突或原子性违背检测的一次结果。

实验中对于数据竞争和原子性违背的区分,采用的标准是,每一对独有的静态冲突指令作为一个独有的数据冲突;每三个构成一个单变量原子性冲突的独有静态指令作为一个独有的原子性冲突。同时,尽可能消除其他背景的干扰。比如,对于 Click,在每个测试输入中,使用它之前保存的工作负载踪迹进行试验。

11.1.2　分析结论

表 11-3 将应用冲突检测和原子性违背检测在 5 个基准应用程序上得到的数据结果。使用"所有数据竞争对"(all race pairs)和"所有原子冲突集合"(all atom vio)来表示来自两个检测器的原始数据。因为很多冲突和原子性违背并不会导致外部可见的失败,我们使用"出错数据竞争对"(buggy race pairs)和"出错原子性违背"(buggy atomicity violation)来表示来自两个检测器的包含执行失败信息的报告;另外,重复率由暴露同样数据冲突或原子违背性的输入平均数测量得到。这些信息将会成为在错误发生后提交给开发人员的最终结果,用以进一步错误验证和修复。

由表 11-3 可知,每一个数据冲突或原子性违背出现的重复率平均在 2.7 ~ 4.5 之间。真实的错误重复率也很相似,数据冲突重复率为 4~7,原子性违背为 3.5~7,当输入集变得更大时这些重复率也会随之增加。

从理论上来说,一个冲突或原子性违背可能在一个输入下导致失败而在另一个输入下保持良性。因此,要更深入地研究在哪种输入情况下,哪种冲突或原子性违背可能导致软件失败。在对测试和应用程序的研究中发现在不同输入下冲突/原子性违背的优度/劣度总是一样的。

表 11 - 3　通过输入检测数据冲突和原子性违背

应用	所有数据竞争对			原子冲突集			出错数据竞争对			出错原子性违背		
	全部	独有	重复率	全部	独有	重复率	全部	独有	重复率	全部	独有	重复率
Click	3 114	848	3.6	6 145	2 298	2.7	6	1	6.0	6	1	6.0
FFT	300	66	4.5	1423	369	3.8	28	4	7.0	35	5	7.0
LU	238	58	4.1	874	163	5.4	28	4	7.0	21	3	7.0
Mozilla	1 991	481	4.1	2 459	723	3.4	42	6	7.0	42	7	6.0
PBZIP2	293	65	4.5	499	143	3.5	32	8	4.0	39	11	3.5

总之,输入下的交叉模式,比如冲突和原子性违背,显然是有重叠的。如果检测程序和输入不协调,并行错误的检测就会浪费大量精力。如果能有一个可以消除在识别重复错误报告上花费的精力的理想方案,即使是一个小小的输入集,也可以加快现有错误检测速度 6 倍,而且对暴露错误没有或是几乎没有影响。

11.2　并行函数对 CFP 设计

11.2.1　并发函数对 CFP 定义

度量设计遵循以下两项原则。

(1)描述精确度:必须以适当的精确度描述交互空间,以便在不遗漏错误的情况下指导并行错误检测,同时减少冗余分析。

(2)测量复杂度:必须是易于测量的,否则度量成本会高于在并行错误检测所带来的好处。

定义 1　并行函数对 CFP:遵守这两条原则,设计了并行函数对,简称 CFP (Concurrent Function Pair)。

定义 2　并行函数对集合:程序 P 中包含若干可以并行运行的函数对,这些函数对的集合用 CFP^p 表示。

定义 3　特定输入并行函数对:程序 P 的 CFP 是包括了所有可以并行运行的独特函数对的集合,以程序 P 在特定输入 i 下的 CFP 包括输入 i 下所有可以并行运行的独特函数对,以 CFP_{pi} 或简单的 CFP_i 表示。

在上面的定义中,当且仅当运行时出现以下情况时,一对函数 f1, f2 可以并行运行:

(1)线程 t1 是 f1 的执行或调用;

(2)线程 t2 是 f2 的执行或调用。

比如,表 11 - 4 中的 foo1() 和 bar() 在被并行执行,而 foo2() 和 bar() 不能并行执行。

CFP 处理哪些程序可被并行运行,而在特定运行中函数是否被并行执行并不重要。CFP 在描述精确度和测量复杂度之间达成了一个平衡。大致说来,CFP 应该比数据冲突和原子性违背更容易测量,因为一个程序中函数的数量要比内存访问次数少得多。

表 11-4　并行函数示例

线程 1	线程 2
foo1()	
{	
lock(L);	
foo2();	
unlock(L);	lock(L);
...	bar();
}	unlock(L);

　　CFP 还应提供一个描述交互空间的适当的精确度。在输入 i 下 P 交互空间的内容是由 i 下可执行的指令和可被并行执行的指令决定的。函数是程序中的指令的自然集合,CFP 提供了一个描述交互空间的适当的精确度。

11.3　CFP 度量方法

11.3.1　两程序何时并行

　　为了测量 CFP,要先弄清楚给定的两个函数 f1, f2 是否可以并行执行。一个理想化的方法是将 f1 中的每个指令(或 f1 的调用)和 f2 中的每个指令(或 f2 的调用)进行比较,看两个指令可否并行。很显然,这个方法代价昂贵,可行性较低。

　　本节使用的是一个很简单的方法:比较函数的入口和出口。

　　如果一个函数的入口可以在另一个函数的入口和出口之间执行,那么这两个函数可以并行执行。

　　用 f_{ent} 表示函数 f 的入口, f_{exi} 表示函数 f 的出口,那么,对于函数 f1 和 f2,要知道函数的入口 $f1_{ent}$ 是否可以在函数 f2 的入口 $f2_{ent}$ 和出口 $f2_{exi}$ 之间运行,需要检查程序中的同步操作。互斥的同时操作,比如 pthread_(un)lock,可以防止 $f1_{ent}$ 在 $f2_{ent}$ $f2_{exi}$ 间运行,当且仅当 $f2_{ent}$ $f2_{exi}$ 在保护 $f1_{ent}$ 的锁 I 的临界范围内时。另外,强制顺序的同步操作,比如 pthread_create, pthread_join, and barrier,可以防止 $f1_{ent}$ 在 $f2_{ent}$ 和 $f2_{exi}$ 间运行,当且仅当它强制使在 $f2_{ent}$ 之前或在 $f2_{exi}$ 之后运行。表 11-5 给出了以上算法的伪代码。

表 11-5　判断并行函数的伪代码

```
Bool conFunction(f1, f2)

{

if(f1. thread_id == f2. thread_id)    return false;

//开始判断 f1 是否可以在 f2ent 和 f2ext 之间启动

if ((f1. ent. lockset ∩ f2. ent exi. lockset) ! = Φ) return false;

if (f1. ent. vec time < f2. ent. vec time) return false;
```

```
if (f1. ent. vec time > f2. exi. vec time) return false;

//开始判断 f2 是否可以在 f1ent 和 f1ext 之间启动
if ((f2. ent. lockset ∩ f1. ent exi. lockset) ! = Φ) return false;
if (f2. ent. vec time < f1. ent. vec time) return false;
if (f2. ent. vec time > f1. exi. vec time) return false;

return true; // f1 and f2 是并发函数
}
```

11.3.2　CFP 度量算法的基础

为了计算输入 i 时一个程序的并发函数 CFP_i,只需要检查每一对在 i 下执行的函数,使用表 11-5 中说明的算法来看它们是否并行。这个分析可在静态和动态下计算。本节通过分析运行中的跟踪结果来计算 CFP_i。运行时的信息,比如哪个线程执行哪些函数,哪些指令访问哪个内存位置,将让跟踪分析做出比静态分析时更明智的决定。

LLVM 是一个用于记录程序运行中每个线程执行行为的工具,每一个踪迹都是按照线程执行顺序对运行时事件的列表。在本章介绍的跟踪中主要有两种事件,即函数的出/入口和同步操作。每当程序在运行时进入或退出一个函数时,相应的跟踪线程记下这个函数的唯一 ID 以及它是否是一个入口或是一个出口。每当运行一个同步操作时,相应的跟踪线程记下指定同步操作的类型以及其他附加信息。对于 pthread_(un)lock,记下锁变量的地址,对于 pthread_create 和 pthread_join,记下参与线程的线程 ID。对于 FFT 和 LU 中的 barrier macro,记下 barrier 变量的地址。

本章的技术跟踪分析工具分两步来计算 CFP。首先,对于每个函数的入口/出口记录,保护它的锁集和它的时间戳向量。只有当使用强制排序的同步操作的时间戳才被计算,包括 pthread_create,pthread_join 和 barrier 但不包括如 pthread_(un)lock 中未强制的两个时间排序互斥同步操作。特别注意那些在临界区域保护函数出入口的锁(即表 11-5 中的 ent,exi 锁集)。具体地说,将跟踪记录中每个函数入口记录和它对应的出口记录配对,称它为一个函数实例。然后寻找在入口前获取而在出口还没有释放的锁。这一步的复杂度和函数实例的总数线性相关。

第二步使用锁集和上面计算的时间戳向量信息以及表 11-5 给出的算法来确定所有成对的并行函数。为了有效率地进行计算,先把类似的函数实例组织到一起分析。具体来说,当两个函数共享同样的①函数 ID;②线程 ID;③保护入口的锁集;④在一个临界部分保护入口和出口的锁集;⑤入口和出口的时间戳时,则称它们为相似的。基于表 11-5 给出的算法,两个类似的函数实例有相同的并发函数,因此只需要处理一次。在将相似的函数实例分组完毕之后,我们只需要浏览每一组函数,检查它们是否至少有一对彼此并发的实例。最后一步的复杂度是跟踪独特静态函数数量的二次方。

11.3.3 CFP 度量算法的优化

尽管 CFP 度量已经比并发检测更加容易,但在用于有很多函数调用的长时间运行程序时它仍然可能花费大量的时间。因此,在两个方面对基础算法进行进一步优化。

优化 1:跳过只访问栈变量的函数。如果 f 只访问栈变量,它将没有机会帮助指导并行错误检测。

优化 2:跳过继承其调用并行函数的函数。这是一个 CFP 专有的优化,并不能被通常的并行错误检测使用。表 11-6 中一个真实的 LU 例子证实了这种优化。在这个例子中,因为以下两个原因我们可以保证与 lu0 并行的函数也一定与 daxpy 并行(见表 11-6):

(1)无论何时,只要 lu0 运行,它都调用 daxpy;

(2)lu0 不包含任何同步操作。

因此,没有必要记录分析 lu0 内部的 daxpy 的入口/出口。只需要在分析的最后附加上与 lu0 内部 daxpy 并行的程序集。

表 11-6 与 lu0 并行的函数也一定与 daxpy 并行

```
void lu0(double_ a, int n)

{

int j, k;

for (k=0; k<n; k++)

{

for (j=k+1; j<n; j++)

{

daxpy(...,...,...,...);

/*  */

}

}

}
```

假设 f1 通过指令 i 调用 f2。当 f1 和 i 满足两种情况时可以确保每个和 f1 并行的函数也和 f2 并行:

(1)i 支配 f1 的入口,这保证 f1 总是调用 f2;

(2)除了 f2 通过 i 的调用,f1 及其被调用者不执行同步操作。

简单地证明这个并行继承关系:

假设一个函数 f 和 f1 并行。按照定义,在 f 或其被调用者和一个被称为 j 的程序同时被运行时,存在 f1 或 f1 的被调用者也被运行。如果 j 是 f2 中的指令,则 f 一定和 f2 并行。如果 j 在 f2 外部,之前文中提到的两种情况意味着一定存在 f2 的调用或返回值,这样在它和 j 的特定实例之间才没有同步操作。因此,任何可以执行后者的代码区域(如 f)也可以同步执行前者,这就证明了 f 也和 f2 并行。这个证明的深层次想法如图 11-2 所示。

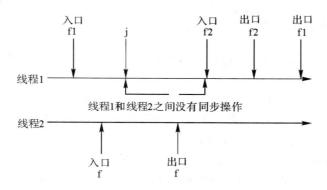

图 11-2　f 可以在另一个运行中和 f2 并行

鉴于以上证据,如何计算优化 2 已经非常简单了。静态分析通过一个程序 s 调用图来传递。它识别每一对满足上述两个优化条件的 f1 的调用者和 f2 的被调用者。这样,就可以删除 f2 的入口和出口记录的 LLVM 仪表。因此,不仅可以缩短跟踪时间,还可以减少跟踪大小和踪迹分析时间。

本章介绍的算法不适用于那些调用函数部分符合,而非全部符合优化条件的指令。也就是说,只要 f2 满足它一个调用者 f1 的优化条件,就可以跳过 f2 被 f1 调用动态实例的记录和踪迹分析。用这种方法可以做更多的性能改进。以下是关于优化的指导思想:

(1)假设每一次循环程序都执行至少一个迭代。以图 11-2 为例,没有任何对输入范围的了解,静态分析不能循环是否总是执行至少一次迭代,因此不能保证每个 lu0 的实例都调用 daxpy。因此,除非使用这种至少一次迭代的试探算法,静态分析会错过优化 daxpy 的机会。当然了,这种试探算法可能导致 CFP 的误报:一些并行函数对可能从来没有并行执行过。然而,这种试探算法的好处明显大于任何潜在的负面影响,因为在实验中,CFP 误报的机会是很罕见的。另外,即使在最坏的情况下,CFP 的误报也只会导致不必要和冗余的错误检测,从而减慢基于 CFP 的错误检测,而不会直接导致并行错误检测的误报或漏报。

(2)分析只将 pthread 相关操作和 barrier marco 作为同步操作考虑。与现有的大部分工具一样,不考虑自定义的同步操作,这样可能导致 CFP 度量的误报。

上述优化对很多程序都很有用,因为多线程程序里的很多函数并不包含同步操作。另外,一些例如 LU 中的 daxpy 的实用函数是动态函数实例的主要来源。对于 CFP 度量的还有其他优化方式。比如,一些函数不与任何函数并行,例如在子程序创建前被主程序运行的函数。未来我们可以尝试通过静态分析识别这些函数,然后在记录和分析 CFP 跟踪时跳过这些函数。这会导致更小的 CFP 跟踪和更快的 CFP 测量。在未来的工作中将进行进一步的优化。

11.4　基于 CFP 进行错误检测可行性分析

正如之前的讨论,CFP_{pi} 可以在某种程度上描述输入 i 时程序 P 的交互空间。接下来将详细讨论 CFP_{pi} 和输入 i 时 P 的并发错误报告的关系。

11.4.1 数据冲突和 CFP

当两个无同步操作的并行线程内两个内存访问操作同时访问同一位置,而其中又至少有一个写操作时,会发生数据冲突。

如果函数 f1 和 f2 是并行的,如表 11-7 中的 main 和 SlaveStart,当它们读写同一个内存位置时可能出现数据冲突。此外,当一个并行函数对是多个输入的 CFP,对这些输入的应用冲突检测很可能产生重复报告。例如,FFT 包含的{main,SlaveStart}测试输入 8 个中的 7 个都是重复的。因此,表 11-7 中的数据冲突会在 7 个输入下被重复报告。

表 11-7 一个来自 FFT 数据冲突的举例

线程 1	线程 2
void main(…)	
{	
…	
printf("End at %f", Gend);	
…	
}	void SlaveStart(…)
{	
…	
Gend = time();	
…	
}	

显然,CPF 对协调输入下的数据冲突检测是很有用的。例如,如果只选择 CFP 不重叠的输入,那么可以保证它们的数据冲突检测不会有任何重复报告。然而这会导致可选的输入过少而错过一些错误。例如,假如测试输入集只包括两个有重叠 CFP 的输入,如果两个都选,因为 CFP 的重叠,会生成重复报告;如果只选其中的一个,另一个里面独有的并行功能对错误的检测就会被遗漏。

11.4.2 原子性违背和 CFP

当一个线程的一系列内存访问和另一个线程的不可串行的内存访问操作交互时会发生原子性违背。

和数据冲突的检测类似,如果两个函数 f1 和 f2 不是并行的,它们中的任何指令都不会导致原子性违背,因为 f1(或 f2)中的任何指令都不可能在 f2(或 f1)的一系列指令中被运行。另一方面,如果 f1(或 f2)是并行的,比如表 11-8 中的 js InitAtomState 和 js FreeAtomState,它们可能包含原子性违背。进一步说,当一个并行函数对是许多输入中的 CFP,对这些输入应用原子性违背检测可能会有产生重复报告的风险。比如,Mozilla 中的{js InitAtomState,js FreeAtomState}的 7 个测试输入都有相同的 CFP。因此,7 个输入下都会重复报告表 11-8

中的原子性违背。

表 11 - 8　一个来自 Mozilla 原子性违背的例子

线程 1	线程 2
js InitAtomState(...)	js FreeAtomState(...)
{	{
state→table = ...;	...;
if(! state→table)	state→table = NULL;
return false;	...;
}	}

11.5　基于 CFP 的并行错误检测

并行错误检测是本章提出并行函数对 CFP 的原因和目标,基于 CFP 进行错误检测的步骤可以分为 3 个关键步骤:

(1)CFP 度量;

(2)输入和函数的选择;

(3)采用算法指导错误检测。

本节阐述 3 个步骤的具体实施,并探讨如何对检测结果进行质量评估。

CFP 指导的错误检测的目标是通过消除冗余分析来提高超过一组输入下的检测效率。在一个更高的层面上来说,这是由仅当特定输入下程序的特定函数被运行时才开始错误检测实现的。输入的选择和函数的选择是由 CFP 指导的,在一组输入 i 下,有两个目标。

减少遗漏错误的可能:错误检测过程应该提供一个完整的 CFPI 覆盖,集所有测试输入下 CFP 的集合。将 CFPI 称为聚合 CFP。

减少重复错误报告的可能:在不影响实现第一个目标的情况下,错误检测应该避免重复分析输入下的同样的并行功能对。

因此,对输入和函数的选择原则是当 f 并不导致先前未分析的并行功能对时跳过函数 f 的错误检测。一个简单的例子,假设测试集里有两个 i1 和 i2 输入,假设 CFP_{i1} 是 $\{\{f1,f2\}\}$, CFP_{i2} 是 $\{\{f1,f2\},\{f2,f3\}\}$。如果错误检测先应用于 i1,它会跳过 i2 下的 f1,因为 f1 不导致任何未分析的并行函数对。另一方面,如果先对 i2 进行错误分析,按照上述原则,它会完全跳过 i1。

具体来说,CFP 指导的并行错误检测对一组输入的检测包括以下 3 步:

Step1:计算每一个输入的 CFP,得到整个输入集的聚合 CFP。

Step2:对每个选定的输入进行输入和函数的选择。

Step3:对每个选定的输入的选定函数进行冲突检测或原子性违背的检测。

接下来,将对这 3 个步骤逐一进行讨论。

11.5.1　CFP 的测量

CFP 的测量包括 3 个阶段。

第一阶段是静态分析。使用静态分析来识别那些和它们调用方函数具有同样并行属性的函数。接下来使用 LLVM 来记录除了之前识别过函数，以及同步操作之外的每个函数的入口/出口。这个静态分析阶段对所有输入只进行一次。

第二阶段是为每个测试输入计算 CFP。在输入下运行一次程序，然后分析运行跟踪踪迹来确定其并发函数对。注意，从踪迹分析中得到的还不是最终的 CFP。这是因为，还没有记录继承其调用者并行函数的函数，要计算包括这些函数在内的并行函数对，然后获得每个输入的最终 CFP。

第三阶段是计算聚合 CFP。它只需要将每个单独输入的 CFP 结合起来。

注意，在第二阶段中，计算 CFP 是只基于一次运行下的记录。理论上说，同一输入的不同运行也可能会产生不同的记录，从而导致不同 CFP。然而，这里分析的类似于数据冲突和原子性违背的并行关系非常非常稳定。即使在最糟糕的情况下，十次运行中也只有 0.5% 的 CFP 波动，因此，收集 CFP 时可以只在每个输入下运行一次，这和现有的错误检测工作相符合。

11.5.2　输入和函数的选择

图 11-3 展示了一个输入/函数的选择过程实例。

```
Input1：CFP1 ={{f1, f2}, {f2, f3},{f2, f4}, { f4, f5}}
Input2：CFP2 ={{f1, f2}, {f3, f4}, {f3, f5}}
Input3：CFP3 ={{f2, f3}, {f3, f4}}
CFPAggregated ={{f1, f2}, {f2, f3}, {f2, f4}, {f4, f5}, {f3, f4}, {f3, f5} }


Step1：
选择的输入 －－输入 2
选择的函数 - {f1, f2, f3, f4, f5}
CFPUncovered = {{ f3, f4g, f f3, f5}}


Step2：
选择的输入 －－输入 1
选择的函数 - { f3, f4, f5}
CFPUncovered = Φ
```

图 11-3　一个输入/函数的选择过程实例

目标是选择聚合 CFP 中最小的输入集，遗憾的是，这是一个 NP 的困难问题。为了有效解决这个问题，使用贪心算法来获得近似结果。

具体地说，算法先选择所有输入中覆盖最多并行函数对的输入，然后继续在违背覆盖的输入中选择覆盖最多并行函数对的输入，指导所有输入的聚合 CFP 都被覆盖。在知道如何选择输入后，函数选择就变得简单了。在上面输入选择的过程中，对于每一个输入 i，知道那些被 i 覆盖的并行函数对不被之前已选中的输入覆盖。被这些并行函数对包含的函数就是 i 所选择的函数。

11.5.3　指导错误检测

在这一步,简单地将现有的并行错误检测器应用于选出的输入和函数中。这里唯一重要的问题是大多数运行并发错误检测器不会对所有的运行函数进行选择,需要对现有的错误检测器进行小小的修改,再融入错误检测框架。

在当前的实现中,将基于 pin 的执行跟踪工具稍微修改为命令行输入文件。这个输入文件包括第二步中识别的每个函数的指令地址范围,每个范围由函数的入口地址和出口地址表示。修改过的工具只记录被输入文件表示指令地址被分入范围内的内存访问。然后用跟踪分析算法来检测数据冲突和原子性违背。类似的修改也可以很容易地在其他现存的并行错误检查器上实现。

11.5.4　错误检测质量评估

错误检测的质量通常是由以下 3 个指标来度量的,本章也采用这 3 个指标对提出的 CFP 错误检测能力进行度量和评估。

(1)性能;

(2)漏报;

(3)误报。

将本章设计的 CFP 指导的错误检测能力与传统错误检测工具进行定性比较,可以得到以下结论:

(1)在误报方面,CFP 一定不会比任何其他工具引入更多。

(2)在性能方面,CFP 的第三步明显比传统版本更快,因为只涉及被选中的输入和函数。输入和 CFP 重叠的输入越多,CFP 的好处就越大。然而,CFP 的第一步和第二步要比本没有这些步骤的传统方式产生更多花费。事实上,CFP 带来的益处要比它的花费多得多,因为 CFP 度量比并行错误测试花的时间少得多。11.6 节实验中会看到更多量化的细节。

(3)对于漏报的测量方式有两种。一种是忽视实际资源限制,用几乎无穷尽的时间和无限的资源去测量能发现多少独特的错误。另一种相对更现实的方法是,利用有限资源在有限时间内测量能发现多少独特的错误。由于对一组输入而言,资源的限制是一个更现实的问题,第二种方法更适合该工具。在这种测量方式下 CFP 会导致更少的漏报,因为产生重复错误报告花费的资源更少。

不考虑资源的限制时,CFP 必然比传统方式产生更多的漏报。一般来说,CFP 保证在至少一个错误下对每对并行函数对进行检测。然而,有些错误可能只有当并行函数在特定输入下运行时才能被检测出来。比如,一些错误可能藏在那些当它的调用函数被执行时并不总被执行的部分了。再举一例,不同的输入可能会对同一代码段进行不同的表达,导致两个指令在同一输入下访问不同的地址或在不同输入下访问同一地址。另外,在 CFP 的原子性违背下还有另外一种漏报的来源。有时导致原子性违背的代码语句可能不止在一个函数里。并行函数对不能很好地预测到这些错误的存在。

CFP 提高了输入错误检测的性能,同时也承担了资源丰富是在所有输入下比全面计算错误检测遗漏错误的风险。它适合有限资源下的错误检测与测试,这在现实中是常见的情况。事实上,在现实中,即使在 CFP 指导的错误检测下,软件公司也可能没有时间和资源完成测试。在这种情况下,CFP测量指标可以给开发者提供一个定量的内部测试完成度,这个指标对多线程软件测试很有用,就像声明覆盖和分支覆盖是循序软件测试的关键一样。

11.6 实验及结果分析

本章给出的CFP检测方法通过在五个应用程序(Click 1.8.0,FFT,LU,Mozilla - JS m10以及PBZIP2 0.9.4)中进行实验验证,将检测结果与传统检测方法进行对比,从性能、误报和漏报三个角度进行定量分析,最后进一步探讨CFP的适用情况和限制。

11.6.1 实验设计

实验在一个8核的Intel Xeon机器和LLVM2.8的编译器上运行。实验过程将CFP指导的并行错误检测和对每个输入进行全面检测的传统方法进行比较。使用检测器进行数据冲突和原子性违背的检测,唯一的区别是CFP使用的检测器被设置只监视特定的函数。

结果评估将CFP和传统方法在以下几方面进行对比:性能、漏判、错误报告重复率,以及跟踪大小,给出的优化算法和CFP其他细节也将进行评估和讨论。

11.6.2 实验结果及分析

1. 总体结果

由表11-9和表11-10可见,CFP指导的方法可以显著提高并行错误检测的性能,几乎没有漏报并大量减少错误检测跟踪大小。对数据冲突和原子性违背的结果是相似的。

在性能方面,CFP可对数据冲突和原子性违背达到平均4.0倍和3.4倍的加速,分别对应FFT的最佳性能改善和Mozilla的最差改善。

在漏报方面如表11-9和表11-10中Buggy列所示,无论在数据冲突还是原子性违背方面,CFP都没有任何遗漏和失败。如在11.2节所讨论的,冲突检测器和原子性违背检测器也会报告那些不导致软件故障的冲突和原子性违背。当考虑这些导致故障和不导致故障的报告时,如表11-9和表11-10所示,CFP带来1.7%~4.5%的漏报率,与加速率相比是一个很小的数字。在所有基准测试中,Click生成最多的数据冲突和原子性违背错误报告。因此,在CFP下它也带来最多漏报。

表 11-9 CFP指导的数据冲突测试整体结果

应用	加速/倍	漏报率		漏报		跟踪减少/(%)
		All	Buggy	All	Buggy	
Click	3.5	2.0%	0%	17	0	82%
FFT	6.2	4.5%	0%	3	0	82%
LU	4.9	1.7%	0%	1	0	76%
Mozilla	1.5	2.9%	0%	14	0	39%
PBZIP2	3.8	3.1%	0%	2	0	75%
平均	4.0	2.8%	0%	7	0	71%

表 11-10　CFP 指导的原子性违背测试整体结果

应 用	加速/倍	漏报率		漏　报		跟踪减少/(%)
		All	Buggy	All	Buggy	
Click	2.5	2.0%	0%	46	0	82%
FFT	5.6	3.0%	0%	11	0	82%
LU	4.8	4.3%	0%	7	0	76%
Mozilla	1.6	1.9%	0%	14	0	39%
PBZIP2	2.4	4.2%	0%	6	0	75%
平均	3.4	3.1%	0%	17	0	71%

CFP 还显著降低了并行错误检测中的跟踪大小,实现中的冲突检测器和原子性违背检测器都要分析运行踪迹来发现错误。通过选择输入和函数,CFP 在 5 个基准中平均降低了 71% 的执行踪迹大小。

上述结果表明,CFP 指导的方法可以在内部错误检测和测试时显著加速一组输入下的错误检测过程,而对故障检测覆盖率的影响可以忽略不计。

2. 输入和函数选择

CFP 指导的方法比全错误检测运行更快,因为它只对选中的输入和函数进行错误检测(见表 11-11)。

表 11-11　输入/公共选择和踪迹导向的变化

应 用	输　入		函　数		跟踪大小/MB	
	传统/MB	CFP/MB	传统/MB	CFP/MB	传统/MB	CFP/MB
Click	6	4	3 689	724	94	17
FFT	8	1	135	21	1 011	182
LU	8	1	122	18	1 012	256
Mozilla	7	5	1 583	857	10	6
PBZIP2	8	2	782	135	132	33

注:函数和踪迹大小都在输入下被聚合。

在表 11-11 中,15 个输入在 5 个基准中被选择,对 FFT,LU 和 PBZIP2,只需 1 或 2 个输入就能提供一个完整的 CFP 覆盖。

除了输入选择,CFP 方法还在运行各个输入时选择被检测的函数。表 11-11 中函数列显示静态函数执行下运行函数的总数和每个输入下被错误检测工具监视的函数。表 11-11 中,CFP 下被监视的函数数其实只是传统的 15%~54%。在 Click 中,即使 6 个输入中有 4 个被选中,当部分选定的输入执行时只有很少的函数被监视。因此,CFP 只监视传统输入下被监视函数的 20%,这导致了表 11-10 所示的 80% 跟踪减少。

总的来说,对于所有基准,CFP 可以有效地指导我们对并行错误检测结果进行确定,选择输入函数。需要注意的是,对一个程序和一组输入来说,输入选择和函数选择都只计算一次。之后,冲突测试和原子性违背检测都使用相同的选择结果。

3. 错误报告重复率

直接对一组输入应用传统并行错误检测是低效率的,因为一些错误会被重复报告。表 11-12 显示了 CFP 指导的方法可以有效地降低错误报告重复率。具体地说,在 5 个基准下,每个输入的平均冲突报告数从 3.6～4.5 降到了 1.0～2.2。原子性违背重复率也从 2.7～4.5 降到了 1.1～2.8。事实上,除了 Mozilla,其他基准下 CFP 的重复率都降到了 2 以下。

表 11-12 错误报告重复率(所有报告/独特报告)

应 用	数据冲突		原子性违背	
	传统	CFP	传统	CFP
Click	3.6	1.2	2.7	1.8
FFT	4.5	1.0	3.8	1.3
LU	4.1	1.0	5.4	1.1
Mozilla	4.1	2.2	3.4	2.8
PBZIP2	4.5	1.2	3.5	1.2

用一个例子来解释无法将重复率降到 1 的原因。假定选择输入 i1 来覆盖一个并行函数对{f2,f3},i2 覆盖{f1,f3}和{f1,f2}。f2 和 f3 间的数据冲突指令会被 i1 和 i2 报告,因为两个输入里都监视 f2 和 f3。未来的工作中会设计更好的监视方案或输入/函数选择方案来进一步降低重复率。

总的来说,CFP 指导的方法显著降低了输入下数据冲突和原子性违背的错误报告重复率。这个减少会自然导致更有效率的错误检测和更少的检测时间以及类似的检测覆盖。它会减轻开发人员识别和抛弃重复错误报告的负担。

(1)漏报。CFP 指导的检测比起传统的只遗漏了所有冲突和原子性违背的 1.7%～4.5%。更重要的是它不会导致任何会引起软件错误的冲突和原子违背错误的漏报。几乎所有的漏报都发生在一个函数里不同输入覆盖不同基本块的情况下,而选定的输入正好错过这些包含数据冲突或原子性违背的基本块。未来的工作可以改进 CFP 粒子指标以减少漏报。

考虑到 CFP 指导的错误检测已经达成 1.5～6.2 倍的加速,上述的漏报率是很低的,同时在开发者要在有限时间内完成错误检测和测试时这也是一种有价值的付出。

(2)性能评估。表 11-13 显示在 CFP 指导的数据冲突错误检测中 3 个步骤的详细的性能情况;表 11-14 显示在 CFP 指导的原子性违背错误检测中 3 个步骤的详细的性能情况。表格数字 1 表示没有监视下每个基准情况对应所有输入运行的总时间,将其作为"基准"时间,其他数字都是以这个"基准"时间为基准的;"传统全部"表示传统方法花费总时间。

表 11－13 数据竞争错误检测结果数据

应用程序	基准/s	传统全部	CFP 第一步	CFP 第二步	CFP 第三步	CFP 全部
Click	1.71	1.79	0.04	23.72	25.55	87.27
FFT	0.03	1.94	0.01	170.66	172.61	1 078.22
LU	0.94	1.89	0.000 5	41.53	43.42	212.76
Mozilla	0.30	4.48	0.10	60.39	64.88	99.24
PBZIP2	5.40	1.06	0.000 6	4.87	5.93	19.84

表 11－14 原子性违背错误检测结果数据

应用程序	基准/s	传统全部	CFP 第一步	CFP 第二步	CFP 第三步	CFP 全部
Click	1.71	1.79	0.04	10.63	12.46	30.40
FFT	0.03	1.94	0.01	109.95	111.90	628.71
LU	0.94	1.89	0.000 5	41.26	43.15	207.12
Mozilla	0.30	4.48	0.10	39.85	44.43	69.88
PBZIP2	5.40	1.06	0.000 6	1.38	2.44	5.93

CFP 指导方式的第一步是对每个输入进行 CFP 度量。一般来说，它很快，比没有监视简单运行的一个程序少 100％ 的开销。Mozilla 是开销最大的，因为它包含很多很少访问堆/全局变量的小程序。这些程序在 CFP 度量时会导致相当大的开销。此外，Mozilla 里的许多函数不管是直接还是间接地通过其被调用者有同步操作。因此，CFP 指导的优化对 Mozilla 的帮助并不像对其他基准那么大。

对每个输入下 CFP 的测量（CFP 第一步）花费的时间比全面运行所有错误检测（传统全部）少。例如，在所有基准下，前者的冲突检测只花费了全面的 0.2％～5.3％。这证明了 CFP 在简单设计原则下的成功。

第二步是对输入和函数进行选择。它在 3 步中花的时间最少。

第三步是对选定的输入和函数进行并行错误检测。毫无疑问，它是最耗时的一步。当然这依然快于传统的并行错误检测（传统全部列）。

最后，"CFP 全部"和"传统全部"将 CFP 指导的测试和传统错误检测花费的时间进行对比。"CFP 全部"是以上 3 步的总和。如所看到的，CFP 指导的方法显然比传统方法快。

CFP 指导方法的加速主要由被选中的输入和函数数量决定。直觉上来说，选择的越少，CFP 指导的错误检测越快。严格来说，CFP 测量时间也会影响加速。然而，因为它比错误检测（第三步）花的时间少得多，因此其影响可以忽略不计。

例如，CFP 指导的冲突（原子性违背）检测在 FFT 上比传统快 5～6 倍。原因是 8 个测试输入中只有 1 个被选中。另外，CFP 指导方法在 Mozilla 上实现了 1.6 倍加速，因为 7 个测试输入中有 5 个被选中，而 54％ 的函数仍然需要被分析。CFP 指导的方法在 Click 上达成了 3

倍加速,尽管 6 个输入中有 4 个被选中,原因是只有约 20％的函数被选中。

如性能评估中所显示的,尽管 CFP 指导的方法的前两步带来额外的花费,这些花费可以轻易地被第三步减少的错误检测时间补偿。另外前两步 CFP 度量和输入/函数选择的结果也可被冲突检测和原子性违背共享。当把这两个放在一起考虑时,加速变得更加重要。

（3）每个输入的多重错误检测。在默认情况下,在数据冲突和原子性违背的检测中对每个（被选定的）输入只运行一次,这在资源有限的实际软件测试中是很常见的。在本节,研究每个输入下多重错误检测的影响。使用下标 M 来区分新设置和默认设置,表 11－15 显示了更多的细节。因为多重错误检测中没有额外引起失败的错误报告,因此这里只讨论下面的错误报告结果。

表 11－15　实验使用的不同设置

	每个输入下运行应用程序
Full	1
CFP	1 in Step 1；1 in Step 3
Full$_M$	10
CFP$_M$	1 in Step 1；10 in Step 3
CFP$_M^+$	10 in Step 1；10 in Step 3

注:Full$_M$,CFP$_M$和 CFP$_M^+$是每个输入下进行多重错误测试的结果。

由表 11－16 可见,额外错误检测运行几乎没有带来额外的错误报告。比如,比较 Full 与 Full$_M$,只有 0～10 个额外错误报告。Click 产生最多额外错误报告:6 个额外的数据冲突和 10 个额外原子性违背,只造成了 0.7％和 0.4％的错误报告增长。这个结果说明在资源有限的软件测试环境中一次错误检测运行就足够了。

Click 和 Mozilla 是仅有的两个产生 Full$_M$,CFP$_M$和 CFP$_M^+$数量不同的应用。

在 Mozilla 中,CFP$_M$设置在其 CFP 测量中发现 3 个额外并行功能对。因此,CFP$_M^+$发现的并行错误比 CFP$_M$更多。另外,Click 中 CFP$_M^+$没有发现更多并行功能对。因此,CFP$_M$和 CFP$_M^+$产生相同数量的错误报告。

在 Mozilla 和 Click 中,CFP$_M$比 Full$_M$产生的额外错误报告更少。其中一些是由一次 CFP 测量没有发现的并行函数对造成的。它们中的一些位于很少被执行的路径里。通过在更多输入下更多次数地运行同一函数,Full$_M$有更多机会发现这些错误。

表 11－16　Full$_M$,CFP$_M$,CFP$_M^+$带来的额外错误报告

应用	数据冲突			原子性违背		
	Full$_M$	CFP$_M$	CFP$_M^+$	Full$_M$	CFP$_M$	CFP$_M^+$
Click	6	3	3	10	5	5
FFT	0	0	0	0	0	0
LU	0	0	0	0	0	0
Mozilla	3	1	6	5	2	8
PBZIP2	1	1	1	2	2	2

总体而言,完全的并行错误检测在一些应用中可能在运行额外的错误检测中比 CFP 方法收益更多。然而,在资源有限的测试中,这些收益太小不能和额外运行错误检测的代价相比。

(4)其他结果。

1)优化效果。本章给出两个 CFP 测量的优化方法。表 11-17 显示了它们对减少 CFP 踪迹大小和 CFP 度量时间的影响,其中 CFP 踪迹大小和 CFP 第一步时间都是所有输入的总和。

表 11-17 CFP 优化的效果度量

应 用	CFP 踪迹大小/MB				CFP 第一步的时间(标准化)			
Click	NoOpt	Opt. 1	Opt. 2	Opt. 1+2	No Opt	Opt. 1	Opt. 2	Opt. 1+2
FFT	93.40	93.24	9.28	9.25	18.36	17.24	1.95	1.79
LU	0.95	0.94	0.93	0.92	3.10	2.89	2.44	1.94
Mozilla	836.27	835.43	4.85	4.31	74.13	72.65	1.97	1.89
PBZIP2	10.21	8.41	8.68	7.81	7.44	5.78	5.81	4.48
Click	0.98	0.93	0.87	0.67	1.14	1.09	1.09	1.06

总的来说,组合起来的优化效果是显著的。因为在 CFP 度量中优化都跳过许多函数入口/出口的记录,减少了 99% 以上的 CFP 度量踪迹大小和 98% 以上的总 CFP 度量时间。没有这两个优化,CFP 度量会花费 74 倍的基线运行时间,有了这些优化,部分会放慢 2 倍以上。显然,不同应用下优化效果也是不同的。对这 5 个基准而言,优化二比优化一更有效。然而,它们并不能彼此取代。例如,优化一对 Mozilla 最有效果,节省了 22% 的 CFP 测量时间和 18% 的 CFP 踪迹。其他 4 个基准都有更少的只访问栈变量的函数,因此在优化一上收益较少。优化二对 LU 和 Click 最有效,减少了超过 90% 的 CFP 踪迹,节约了 90% 的跟踪分析时间。

2)CFP 的规模。也许有人会想知道一个应用程序中有多少个并行函数对。前面介绍了每个基准应用程序下所有输入独特并行函数对聚合后的大小。测试输入运行函数的所有类总数,每个程序的静态函数总数量,和所有独特函数总数也被被列出。自然地,有更多(被运行的)函数的程序就有更多的并行函数。同时,由于同步操作,很多函数也明显不能互相并行。表 11-18 展示了实验选择的 5 个应用程序中的类、函数以及 CFP 数量汇总。

函数选择的好处:CFP 方法比传统方法的提高来自两个方面,减少测试输入数量和减少第三步需监视的函数数量。为了更好地理解这两个来源的贡献,对第三步所有选定输入下被监视的函数以及总测试时间进行评估,并且把它和传统方法及 CFP 方法进行比较。

表 11-18 类、函数、CFP 的总数

应 用	类	函 数	运行的函数	聚合 CFP 大小
Click	133	1 889	964	2 504
FFT	0	23	23	42
LU	0	21	21	62
Mozilla	0	1 050	268	22 970
PBZIP2	0	125	125	426

由表 11 - 19 可见,即使没有选择函数,仅输入选择就可以提供比传统方法平均加速 3.5 倍的冲突检测和 3.1 倍的原子性违背检测。函数选择进一步提高了性能,实现了平均加速 4 倍的冲突检测和 3.5 倍的原子性违背检测。

表 11 - 19 有/无函数选择情况下与传统方法相比的加速

应用	有函数选择/倍		无函数选择/倍	
	冲突	原子性违背	冲突	原子性违背
Click	3.5	2.5	1.9	1.4
FFT	6.2	5.6	6.2	5.6
LU	4.9	4.8	4.9	4.8
Mozilla	1.5	1.6	1.3	1.3
PBZIP2	4.0	3.4	3.5	3.1

不同基准下函数选择的影响也是不同的,Click 获益最多。没有函数选择,Click 的测试时间几乎加倍。另外,对 FFT 和 LU 函数选择几乎没有影响。原因是 FFT 和 LU 只有一个被选定的输入,因此,按 CFP 方法所有的函数都被选择了来测试这个输入。

总之,函数选择和输入选择都对缩短测试时间很有用,对基准来说,这两者中的输入选择影响更大。

11.6.3 限制和讨论

1. 随机选择输入的结果又会如何呢?

CFP 指导的方法的一个替代方式是随机选择输入来进行并发错误检测,但是 CFP 给出的方法具有更好的指导作用,其主要有下述原因。

(1)CFP 指导的方法允许不只选择输入,而且还可以选择函数。这个能为选定输入选择函数的能力对错误测试很关键(Click 就是一个例子)。而随机输入选择不能做到这一点。

(2)随机输入选择会带来不可预知的漏报。它可能恰好暴露很多错误,也可能导致很多漏报。例如,在 FFT 中,当随机选择 8 个输入测试集中的 1 个时,有 87.5% 的可能会导致冲突检测中与检测全部输入相比在 41%～100% 间可能性的漏报。相比之下,CFP 指导的方法确定会选择有最大的 CFP 的输入,并且只会导致 4.5% 的漏报。另一个例子,在 PBZIP2 中,每个会导致失败的错误报告都只会被少于一半的测试输入暴露出来。事实上,PBZIP2 有两个会导致错误的原子性违背错误只能被 8 个测试输入的两个和一个分别发现,因此,随机选择是很难预测其错误检测能力的。

(3)CFP 指导的方法更有意义。随机输入选择不能告诉开发者如何彻底检测错误,以及何时可以停止错误检测。作为一个覆盖度量,CFP 为开发者提供了一个就像传统声明/分支覆盖度量一样的定量测量来帮助开发者顺序测试软件。开发者也可以将 CFP 与其他信息结合,比如哪一部分的程序更容易出错,来进一步提高软件质量。

(4)随机输入选择比 CFP 指导方法的唯一好处就是它在选择输入时耗时更少。然而,因为运行并行错误检测器的花费的时间更长(表 11 - 13 的第三步),比 CFP 度量和选择输入/函数长得多(表 11-13 中的第一步和第二步),在大局中这一点小的性能优势可以忽略不计。

(5)还应注意,为有序软件设计的传统覆盖度量,比如计算有多少函数/分支/声明被运行了,在指导并行错误检测时是无效的。举个简单的例子,在 FFT 和 LU 中,可以设计两个有完全相同命令行,只是一个是单线程一个多线程的输入。这两个输入会包含同样的一组函数。然而,它们显然在暴露并发错误上能力不同。

2. 如果有更多测试输入会怎样?

在实际中,内部测试使用的测试输入集比在本节中使用和评估的大得多。因此 CFP 方法的获益不会因此降低,反而会在更大的输入集下更加显著。

现实中广泛存在着共享同一并行功能对并暴露同一并行错误的输入。在软件测试中,测试输入数据集设计一般是要达到良好的数据流覆盖或者控制流覆盖。为了覆盖一个前面未覆盖到的语句、函数或者定义使用对,新给的测试输入往往会重复执行许多原来已经覆盖过的语句和函数。在测试输入集中自然有代码覆盖的重叠。因此,测试输入中自然有 CFP 覆盖重叠和重复错误报告。因为用来度量 CFP 的时间只是检测错误时间的一小部分,在显示的大测试输入下,CFP 方法将保持它与传统方式相比的优点。事实上,对于一个给定的程序,随着输入集的扩大,会有更多的错误重复报告和更多的 CFP 重叠。因此,CFP 方法的性能优势很可能会增加。

3. CFP 对其他检测工具/方法是否适合?

作为一个描述交互空间的一般指标,CFP 可以帮助帮助很多并行错误测试器测试输入。当然了,如果一个并行错误检测器比本节使用的检测器运行快得多(比如快 10 倍),它的收益可能会降低。然而,加快并行错误检测技术也能帮助加速 CFP 度量,这种情况下依然能保持CFP 指导的错误检测的益处。

CFP 的漏报大部分出现在很长并且有复杂控制流的函数上,有大量此类函数的应用将承受更多的漏报。同时,当应用程序变得更大时,只要长函数比例不增加,CFP 方法的益处就不会因此减少。考虑到长函数会伤害软件的模块化和维护性,不论是大的还是小的应用程序,都只有小部分漏报从而在 CFP 中获益。

4. 如何进一步改进 CFP?

上面给出的只是一个提升多输入并行错误检测的起点,仍有很多改进的余地。在性能方面,在静态分析的帮助下,未来可以探索更有效的 CFP 度量技术。在函数方面,单个函数可能不是最好的描述交互空间的单位。有些时候,作为单位一个函数可能太小了,监视只有几个全局或内存访问函数的入口和出口会导致大量花销;而有时作为单位一个函数又可能太大了,比如,一个函数内的同步操作可能会导致一个函数内不同部分有不同时间戳,当函数过大的时候,里面不同的路径可能访问的是完全不同的变量、内存等信息。

第 12 章　并行错误修复方法

许多并行错误检测工具被设计和实现,如检测原子性违背、数据竞争、死锁、顺序违背等。然而,发现错误仅仅是一个开始,只有错误被正确修复之后,然后可靠性才能得以提高。错误修复是一项极其耗时的任务,而且容易引发新的错误,尤其是并行错误的修复对于开发人员更是极大的挑战。一项针对开源系统的研究中表明,正确修复一个并行错误,平均需要耗费一个开发人员 73 天的时间。另外一项针对操作系统的研究表明,在所有错误类型中,并行错误是最难修复的,39% 的用于修复操作系统中并行错误的补丁都是不正确的。

但是,比起普通错误类型,并行错误更适合使用自动修复策略。大多数并行错误都是不确定的,只在某种特定交互情况下引起系统错误。这说明正确的操作行为已经出现过了。因此,这类错误可以通过在软件中增加同步机制来阻止引起错误的交互。

本章介绍一个名为 CFix 的并行错误自动修复系统,具体目标如下:

(1)修复大多数并行错误类型;

(2)整个错误修复过程自动化;

(3)修复过程不引入新缺陷。

12.1　CFix 框架和算法设计

CFix 不是一个新的技术,而是基于现有的错误检测工具和修复策略,提供一种并行错误自动检测和修复框架。CFix 中整个错误修复过程都是自动进行的,在修复检测到并行错误的同时,通过检测机制自动检查新的补丁,对发布后程序的运行情况进行监控,以确保修复策略的正确性。本节详细讲述该框架的设计思想、原理和具体工作流程。

12.1.1　设计思想

CFix 设计面向各种类型并行错误,利用现有研究成果和工具作为基础。以下 3 点是 CFix 设计所考虑的主要目标:

1)修复大多数并行错误类型;

2)整个错误修复过程自动化;

3)修复过程不引入新缺陷。

图 12-1 所示为 CFix 的工作过程展示,主要分为 5 个阶段。

第一阶段:理解错误。

CFix 的重点是修复错误,但是发现错误是修复错误的前提。关于并行错误检测的研究有许多,CFix 实现过程需要选择一些行之有效的现有的检测器来检测错误,比如原子性违背检测器、次序违背检测器、不正常的内部线程数据依赖检测器等。将这些检测器称为 CFix 前端,用于提供引起错误的交互信息(即错误指令的具体执行顺序)。

第二阶段：修复策略设计。

CFix 为每种并行错误类型设计一组修复策略，每种策略都有一种互斥或顺序关系，一旦这种关系被强制执行，就可以阻止引起错误的交互场景出现。通过将错误检测报告分类对应到互斥或次序问题，CFix 就避免了面对种类繁多的并行错误和错误检测工具。想要将 CFix 扩展使其适用于一种新的并行错误类型，只需要设计新的修复策略然后重用 CFix 其他现成的组件即可。

第三阶段：强制同步。

基于第二阶段提供的修复策略，CFix 采用静态分析的方式来决定需要使用锁或者条件变量来进行同步的位置和方法，然后进行修改并生成补丁包。比如，CFix 使用另外一个命名为 AFix 来实现强制互斥，同时使用工具 OFix 来强制顺序关系。OFix 同时考虑了修复正确性、性能以及简单的补丁机制。通过与 OFix 结合，CFix 拥有了更多的同步机制，从而可以修复更多的并行错误类型。

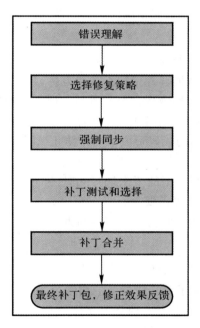

图 12-1　CFix 处理流程

第四阶段：补丁测试和选择。

CFix 会对采用不同修复策略产生的补丁包进行测试，在考虑正确性、性能以及补丁简洁性的情况下，选择最优的补丁包。在这一阶段，CFix 通过采用错误检测器的测试框架以及多个候选补丁包的方式，降低了并行系统测试的难度，因为有时候一个补丁包的测试结果可以反应其他补丁包的问题。另外，也解决了错误原因报告不准确的难题，因为真正修复了错误的补丁包在测试阶段其正确性和性能表现应该是最好的。

第五阶段：补丁合并。

CFix 提供补丁包分析和合并的功能。这里会针对同步操作给出一个新的补丁合并算法，比如条件变量、信号等待等。对于互斥同步，比如锁，采用 AFix 来进行补丁合并。在这一阶段，同步变量和操作极大地提高了补丁的简洁性。

最后,CFix 在可控开销情况下,采用运行时监控机制对程序执行进行监控,如果发现由于补丁发布引起死锁现象,会给出报告,用于指导进一步错误修复。

12.1.2 前端设计

错误修复必须基于错误检测技术,因为只有错误被检测和识别出来,才有可能找到适合的方案进行修复。CFix 框架中错误检测是基于现有的研究成果。从现有并行错误检测中选择可信度较高并且易于集成的工具,比如原子性违背检测器 AFix、顺序违背检测器 Conseq,ConMen 等。它们就是 CFix 前端,用于提供引起错误的交互信息。CFix 设计过程没有考虑死锁错误的支持,因为死锁有许多和其他并发错误不同的特性。

本章研究目标不是比较不同的错误检测器,实际中,没有一个错误检测器绝对比其他的都好。在性能、误报、漏报方面,不同的检测器有不同的优势和劣势。软件开发者和工具设计者可自行绝对选择哪种错误检测器。CFix 的目标是支持所有典型检测器,CFix 可以适应于各种检测器,只要该检测器可以提供引起错误的交互和涉及的指令说明。

1. 互斥和排序

为了有效处理不同类型的并行错误和错误检测器,CFix 把每个错误分解为互斥和顺序问题的组合。其基本原理是大多数同步原语要么执行互斥,比如锁和事务处理记忆,要么执行两个操作间严格顺序,比如条件变量,或者信号和等待。研究表明原子性违背和顺序性违背是现实中 97% 非死锁并发错误的根源。本节中,互斥操作引用 AFix 执行的指令 p,c,r 间的基本关系,一旦互斥被执行,p,c 之间的代码形成了一个防止 r 同时执行的临界段。

顺序关系要求操作 A 总是在另一个操作 B 之前执行。注意 A 和 B 在运行时可能各自有多个动态实例,不同场景中这些实例的要求顺序可能不同。我们专注于两个基本顺序关系:allA - B 和 firstA - B。当错误修复需要执行一个顺序关系时,除非错误报告特别要求,先尝试 allA - B,若 allA - B 造成死锁或超时再转向较少约束的 firstA - B。

2. 原子性违背策略

当一个线程里的一个不可串行的代码区域被另一个线程交叉访问时,会发生原子性违背。CFix 使用工具 CTrigger 作为原子性违背检测的前端。每个 CTrigger 错误报告是 3 个一组指令 (p,c,r) 以至于软件无法确定 r 是什么时候在 p,c 之间执行的,见表 12 - 1(a)。其中,矩形表示互斥区域,宽箭头表示执行顺序,圆形表示指令。垂直线表示线程 1 和线程 2。A_n 是 A 的第 n 个动态实例。

表 12 - 1 错误报告和修复策略

	(a) 原子性违背	(b) 顺序违背		(c) 数据竞争	(d) Def - Use	
		allA - B	first A - B		远程出错	本地出错
报告						

续 表

	(a) 原子性违背	(b) 顺序违背		(c) 数据竞争	(d) Def – Use	
		allA – B	first A – B		远程出错	本地出错
一组	p、r	B、A_1…A_n	B、A_1…A_n	l_1、l_2	R、W_g	W_b、R、W_g
二组	c、r	N/A	N/A	l_1(?)、l_2	R、W_b	N/A
三组	p、c、r	N/A	N/A	N/A	R、W_b、W_g	N/A

在表 12 – 2 所展示的例子中,即使线程 1 和线程 2 互斥也不能修复错误,因为 r 仍然可以在 p 跟 c 后执行。

表 12 – 2 FFT 简化的并行错误

线程 1	线程 2
printf("End at %f", Gend); //p	
…	// Gend 在这里才被初始化
printf("Take %f", Gend – init); //c	Gend = time(); //r

CFix 探索所有可能的方式来禁止引起错误的交互:

1)强制一个顺序关系,使 r 总在 p 之前执行;

2)强制一个顺序关系,使 r 总在 c 后面执行;

3)强制使 p,c 和 r 互斥。

3. 顺序性违背策略

当一个操作 A 应该在另一个操作 B 之前执行,而程序没有强制使之执行时,会发生顺序性违背。顺序性违背导致了 1/3 的现实无死锁并发错误。表 12 – 3 显示了两个简化过的现实顺序性违背。

有许多现存的工具可以检测顺序性违背,而且它们都适用于 CFix。本节使用 ConMem 作为代表性的顺序性违背检测器,它可以发现导致两种常见顺序错误的错误交互:悬空资源和未初始化读入。对于悬空资源,ConMem 定义一个资源使用操作 A 和一个资源销毁操作 B,见表 12 – 3。在一个资源所有使用被执行之前销毁时该资源软件会出错。对于未初始化读入，ConMem 找到一个读操作 B 和写操作 A。当出现至少一个 A 发生在 B 之前的实例时软件会出错，这会导致未初始化读入。

表 12-3　PBZIP2 中简化的顺序违背错误示例

线程 1	线程 2

while (…)
　{
tmp = buffer[i]; // A
　}
	free(buffer); // B

对于每个这两种错误，CFix 有一种相应的解决策略。由表 12-1(b)可见，执行 allA-B 顺序关系来修复悬空资源问题，执行 firstA-B 顺序关系来修复初始化读入问题。

4. 数据冲突策略

冲突检测器报告包括从不同的线程并行访问同一个变量的至少包含一个写操作的不可同步指令。基于冲突的测试可以识别冲突指令对(I1,I2)，当 I2 在 I1 后立即执行时软件会出错。CFix 实现一个广泛使用 Lockset/Happens-before 混合的冲突检测算法，再加上 RaceFuzzerstyle 的测试框架。这个前端可以识别表 12-1(c)中引起错误的交互。

表 12-1(c)还说明了两种可能修复典型数据冲突错误的策略：

1)强制执行一个顺序关系，使 I2 总在 I1 前执行；

2)强制一个 I2 和始于 I1 终于某个待定指令间的互斥关系。

只有当前端还报告了一个 I2 和第三个指令 I3 间的数据冲突时采取第二种方法，I3 和 I1 来自同一线程，且当 I2 直接在 I3 前执行时软件失败。在这些约束下，同时考虑第一个和使 I1I3 和 I2 互斥的第二个策略。其他情况下，只考虑第一个策略。

5. 异常定义使用策略

一些错误检测器识别异常多线程的数据独立或数据交流模式，要么是很少被观察到，要么能引起特定类型的软件错误，例如声明错误。CFix 使用一个名为维 ConSeq 的工具作为异常定义错误检测前端。每个 ConSeq 错误报告包括两条信息：

1)一个读操作 R 使用另一个写操作 Wb 定义的值几乎每次都会失败；

2)读操作 R 使用另一个写操作 Wg 定义的值时成功了。

由于 ConSeq 不保证 Wg 是 R 唯一正确的定义，因此 CFix 只是把 Wg 当作一个提示。

把 R 和 Wb 来自不同线程的案例当作远程错误，根据 Wg 来源的不同，有不同的方法通过强制互斥或强制顺序来修复错误。表 3-1(d)显示了一个实践中常见的情况，把 R 和 Wb 来自同一线程的案例称为本地错误，这种情况只能通过强制顺序修改。

12.1.3　强制顺序执行组件 OFix

OFix 是 CFix 强制顺序进行静态分析和补丁生成的一个关键组件，尤其是 allA-B 和 firstA-B 顺序。它强制执行目标顺序，以避免死锁、过度性能损失和不必要的复杂度。

OFix 希望错误检测器使用两个向量来描述运行时操作信息：

1)运行指令的线程中的栈调用;

2)指示线程是如何被创建的栈调用链,称之为"线程堆栈"。

将执行 A 的指令称为"A 指令"。运行 A 指令的线程就是一个"信号线程"。信号线程的原型被称为"s-创建线程"。相反,对于 B,B 线程被一个等待线程执行,它的原型称之为"w-创建线程"。给出一个调用栈 $(f_0, i_0) \rightarrow (f_1, i_1) \rightarrow \cdots \rightarrow (f_n, i_n)$,其中 f_0 是一个线程的起始函数,可以是主函数或是任何线程创建函数传递的函数。每个最后一个之前的 i_k 都是 f_k 中调用 f_{k+1} 的指令。在信号或是等待线程中最后一个指令分别是是 A 指令和 B 指令。在 s-创建线程和 w-创建线程中,最后一个指令 i_n 调用一个线程创建函数。

1. 强制 allA-B 顺序

静态确定 A 中有多少实例会被程序运行,因此很难找到确定的位置来标记 A 的结束使 B 等待 A 中所有的实例。若认为 A 在每个信号线程里被运行了未知次数;s-创建线程也会被创建未知次数。用 4 步应对这些挑战:

1)定位在信号线程里插入信号操作的位置;

2)定位 s-创建线程里插入信号操作的位置;

3)定位插入等待操作的位置;

4)实现信号和等待操作来协调所有相关线程。

接下来,对这 4 个步骤进行详细阐述。

(1)找到信号线程里信号的位置。一个简单的方案是直接在 A 指令后插入信号操作,这可能导致很多问题,如图 12-2(a)所示。所以 OFix 的目标是放置信号操作使得一旦信号线程不能再运行 A 时运行特定的信号操作。

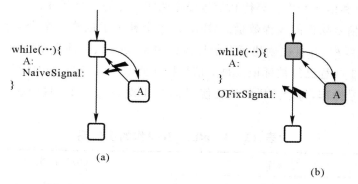

图 12-2 对 allA-B 的 Naïve 信号和 OFix 信号(⚡表示边缘信号操作)

(a)可能标记若干次,过早或从未唤醒等待线程;(b) OFix 只标记一次,灰色节点是到达节点

假设 A 有调用栈 $(f_0, i_0) \rightarrow (f_1, i_1) \rightarrow \cdots \rightarrow (f_n, i_n)$,其中 i_n 是 A 指令。OFix 分析从 f_0 开始。当程序不能再运行 f_0 中的 i_0 时,有问题的 A 调用不会再出现,它可以安全地发信号。因此 OFix 首先分析 f_0 的控制流图(CFG)来获得可以 0 步或多步到达 i_0 的 CFG 节点的集合。然后 OFix 在每个从到达节点到未到达节点的 CFG 边上插入一个信号操作。

在放置 f_0 中的信号后,可能还需要继续对 $f_1 f_2$ 等进行同样操作。关键问题是 i_0 是否可以多次调用 f_0,即 i_0 是否是一个循环。如果是,那么 f_1 不能决定线程中 A 何时运行最后一遍。否则,由包含 i_0 的最外层循环之外的 f_0 决定。当没有可以继续的堆栈时信号放置算法结束。

相反,如果 f_1,最多被 i_0 调用一次,抑制一般会放在 i_0 和其继承者间的边上的信号操作。相反,把信号操作分解成 f_1 和 f_1 中重复的信号放置分析。这个过程将不断继续至更深层的堆栈。信号放置在到达调用终点或遇到循环中调用时终止。

注意,一个函数 f_k 可能被许多不同调用栈调用,然而只希望 f_k 在一个特定的调用栈下运行信号操作。使用函数克隆技术来解决这个问题。所有 OFix 相关的转换实际上都是用于克隆函数。上述策略有两个重要的性质:

1) 每个信号线程的终止执行只标记一次,如图 12-2(b)所示,每个从到达节点到未到达节点的边上的线程只运行一次。

2) 根据 CFG 和内部程序,收益于将标记过程推进更深层堆栈的策略,每个函数里的信号被尽可能早地执行。这些性质有助于确保修复的正确性。它们还帮助补丁更早唤醒等待线程,限制了性能损失,减少死锁风险。

(2)找到 s-创建线程里信号的位置。信号操作同样需要被插入在可以产生更多信号线程的 s-创建线程中,否则,我们仍然不能知道何时我们已经安全通过了除最后一个之外的 A 的实例。s-创建线程匹配的过程已经被用在信号线程中。我们将信号放置算法和转换在会导致创建信号线程的线程创建祖先序列中应用于每个 s-创建线程中。这个算法确保了当它不能再创建新的 s-创建线程或信号线程时每个祖先线程信号只运行一次。

(3)找到等待线程中的等待位置。OFix 必须插入可以组织 B 运行的等待操作。假设 (f_n,i_n) 是 B 调用堆栈的最后一层,OFix 创建一个 f_n 的克隆,它只被错误相关的堆栈调用和线程调用中被调用。然后马上在 f_n 中的 i_n 前插入等待操作。

(4)实现等待和信号操作。等待和信号操作的实现分为 3 个部分:

1)跟踪执行信号操作的线程数量。OFix 在每个补丁里创建一个全局计数器 C。C 被初始化为 1,代表主线程,并且在创建每个信号线程和 s-创建线程前自动增加 1。

2)跟踪有多少线程已经被标记。每个信号操作使 C 自动减少 1(因为每个信号或 s-创建线程运行一个信号操作,每个这样的线程使 C 减少 1 次)。表 12-4(a)显示了信号操作的伪代码。

表 12-4　allA-B 操作的伪代码

(a)信号操作	(b)等待操作
mutex_lock(L);	mutex_lock(L);
if ($--$C == 0)	if (C > 0)
cond_broadcast(con);	cond_timedwait(con, L, t);
mutex_unlock(L);	mutex_unlock(L);

3)在所有需要发出信号的线程都发出信号之后,允许等待的线程继续执行。这是通过条件变量信号/等待和对 C 的检查实现的,见表 12-4(b)。

这些信号和等待操作 3 个变量:一个计数器,一个互斥锁和一个条件变量。这些与它强制的顺序关系是有静态联系的。

OFix 的同步操作不仅仅是发信号操作。因为不能提前知道每个等待操作应该等待多少个信号操作,所以 OFix 依赖于一个管理很好的计数器和一个条件变量来达成需要的同步操作。

2. allA – B 顺序评估和优化

(1)正确度评估。OFix 通过尽可能快的发出信号和尽可能晚的开始等待来做出最大努力来避免引入死锁。然而,它不可能静态保证同步强制操作会被死锁释放。为了掩饰补丁带来的潜在的死锁,OFix 允许等待操作超时。事实上,死锁主要发生在错误需要一个完全不同的解决策略,使得它们成为引导 CFix 补丁选择的重要提示。

掩盖之外的超时,等待操作保证 C 到达 0 之前没有 B 执行。信号操作保证只有当所有现存的信号和 s -创建线程都被标记是 C 才到达 0,这意味着没有更多的信号或 s -创建线程会被创建,因此没有更多的 A 实例可以被执行。因此,如果没有超时等待,OFix 补丁保证没有 B 的实例在 A 实例之前被执行。

(2)简单度优化。使用由补丁添加的同步操作的静态数量作为补丁简单度的度量。目前的实现中,OFix 的补丁是 LLVM 上的位码操作,但是设想最终使用一个类似的技术来生成源代码的补丁。OFix 位码补丁的简单度是影响等效源代码补丁可读性的主要因素。OFix 的简单度优化试图减少添加的同步操作的静态数目。

在上述的算法中,OFix 信号操作的插入是基于 A 的调用上下文的。事实上,如果一个信号操作 s 从未执行和 B 相同的运行,那么它就是不必要的,如表 3.5 所示。因为对于多线程软件而言,识别所有这样的 s 太过于复杂,OFix 侧重于在实际中找到的两个共同的和特别有用的情况。

为了简化讨论,我们使用 C=(main,i0)→ …→ (fk,ik)来表示 A 的调用上下文和 B 中不在循环里的 i0,…,ik 调用的最长公共前缀。当 ik 是一个静态绑定调用时,A 上下文中的下一级别和 B 是一样的,用 fl 表示。B 上下文的下一级别用(fl,iBl)表示。

Case 1:C 中 OFix 信号操作可以全部被删去,因为它们从未执行和 B 同样的运行。为了证明这一点,假设 s 是一个 fk 中插入的信号操作。优化 s 理由如下:①只要 s 被运行就没有 B 的实例会被运行。根据 OFix 插入信号操作的方法,只要程序在运行 s,则它不会再到达 C。②当 s 被运行时,没有 ik 的实例因此也没有 B 的实例在运行。如果这不是真的,那么信号线程会标记多次(ik 的被调用者中一次,s 一次)。但这在 OFix 补丁中是不可能的。因此,当 s 被运行时,B 不可能已经被运行也不会再被运行。删除 s 不会影响补丁的正确性,见表 12 – 5 (a)。

Case 2:fl 中的一个 OFix 信号操作 s 可以被删除,如果 s 不能到达 iBl 且 iBl 也不能到达 s。这种优化的意愿和情况一相同。表 12 – 5(b)显示了一个这种优化的案例。

3. 强制 firstA – B 顺序

(1)基本设计。为了保证 B 等待 A 的第一个实例,在 A 指令后面马上插入一个信号操作,在 B 指令后面马上插入一个等待操作。表 12 – 6 显示了一个 firstA – B 同步操作的代码,其中包括一个 alreadyBroadcast 的良性冲突,一个布尔标志和一个条件变量共同作用来阻止等待线程直到一个信号操作被执行。

表 12 - 5　删除不必要的 OFix 信号操作

(a)优化 Case 1	void main() {
	　if (…)
	　foo()；// i0
	　else
	　OFixSignal；// s
	}
		void foo()
		　{ // f1
		　pthread_create(Bthread，：：：)；// iB1
		　pthread_create(Athread，：：：)；// iA1
		　}

(b)优化 Case 2	void main()
	　{
	　if (…)
	　{
	　OFixSignal；// s
	　exit(1)；
	　}
	　pthread_create(Bthread，：：：)；// iB0
	　pthread_create(Athread，：：：)；// iA0
	　}	

表 12 - 6　firstA - B 操作伪代码

(a)信号操作	(b)等待操作

if (! alreadyBroadcast)
　{
　alreadyBroadcast = true；
　mutex_lock(L)；
　cond_broadcast(con)；
　mutex_unlock(L)；
　}
	mutex_lock(L)；
	　if (! alreadyBroadcast)
	　cond_timedwait(con，L，t)；
	　mutex_unlock(L)；

(2)安全网设计。当程序保证至少执行 A 的一个实例时基本设计适用。然而,这也许不能被保证,这种情况下强制 B 等待 A 可能会挂起等待线程。为了解决这个问题,OFix 增强了基本补丁的安全网:当程序不能再运行 A 时,安全网信号释放等待线程使之继续运行。

OFix 先检查 A 是否被保证运行:具体来说,是检查 A 调用栈中的每一层(fk,ik)中的 ik 是否控制 fk 的每一个入口块,当这些不能被保证时就需要安全网。

当需要安全网时,OFix 使用 allA - B 算法插入安全网信号操作。算法维护一个表 12 - 6 (a)中所示的计数器,并保证当程序不能再运行 A 时 C 降到零。为了允许安全网操作唤醒等待线程,这些操作共享表 12 - 6 中基本补丁中相同的互斥 L 和相同的条件变量 con。不管哪个线程 C 衰减到 0,运行 pthread_cond_broadcast 来接通被 con 阻止的线程。这个线程还设置了 alreadyBroadcast 来确认任何一个 B 的实例可无须等待运行。

OFix 检查 B 是否被安全信号操作控制。在这种情况下,安全网永远不能帮助唤醒 B,且可以被删除。最后,OFix 应用两个简化优化算法来删除不必要的安全网信号。

即使有了安全网,OFix 不能保证死锁自由。对于 $allA-B$ 补丁,OFix 使用 $firstA-B$ 中的超时等待操作来掩盖潜在的死锁。

4. 函数克隆

OFix 克隆函数来确保每个 OFix 补丁只在适当调用栈和线程创建上下文中生效。所有的补丁相关转化也都应用于克隆函数中。

考虑一个失败相关的调用链 $(main, i0) \rightarrow (f1, i1) \rightarrow \cdots \rightarrow (fn, in)$,把所有线程创建函数调用的 s-创建线程和信号线程(或者所有 w-创建线程和等待线程)的调用栈链接起来。函数克隆从这个调用链的第一个可以被被多个调用上下文调用的函数 fk 开始。OFix 创建一个从 fk0 到 fk 的克隆,并基于 ik1 的调用指令种类进行修改。如果 ik1 是一个对 fk 的直接调用,OFix 只在其克隆 fk0 中改变该调用指令的目标。如果 ik1 调用一个 fk 的线程创建函数作为线程开始程序,OFix 将其参数改为 fk0。如果 fk 被一个函数指针调用,OFix 添加代码来检查函数指针在运行时的实际值。当指针指向 fk 时,将修改代码替代 fk。

OFix 以这种方式从上到下遍历调用链的每一层来完成克隆,这直接从技术上归纳性地证明 OFix 总是对适当的上下文进行修改。

12.1.4　讨论

在上述的算法中,总是考虑错误报告的调用上下文。相信这是必要的,尤其是对基于动态分析的错误检测前端来说。OFix 还可以强制执行两个静态指令间的顺序,不管其调用堆栈。当调用栈不可用时这个选项可被启用。

OFix 通过克隆函数实现了上下文敏感,这可能会引入过多重复代码。从第一个可以被多个调用上下文调用的函数开始克隆的策略确保了所有克隆对实现上下文敏感是必要的。实验表明实际中的 OFix 错误修复不会引入过多的代码重复,只会影响整个项目的一小部分。

目前的实现使用 POSIX 条件变量,也可以使用其他同步原语,比如 pthread join。函数克隆技术和寻找信号/等待定位的分析仍然有用:通过设计,定位和同步操作的实现很大程度上是正交的。

12. 2　补丁选择与合并

对于由前段错误检测器检测到的错误信息,CFix 会基于不同修复策略生成多个修复补丁包,在最终合并代码时选择哪个补丁包是本节要讲述的内容。具体包括补丁测试和选择、补丁合并,而补丁合并需要遵循一定的规则指导,$allA-B$ 顺序补丁和 $firstA-B$ 顺序补丁的具体合并方法也会在本节进行介绍。

12.2.1　补丁测试和选择

在选择修复策略并执行同步关系后,CFix 对每个错误报告有一个或多个备选补丁。CFix

用以下方法测试补丁。

    CFix 首先通过静态分析和交互测试检查补丁的正确性。考虑到极大的交互空间,正确性测试是一个很大的挑战。CFix 先在没有外部干扰情况下运行一次修复后的软件,称为一个 R 测试,接着应用使用错误检测前端指导的测试,称为 G 测试。补丁在下面任何一种情况下会被拒绝。

    正确性检查 1:静态分析发现死锁。如果 OFix 等待操作被用同一条件变量的 OFix 信号操作控制,则补丁一定会引入死锁。

    正确性检查 2:R 测试失败。因为多线程软件在没有外部扰动时很容易失败,这种失败通常表明解决策略是错误的。例如,根据表 12 - 1 中的 CTrigger 错误报告,CFix 会尝试一个强制 r 总在 c 后执行的补丁,这会导致绝对性的失败。

    正确性检查 3:G 测试失败。这通常发生在补丁禁用了一些,但不是全部错误相关指令动态实例的引起错误的交互。

    正确性检查 4:R 测试超时。补丁超时可能是由被掩盖的死锁或是补丁性能大幅下降造成;我们的超时阈值是 10 s。CFix 在这两种情况下拒绝补丁,并为开发者提供死锁检测结果。

    正确性检查 5:相关补丁失败。有趣的是,可以使用一个补丁的正确性来推断相关补丁的正确性。由表 12 - 2 可知,如果一个顺序补丁强制 r 在 c 失败后运行,推断使 r,p,c 间互斥的补丁是错误的,因为互斥不禁止顺序补丁遇到的交互。

    多线程补丁通过正确性测试后,CFix 比较性能影响。在模型中,CFix 抛弃比其他补丁慢至少 10% 的补丁。当一个错误有多个通过正确性检查和性能检查的补丁,CFix 选择引入最少同步操作的补丁。注意,一些补丁可以被合并并显著提高简单度,将在 12.2.2 小节中讨论。因此,给出同一个错误报告的两个补丁,CFix 选择可以被其他补丁合并的那个。

    CFix 包括运行支持来决定 CFix 修复的代码超时是否由死锁造成。传统死锁检测算法不能发现条件变量等待线程和信号线程间的依赖关系,因为它们不能预测未来哪个线程会发出信号。受到之前工作的启发,CFix 通过开始监视和超时后的死锁分析来解决这一挑战。通过对超时之前的运行观察继续哪个条件变量的线程发出信号,CFix 可以在超时时在线程中发现循环等待关系。这个策略直到一个补丁超时前都不会增加开销。它可以用于补丁测试和生产运行监视。一般概念和大部分细节与 AFix 运行时是相似的,但扩展 AFix 运行时支持条件变量的信号和等待。不同于脉冲,CFix 不要求内核修改,因为它只专注于自身补丁造成的死锁。

    目前 CFix 只使用由原始错误检测器报告的引起错误的输入进行 R 测试和 G 测试。在实践中,这通常足够为目标错误选择一个很好的补丁,正如我们评估所证明的。理论上,这可能会忽视一些潜在的问题,比如在其他输入和交互下死锁导致的超时。在这种情况下,依赖低开销运行时间来提供改善补丁的反馈。

12.2.2　补丁合并

    补丁合并的目的是结合同步操作和变量,促进简化,还可提供更优越的性能。现实中合并是很重要的,因为一个信号同步错误常常导致几行代码的多个错误报告。一个一个修复这些错误代码会在原程序的几行里打包很多同步操作和变量,会对简单性和性能造成伤害。下面讨论 OFix 如何合并强制执行顺序的补丁。

1. 补丁合并指导方针

OFix 的补丁合并有 4 个指导方针：

指导方针 1：被合并补丁必须有比未被合并的补丁更少的静态动态信号和等待操作。

指导方针 2：每个错误必须仍然得到修复。

指导方针 3：合并必须不增加新的死锁。

指导方针 4：合并不能导致显著的性能损失。

注意，根据指导方针 2，信号操作不能被移到更前面。然而，把信号过久的推迟会伤害性能并引入死锁。

2. allA － B 顺序的补丁合并

表 12 － 7 显示了一个由 PBZIP 源码中简化的合并 allA － B 补丁的例子。为了理解合并是如何工作的，假设已经执行了两个 allA － B 顺序，A1 － B1 和 A2 － B2，使用补丁 P1 和 P2。

表 12 － 7　allA － B 合并示例

(a)信号线程	(b)等待线程
while (1)	
{	
mutex_lock(L)；// A1	
if (…)	
{	
—　　　OFixSignal1；	
mutex_unlock(L)；// A2	
—　　　OFixSignal2；	＋　　OFixWait[；
＋　　　OFixSignal；	—　　OFixWait1；
return；	—　　OFixWait2；
}	mutex_destroy(L)；// B1；B2
…	
}	

注：＋，－ 代表补丁合并导致的增加和删除。

仅当 A1，A2 共享相同的调用栈和线程栈时 OFix 才考虑合并，除了调用栈最后层的指令，用 $(fn, i^1 n)$ 和 $(fn, i^2 n)$ 分别代表 A1 和 A2。理由是避免信号从它们原来的位置被移动得太远，这会极大地影响性能（指导方针 4）。不考虑 B1 和 B2：每个补丁只包括一个等待操作，没有简化的潜力。

接下来 OFix 决定了归并补丁中信号操作的位置，假设有归并的话。为了修复原始错误（指导方针 2），当信号线程不能再执行 A1 或 A2 时它会执行一次归并信号操作。这导致除了 fn 外和 P1P2 中的信号位置相同。如果 P1 和 P2 实际上在 fn 中不不放置任何信号操作，归并就完成了。否则在 fn 中放置归并信号操作,这样当 f1 不能再执行 i^1n 或 i^2n 时就会发出信号。把 ReachSet1 和 ReachSet2 作为 fn 中可以到达 i^1n 和 i^2n 节点的集合。把 ReachSet 作为 ReachSet1 和 ReachSet2 的合并。合并的信号操作应该被插入到每个从 ReachSet 内部到外部的边上。图 12 - 3 显示了对表 12 - 7(a)代码的对应,不同的到达集用灰色高亮标出。

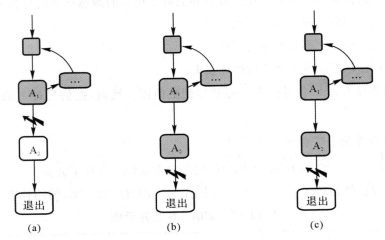

图 12 - 3　表 12 - 7(a) 信号线程的 CFG(⚡表示边上的信号操作)
(a)ReachSet₁ 和 OFixSignal₁;(b)ReachSet₂ 和 FixSignal₂;(c)ReachSet 和 OFixSignal

现在知道如果补丁需要被合并信号操作应该被放置的位置,当补丁不能减少信号操作技术时我们拒绝合并补丁,如指导方针 1。事实上,可以证明只有当 ReachSet1 和 ReachSet2 重叠时合并才提高了简单度。

如果对拖延信号操作过多以至于可能引入死锁(指导方针 3)则它不会通过最后的检查。只有当从未合并信号操作到合并信号操作的任何路径上都没有阻止操作时 OFix 才合并,从而保证不会引入新的死锁。我们的实现考虑阻止函数调用(如获得锁)和由堆或全局变量作为阻止操作的循环。为了决定一个函数调用是否可能阻止,CFix 保持一个非阻塞函数调用的白名单。

当通过以上所有检查时,OFix 合并 P1 和 P2。OFix 去除 P1P2 中原本的信号操作,并在上述选择的定位处插入合并信号操作。之前的简单度优化描述被重新应用:若 B1B2 无论何时都不能被运行,则删除合并信号。

为了合并等待操作,OFix 改变 OFixWait1 和 OFixWait2,两个操作 P1P2 里和合并信号操作相同同步变量的等待操作。OFix 还可以选择用一个位于最近的公共支配者的简单的等待 OFixWait 替换 OFixWait1 和 OFixWait2。只有当 OFixWait1 和 OFixWait2 共享同一个调用栈和线程栈且这个替换不会引入死锁时才启用这个选项。

这是对一个简单 allA - B 补丁合并程序的终点。合并后的补丁可能自己就是一个和其他补丁合并的候选者。合并会一直持续到没有合适的候选人为止。

3. firstA - B 顺序的补丁合并

表 12 - 8 提供了一个由 FFT 代码简化而得到的归并 firstA - B 补丁的实例。

表 12 - 8　firstA - B 归并示例

(a)信号线程	(b)等待线程

if(…)
{
Gend = end; // A1;A2
　－　OFixSignal1; // i1
　－　OFixSignal2; // i2
　＋　OFixSignal[; // i[
}
	＋　OFixWait;
	－　OFixWait1;
	printf("%d\n", Gend); // B1
	　－　OFixWait2;
	printf("%d\n", Gend - init); // B2

注:＋,－代表补丁合并导致的增加和删除。

给定两个 firstA - B 顺序,A1 - B1 和 A2 - B2,仅当 A1A2 除了调用栈最后一个指令外都共享相同的调用栈和线程栈时,OFix 考虑归并其补丁。这反映了和 allA - B 归并讨论中同样的性能。用 i1,i2 分别表示强制这两个顺序的基本信号操作,见表 12 - 8(a)。

为了保持 A1 - B1 和 A2 - B2 的顺序(指导方针 2),应该保证当 A1A2 执行后被归并的基本信号应该执行。这个定位,由 i 表示,是由 i1,i2 支配的最近公共支配者。若 i 不存在,OFix 会阻止此归并。

定位 i 之后,OFix 检测归并是否会造成新的死锁,检查等待操作是否可以被归并,为归并补丁插入安全网信号操作,并继续合并指导没有合适的归并候选人存在。

12.3　实验及结果分析

本章通过具体实验对 CFix 的错误修复能力进行评估。目前,CFix 可以支持两种最常见的并行错误的检测和修复,就是"顺序违背"和"原子性违背"。本章通过来自 10 个开源的 C/C++服务器和客户端应用的 13 个现实世界的错误案例评估 CFix,这些错误代表不同类型的错误根源,是并行测试研究常用的经典错误。

12.3.1　实验设计

CFix 包括两个静态分析和补丁组件,一个是 AFix,另一个是本文新提出的 OFix。AFix 和 OFix 都使用 LLVM,它们通过修改有错误的程序的 LLVM 位码应用补丁,然后把它编译成一个修复后的二进制可执行文件。

通过来自 10 个开源的 C/C++服务器和客户端应用的 13 个现实世界的错误案例评估 CFix,代表不同类型的错误根源,具体见表 12 - 9 和表 12 - 10,包括两类相似的错误类型:①原子性违背;②顺序性违背错误。

表 12 - 9　CFix 测试数据(顺序违背)

ID	应用程序	代码行	描　述
OB_1	PBZIP2	2.0KB	线程销毁后还存在多个变量被使用
OB_2	x264	30KB	文件在被主程序关闭后还有其他线程在读取

续 表

ID	应用程序	代码行	描　述
OB_3	FFT	1.2KB	多个静态变量在未被其他线程初始化前被主程序访问
OB_4	HTTrack – 20247	55KB	指针在未被其他线程初始化前就被在主程序中间接引用了
OB_5	Mozilla – 61369	192KB	指针在被主程序初始化前就被其他线程给间接访问了
OB_6	Transmission – 1818	95KB	某一变量在被主函数初始化前就被使用了
OB_7	ZSNES – 10918	37KB	某一排它变量在被主函数初始化前就被使用了

对于第一种类型,使用与 AFix 评估中相同的错误评估数据集。对于第二种类型,收集了工具 ConSeq,ConMem 和 DUI 过去论文使用过的错误情况。这 3 种工具以前论文共包括了要求顺序强制执行的 9 个案例,在此随机从中选择了 7 个。

表 12 - 10　CFix 测试数据(原子性违背)

ID	应用程序	代码行	描　述
AB_1	Apache – 25520	333KB	多个线程同时写入 log 缓冲,从而导致 log 记录错误或者崩溃
AB_2	MySQL – 791	681KB	调用创建 log 文件跟检查状态没有连续进行
AB_3	MySQL – 3596	693KB	对两个指针的检测或间接引用没有跟空值互斥
AB_4	Mozilla – 142651	87KB	内存区间在另外一个线程存在间接引用的时候可以被当前线程释放
AB_5	Cherokee – 326	83KB	两个线程同时对一个时间变量进行写操作,导致得到不正确的时间字符串
AB_6	Mozilla – 18025	108KB	对一个指针的检测或间接引用没有跟空值互斥

本节的错误案例集不一定是最优的,但都来源于实际并行系统非常具有代表性的应用程序和典型错误,在并行测试研究中应用非常广泛。

为了修复这些有错误的应用,遵从之前描述的 5 个步骤。首先把 4 个检测器作为原子性违背的前端(AV)、顺序性违背的前端(OV)、数据冲突前端(RA)和定义使用前端(DU)。在每种情况下至少一个前端检测原报告描述的导致失败的错误。然后 CFix 对于 AV,OV,RA 和 DU 生成的 90 个错误报告进行生成、测试、选择补丁。它还在最终修复前对于有多个错误报告的情况尝试补丁合并。

实验评估 CFix 最终补丁的正确性、性能和简单度。实验也看原有错误的程序和软件开发者手动修复的程序,分别称为原始和手动。为了公平比较,所有二进制都使用完全相同的 LLVM 设置。所有实验使用一个 8 核英特尔至强机运行 Red Hat Enterprise Linux。

12.3.2　测试结果

表 12 - 11 和表 12 - 12 分别显示了使用 OFix 情况下数据竞争错误和原子性违背两种错

误类型的整体测试结果。

表 12-11　OFix 顺序违背补丁测试结果

	ID	OB_1	OB_2	OB_3	OB_4	OB_5	OB_6	OB_7
错误数	AV	2		7	1	1	1	
	OV	5_a	1_a	4_f	1_f		1_f	1_f
	RA	4		10	2	1	2	
	DU		4_L		1_L			
补丁包质量	AV	Y		Y	Y	Y	Y	
	OV	Y	Y	Y	Y		Y	Y
	RA	Y		Y	Y	Y	Y	
	DU			Y		Y		
	CFix	Y	Y	Y	Y	Y	Y	Y
	手动	Y	Y	Y		Y	Y	Y
失败率	原来/(%)	43	65	100	97	64	93	97
	CFix/(%)	0	0	0	0	0	0	0
耗时	CFix/(%)	−0.3	−0.1	0.2	0.5	0	0.3	0.2
	手动/(%)	1.6	3.6	0		0	−0.3	
CFix 方案		5	7	5	2	2	3	3

表 12-12　OFix 原子性违背错误补丁测试结果

	ID	AB_1	AB_2	AB_3	AB_4	AB_5	AB_6
错误数	AV	6	1	2	1	4	1
	OV						
	RA	6	2	4	2	5	2
	DU		1_R	2_R		1_R	1_R
补丁质量	AV	Y	Y	Y	Y	Y	Y
	OV						
	RA	Y	Y	Y	Y	Y	Y
	DU		Y			Y	Y
	CFix	Y	Y	Y	Y	Y	Y
	手动	Y	Y			Y	Y
失败率	原来/(%)	52	39	53	55	68	42
	CFix/(%)	0	0	0	0	0	0
耗时	CFix/(%)	−0.9	0.7	0	−0.5	−0.2	0.7
	手动/(%)	−0.4	0.5	1	0	0.4	0.5
CFix 方案		3	5	9	2	3	5

其中,a 和 f 下标分别表示 allA－B 和 firstA－B 错误报告;L 和 R 下标分别表示本地错误和远程错误的"定义－使用"错误报告;"错误数"行显示了不同错误检测器的报告数目,每个情况下每个检测器的报告相差甚多,且不只是每个静态指令的多个栈跟踪信息;"补丁质量"行总结了我们实验的结果,其中"Y"表示清楚和完整的成功,原并发错误问题完全解决,且没有发现新的错误,且性能退化微不足道;"—"表示没有生成通过内部测试的补丁。空白是相应前端没有报错的情况。对于手动修复行,"—"表示开发人员提交了后来被测试者或开发者发现不完整的补丁(即应用补丁后原软件的错误仍会发生);空白表示开发者还没有提供任何相应错误的补丁。

显然,CFix 是非常有效的。在所有 4 个错误检测器前端和所有 13 个基准,CFix 的最终补丁和软件开发者设计的最终补丁相比都有高度的正确性,性能和简单度。在许多情况下,CFix 的补丁甚至比开发者最开始生成几个补丁都好。在 HHTrack 情况下,CFix 提供了非常好的补丁而开发者还完全没有提供有效的补丁,AFix 的自动原子性错误修复仅适用于 AV 前端,只能修复 AB_1 到 AB_6 六个错误案例。

1. 不同错误检测器补丁策略

CFix 生成一个或多个使用修复策略的补丁。在所有前端中,OV 只检测顺序性违背,具有最直接的修复过程。它报告了 6 个 allA－B 违背和 7 个 firstA－B 违背。CFix 为每个报告生成一个顺序补丁。所有这些补丁都能通过正确性检测。表 12－13 和表 12－14 是 AV 前端针对数据违背和原子违背错误分别进行的补丁测试和选择结果。

表 12－13 AV 前端的补丁测试和选择(顺序违背错误)

ID	AV 错误	被拒绝补丁包							最终补丁包
		C1	C2	C3	C4	C5	P	R	
OB_1	2	0	0	0	4	0	1	1	2_{aO}
OB_3	7	0	7	0	0	7	0	0	7_{aO}
OB_4	1	1	1	0	0	1	0	0	1_{fO}
OB_5	1	0	0	0	2	0	0	1	1_{aO}
OB_6	1	0	0	0	0	1	0	0	1_{aO}

表 12－14 AV 前端的补丁测试和选择(原子性违背错误)

ID	AV 错误	被拒绝补丁包							最终补丁包
		C1	C2	C3	C4	C5	P	R	
AB_1	6	12	0	5	7	0	0	0	6_A
AB_2	1	2	0	1	1	0	0	0	1_A
AB_3	2	4	0	2	2	0	0	0	2_A
AB_4	1	2	0	0	2	0	0	0	1_A
AB_5	4	8	0	2	6	0	0	0	4_A
AB_6	1	0	0	0	2	0	1	0	1_A

其中,下标 aO,fO 和 A 分别表明 allA－B 顺序、firstA－B 顺序和互斥补丁。C1～C5 为根据测试结果被拒绝的补丁。P 和 R 分别计算根据性能和简单性被拒绝的补丁。

AV 错误报告的修复更具挑战性。如表 12－13 和表 12－14 所示,AV 找到 11 个基准的 27 个原子性违背。其中,OB_1 到 OB_6 的 12 个报告是顺序性违背的副作用。这些是不同于实际根源的错误报告实例。如果仅根据这 12 个错误报告进行强制互斥软件仍然会失败。

CFix 成功选择匹配根源错误的补丁,并完全修复 11 个基准。表 12－13 和 12－14 概括了这个过程。对于每个 AV 错误报告,CFix 试图生成 3～5 个补丁:一个互斥补丁,两个 allA－B 顺序补丁。如果一个 allA－B 补丁因为超时或死锁被拒绝,相应的 firstA－B 补丁就会被生成和测试。尽管测试多线程软件是很有挑战性的,静态(C1)和动态(C2～C5)正确性检测互相补充,且帮助 CFix 识别拒绝不好的补丁。大多数不反映根源的补丁都会被这种方式拒绝,如表 12－13 和表 12－14 中 C1～C5 列所示。在 OB_1,OB_5 和 AB_6 的几个很少的例子里,有错误的程序可以被互斥或顺序同步进行修复。CFix 既生成补丁也选择有最好性能和简单度的补丁。

修复 RA 错误也很有简单度,因为一个数据冲突报告自身不包含着根源信息。CFix 为 RA 错误报告成功生成最后的补丁如下:RA 为 5 个基准找到 19 个由顺序性违背造成的数据冲突,CFix 决定没有从这些补丁中没有任何合适的互斥补丁。由 OFix 生成的顺序补丁都通过了正确性测试,而且被选为 CFix 的最终补丁。RA 还为 6 个基准发现了由互斥造成的数据冲突(AB_1 ～ AB_6)。CFix 生成互斥补丁,所有这些都通过了正确性测试。然而,AB_2,AB_3,AB_4 的所有顺序补丁,AB_1 和 AB_5 的部分顺序补丁被拒绝了,因为 OFix 静态决定了这些补丁会造成死锁。AB_6 的顺序补丁因为指导测试下的失败被拒绝。CFix 不生成 AB_1～AB_5 的 6 个数据冲突错误的顺序补丁,因为 RA 前端说明无论顺序,只要冲突指令被执行软件就会失败。

DU 补丁生成过程与 OV 本地错误报告很像,也与 AV 远程错误报告很像。然而,CFix 未能为 AB_3 生成任何补丁。AB_3 的问题是 R1R2 两个读操作不能读不同写指令定义的值。不幸的是,DU 只 R1 不能读来自特定写指令的值。CFix 不考虑 R2,直接静态决定禁用此数据依赖会导致死锁,因此不会产生补丁。

当切换前端时,CFix 的最终补丁通常是相同的或仅有微不足道的区别。OB_3 和 OB_4 中有两个例外。在 OB_3 中,CFix 为遵从六个策略的 OV 错误报告生成 firstA－B 补丁,但为其他三个前端生成 allA－B 补丁。事实上程序运行时只能执行 A 的一个实例,所以这两个补丁只在简单度上有区别。在 OB_4 中,CFix 为 RA 生成最终补丁,为 AV 和 OV 生成无太大区别的正确修复了报告的错误。RA 补丁也修复了不同输入下未报告的补丁。除非另有规定,根据表 12－15 以及评估的结果使用多数投票来选择最终补丁。

2.CFix 最终补丁的质量

(1)正确性结果。CFix 的最终补丁都在不触发先前报告的失败的情况下通过了 CFix 错误检测前端指导的测试。为了进一步测试 CFix 最终补丁的正确性,随机在每个错误报告相关代码区域中插入休眠。表 12－11 和表 12－12 中失败率一列显示同样睡眠模式下 1 000 个测试运行下原有错误的软件和 CFix 修复过的软件的错误率。如我们所见,CFix 消除了所有失败。此外,我们实验中 CFix 在其等待线程插入的超时在最终补丁中从未出现。因此,死锁启发虽然理论上不完美,但在实践中表现得很好。

手动检查证实这些修复都是正确且重要的。例如,一半的基准都不能单独使用锁修复。在 OB_1 和 OB_2 中,信号线程和每个线程中 A 实例的数量都不是静态绑定的。若没有 OFix 仔细的分析,天真的补丁很容易导致死锁或不能修复问题。一个没有安全网的天真的 firstA - B 补丁会导致 FFT 的非确定性挂起。

(2)性能结果。表 12 - 11 和表 12 - 12 中"耗时"显示了 CFix 和手动修复对原有错误的软件进行修复的时间。所有的 CFix 开销和手动修复相比都低于 1%。这些结果是每个软件版本在潜在错误发出下输入 100 个非故障运行的平均值。

对于顺序补丁,好的性能源于 OFix 尽快地发出信号和尽可能久地等待。这导致了程序中的延误很少或是不必要。对于互斥补丁,好的性能是因为临界部分短。

OFix 的静态分析表现得很好,生成一个补丁的时间少于 1s。预计对于更大的代码库没有可扩展性。

(3)简单性结果。AFix 可以提供简单性很好的互斥补丁,而 OFix 使用补丁优化和补丁合并来简化顺序性补丁。为了评估这两个技术,表 12 - 15 给出了在不同优化归并策略下 CFix 中 OFix 生成的最终补丁具体的信号操作计数(数字后有 s)和等待操作计数(数字后有 w)。在不同前端生成不同最终补丁的少数情况下,我们给出了最多同步操作的最终补丁的最差结果。

表 12 - 15 显示了补丁中同步操作的数量。其中,"所有选择补丁"一列计算同时启用简化和优化下的同步操作,我们发现当启用补丁合并时以粗体突出显示的数字也相当稳健。7 个基准下 6 个可以在使用不到 5 个同步操作修复。在最坏的情况下,OB_2 在 6 个信号操作和 1 个等待操作下被修复。手动检查确认这些最终补丁的所有同步操作对于修复策略是真正需要的。"仅第一个"和"仅第二个"列显示了如果两个简单度优化都被单独使用时要求的同步操作数。命令行选项中许多这样的语句出现在命令行选项中以解析这两个应用的代码,OB_4 是唯一一个未从简单度优化中获益的基准。事实上,OFix 为 OB_4 加入了 103 个安全网信号操作。OFix 的进一步分析发现 OB_4 中的 B 操作是由安全网控制的。因此 OFix 在优化应用前删除了整个安全网。对于其他的基准,优化操作是相当有效的。补丁有 2.5~12 倍多的同步操作。两个优化各有各自的优点。OB_5 和 OB_7 从第一个优化中获益,OB_1 和 OB_3 从第二个优化中获益,OB_2 和 OB_6 从两个优化中都获益。

目前的 CFix 实现直接对 LLVM 位码而不是源代码进行操作。然而,这些简单结果表明 CFix 补丁既是一个简洁补丁生成的良好开端,也是一个可读的源代码级补丁。

表 12 - 15 补丁中同步操作的数量

ID	所有选择补丁	仅第一个	仅第二个	未选择
OB_1 合并	4s, 1w	19s, 1w	4s, 1w	19s, 1w
OB_1 未合并	20s, 5w	95s, 5w	20s, 1w	95s, 5w
OB_2	6s, 1w	8s, 1w	4s, 1w	22s, 1w
OB_3 合并	4s, 1w	17s, 1w	4s, 1w	17s, 1w
OB_3 未合并	40s, 10w	170s, 10w	40s, 10w	170s, 10w
OB_4 合并	1s, 2w	1s, 2w	1s, 2w	1s, 2w

续　表

ID	所有选择补丁	仅第一个	仅第二个	未选择
OB_4 未合并	2s，2w	2s，2w	2s，2w	2s，2w
OB_5	1s，1w	1s，1w	4s，1w	4s，1w
OB_6 合并	1s，1w	1s，1w	1s，1w	10s，1w
OB_6 未合并	2s，2w	2s，2w	2s，2w	20s，2w
OB_7	2s，1w	2s，2w	36s，1w	36s，1w

12.3.3　限制和讨论

尽管 CFix 正确修复了使用 OFix 评估中所有要求顺序执行的错误，OFix 并不是所有可能要求顺序执行错误的万能修复器。目前 OFix 只尝试了两种并行错误类型（原子性违背和顺序违背），修复策略也只采用了 allA－B 顺序或 firstA－B 顺序的实例，还有很大的扩展空间。

本章实验中用于评估的错误案例包括被包含在一个循环里的有错误的代码区域：AB_1～AB_6。CFix 的补丁测试和选择已经正确判断出 OFix 不能修复这些错误。这 6 个错误发生在所有要求原子性执行情况下，但是可以被 AFix 正确修复。

Contemn，ConSeq 和 DUI 以及本文中其他两个基准要求顺序执行但未被包含在我们的评估中。初步结果表明它们中的一个可以被 CFix 正确修复，而另一个不能，因为它是一个真正的顺序违背但如本节前面讨论的，两个操作共享一个循环。

CFix 可能在其他一些情况下不能修复错误。首先，软件可能有很深的设计缺陷，不能仅靠同步操作来修复。第二，错误检测器可能提供不足的修复错误信息，如 DU 下的 AB3。第三，OFix 通过尽可能早的在信号线程发出信号和尽可能在等待线程中等待来尽可能避免死锁。当 OFix 补丁遭遇死锁时，CFix 得出结论，错误不应该被通过顺序执行修复。然而，这可能在一些少见的情况下是错误的。例如，复杂的分支条件可能会造成不可行的路径，且阻止 OFix 识别早起信号。尽管在理论中可能，它从未在实验中发生过。OFix 在补丁测试期间没有检测到死锁的情况下成功生成了最终补丁。最后，CFix 补丁测试不能保证抓到一个补丁里所有的问题，因为这对于大型多线程应用是不可能的。CFix 支持生产环境运行时监控，确保补丁合并后不会在生产环境造成死锁错误。

基于以上实验结果，CFix 可以适用于大多数提供引起失败的交互报告的并行错误检测器。添加一个新的检测器作为 CFix 的前端主要要求相应的修复策略设计。CFix 目前使用四个无误报的检测器作为前端，如果未来的前端报告误报或是良性冲突 CFix 会在程序中执行一些不必要的同步操作。这可能导致低性能或是补丁不能通过测试。

在一些情况下，CFix 补丁会比手动补丁还要复杂。这些手工补丁使用无锁/条件变量原语，有时利用开发人员对特殊程序语义的了解。例如，一些由交换原始程序语句修复和使用 pthread join 修复的顺序性违背。未来的工作可以在这个方向上进一步简化 CFix。

CFix 目前的补丁在 LLVM 位码方面操作。这带来了快速部署但也长期使开发人员难以参与，我们的评估表明 CFix 可以生成包含少量新同步操作的契约补丁，这为最终的简单源码级别补丁奠定了良好的基础。这样一个转换工具将需要考虑额外的源码级别的语法问题。

第四部分

互联网＋

第13章 智慧社区——互联网下的新型家园

区别于传统社区,智慧社区的最大特点在于其城市管理、政府职能以及社会服务的"智慧化"。建设智慧社区是城市发展价值的体现,以居民需求为导向,以服务居民为手段,以居民生活依赖为结果,提高公共服务的质量,提升社会治理的效率,最终实现城市的智慧化和可持续发展。在智慧社区的诸多领域,如智能楼宇、智能家居、智能交通、智能医院、智慧民生、智慧政务、智慧商务和数字生活等方面,互联网技术都得到了充分的应用,现代软件工程技术在整个智慧社区的建设过程中发挥了巨大的作用。

13.1 智慧社区概述

13.1.1 智慧社区的大背景——智慧城市

智慧城市的概念最早源于 IBM 提出的"智慧地球"这一理念,此前类似的概念还有数字城市等。2008 年 11 月,恰逢 2007—2012 年环球金融危机伊始,IBM 在美国纽约发布的《智慧地球:下一代领导人议程》主题报告所提出的"智慧地球",即把新一代信息技术充分运用在各行各业之中。

智慧城市是一个崭新的概念,其定义和内涵也在持续的演变之中,学界和业界对此仍未有一致共识。一般从狭义角度可将其理解为是使用各种先进的技术手段尤其是信息技术手段改善城市状况,使城市生活便捷;广义上理解应是尽可能优化整合各种资源,城市规划、建筑让人赏心悦目,让生活在其中的市民可以陶冶性情、心情愉快而不是有压力,总之是适合人的全面发展的城市。可以说,智慧城市就是以智慧的理念规划城市,以智慧的方式建设城市,以智慧的手段管理城市,用智慧的方式发展城市,从而提高城市空间的可达性,使城市更加具有活力和长足的发展。

智慧城市这概念涵盖社会和生活几乎所有范畴。智慧城市包含着指挥技术、智慧产业、智慧(应用)项目、智慧服务、智慧治理、智慧人文、智慧生活等内容。具体来讲,智慧(应用)项目体现在:智慧交通、智慧社区、智慧物流、智慧医疗、智慧食品系统、智慧药品系统、智慧环保、智慧水资源管理、智慧气象、智慧企业、智慧银行、智慧政府、智慧家庭、智慧学校、智慧建筑、智能楼宇、智慧农业等诸多方面。

智慧城市已经成为全球城市发展关注的热点,随着物联网、新一代移动宽带网络、下一代互联网、云计算等新一轮信息技术迅速发展和深入应用,城市信息化发展向更高阶段的智慧化发展已成为必然趋势。

在此背景下,世界主要发达国家的核心城市纷纷启动智慧城市战略。纽约、伦敦、巴黎、东京、首尔等相继加快信息化发展的战略布局,以期增强城市综合竞争力,破解城市发展难题。

美国、欧洲的瑞典、爱尔兰、德国、法国，以及亚洲的中国、新加坡、日本、韩国等国家的智慧城市建设纷纷起步，在多个领域积极探索智慧城市建设实践，推动信息技术的创新应用，促进提升城市经济社会发展水平。

如果把智慧城市作为一个城市的整体发展战略，就必须要找准定位，全面理解和把握智慧城市的特点。一般而言，"智慧城市"战略应该包括以下三重含义。

（1）智慧城市应拥有物的基础：物质基础雄厚，具有建设先进的 ICT 基础设施的能力，能够实现物的智能化。

1）城市信息基础设施健全完善，成为"U 型城市"（Ubiquitous City）。将无线传感器网络、物联网和互联网相互融合为基础，把城市的所有资源数字化、网络化、可视化、智能化，做到城市"耳聪目明"，能够敏捷地感知世界，以此促进城市经济转型和社会变革，使城市快速进入 U –City 时代。

2）资本市场发达，成为"金融城市"（Finance City）。高端的 ICT 基础设施建设需要完善的金融资本市场来支撑，城市管理者能够充分挖掘城市自身的特质，增强城市的吸引力和承载力，推进地方投融资制度的改革，广纳国际性大公司总部落户，以构建区域性和国际性的资本市场和运营中心。

3）产业高端，经济结构适应力强，成为"高科技城市"（High – Tech City）。以物联网产业为代表的战略新兴产业蓬勃发展，以文化、创意产业为主导的智慧服务业对城市经济的贡献持续提升，创新商业模式不断涌现，与智慧城市相关的应用市场和产业链不断拓展，推进产业和技术的同步发展；同时，通过"两化融合"、建设电子商务支撑体系、支持企业信息化示范项目等工程改造，提升传统产业的竞争力，使城市经济发展适应能力和抗风险能力显著提高。

（2）真正的智慧城市应能充分开发利用人的智慧，富有创造力，从容应对复杂的现实挑战，适应科学发展的要求，具备人的智慧化。

1）创新成为经济社会发展最核心动力，成为"创新城市"（Innovation City）。智慧城市在塑造城市形象的同时，还引领着城市创新进程。以创新城市建设为契机，建立以人才高地为支撑的城市创新体系，显著提高自主创新经济增长的贡献率，逐步形成敢为人先、敢于冒险、敢于创造、宽容失败的创新文化和创业精神，为智慧城市发展注入持续动力。

2）完善文化艺术基础设施，成为"人文城市"（Culture City）。注重文化的多样性和包容性，以博大的胸怀接受不同文化，并创造条件使之融入城市的主流文化之中，发挥"文化引擎"的功能。

3）吸引人才，成为"智本城市"（Intellectual Capital City）智慧城市拥有良好的教育基础设施，把吸引人才放在突出位置，制定包括住房、福利、薪金等在内的优惠政策，广纳国际性人才。

（3）智慧城市应能实现人与自然的和谐，充分满足人的需求，让生活更美好。

提升城市服务功能，成为"绿色宜居城市"（Green City & Livable City）。低碳经济的发展使城市的生态环境和生活环境不断优化，智慧政务使城市公共服务效率不断提高，逐步形成安全、和谐、便捷的绿色宜居城市。

总之，智慧城市战略可以概括为，以先进信息技术特别是物联网技术的研发与推广应用为核心，逐步构建一个经济充满活力、社会管理高效、大众生活便利、环境优美和谐的城市生态，并通过这种立体、动态、自适应的智慧环境，进化出一种全新的城市文明方式，实现城市的科学发展和包容发展。

13.1.2 智慧社区的概念和内涵

随着移动互联网、物联网和云计算技术的成熟,人们更渴望"秀才不出门,便做天下事",于是乎,智慧地球、智慧城市的概念"其兴也勃焉",智慧城市已成为当今世界城市发展的趋势和特征。作为智慧城市的缩影,智慧社区是利用物联网、云计算、移动互联网、信息智能终端等新一代信息技术,实现对社区居民吃、住、行、游等生活的数字化、网络化、智能化、互动化和协同化管理,将社区建设成为政务高效、服务便捷、生活智能的社区生活新业态。

社区是城市的"细胞",因此智慧社区(Smart Community)是智慧城市的重要组成部分,也是对智慧城市覆盖面的继承、发展和实施。社区作为城市必不可少的基本组成单位,城市居民必要的生活空间,社区的智慧化建设更是直接关系到智慧城市的建设。在中国的城市化趋势下,智慧社区随着智慧城市概念的提出应运而生,并在中国城市化和信息化的实践中融合产生发展。

就国内来看,学者对智慧社区的研究主要开始于 2011 年之后。智慧社区的建设还处于起步阶段,因此对于智慧社区的核心概念还没有形成统一的认识,国内外学者都有自己不同的理解。

国际上,美国杂志 Insight 将其定义为:"智慧社区"是指应用信息技术对一定区域范围内的各项重要领域进行改革。在国内,张澎认为,智慧社区是指充分借助互联网、物联网、传感网等网络通信技术对住宅楼宇、家居、医疗、社区服务等进行智能化的构建,从而形成基于大规模信息智能处理的一种新的管理形态社区。而颜鹰等认为智慧社区是依据信息时代发展的产物(如互联网、传感网)构建得到的结果。它主要通过充分发挥 ICT(信息通信)、RFID(产业发达)等信息化基础设施的优势,构建出具有海量信息和只能过滤处理的新的生活、产业发展、社会管理模式等的智慧形态社区。如智能楼宇、路网监控、城市生命线管理以及智能医院等。

本书从不同角度进行归纳:从管理角度切入,智慧社区本质上是一种新型管理形态的社区;从技术角度切入,智慧社区是充分运用物联网、云计算、传感网等网络通信技术的社区;从最终目标切入,智慧社区是以提高人们生活质量、方便人们生活为目的的社区;从其物理性角度描述,智慧社区指运用物联网、云计算、移动互联网、信息智能终端等新一代信息技术,实现社区服务与管理的数字化、网络化、智能化、互动化和协同化,将社区内所属的自然资源、社会资源、信息资源优化分配、整合共享,为居民提供更加安全、便利、舒适、愉悦的生活环境;从生态型角度描述,可以将智慧社区理解为是用智能、科技的力量建设幸福家园的过程和结果,在建设的过程中,调动社区内所有人的创新、参与、共治的积极性,人们自身智慧得以增长、发挥,人们获得自我实现,建设的结果是社区已然成为最适合居住、最让人们心仪的美丽舒适家园。

在智慧社区的规划设计中,需要将多元化的信息服务、物业管理与安全防范、住宅智能化等相关方面进行系统性的融合,建立起集中的社区综合智慧化服务体系。这一体系从功能和对象上看,既包括居民家庭本身的安全保障、信息交互、信息查询、生活服务,又包括物业管理面对的小区智能、安防管理、能源管理、设备管理,还包括社会信息资源的整合、交互、利用。尤其通过社区信息资源的共建、共享和共用,形成基于服务的信息化、智慧化的效用合力。

13.1.3 智慧社区的特征与传统社区的关系

2010 年以来,智慧城市快速成为我国各城市的建设热潮。据统计,截至 2013 年 5 月,有超过250余个地方提出了智慧城市相关发展规划,涉及社会管理、应用服务、基础设施、智慧产业、安全保障、建设模式、示范试点、政策法规、标准体系等多方面的内容。在此大环境下,我国智慧社区的建设也在传统社区的基础上如火如荼的开展开来。

与传统社区相比,智慧社区具有自己鲜明的特点。

(1)社区基础设备和应用系统的智能性。相比传统社区,智慧社区最大的特点在于社区能够运用高科技。这反映在社区的物质条件上,就是社区的基础设备和应用系统的智能性。运用高科技手段,通过知识挖掘等智能技术手段从海量信息中分析社区居民的生活现状、行为特点,预测居民的服务需求等内容就成为这些基础设备和应用系统的具体工作内容。社区信息的精细化、综合化、集成化过程就是这些信息处理的智能性特点的体现。

(2)更能满足居民多元化、个性化以及人性化的需求。智慧社区引进智能社区基础设备和应用系统,最终目的还是为了更好地服务社区居民。因此,依托现代技术和高科技设备,智慧社区的另一特点是能够更好地满足社区居民对多元化、个性化和人性化的需求。多元化指社区居民的需求层次更多,涉及的范围越来越广;个性化则指居民需求与其他居民需求越来越不同,社区满足需求因居民而异;人性化则指的是居民越来越希望通过人性化的方式来满足他们的需求。

(3)人际交往的紧密性。相比传统社区居民只能依靠见面或是电话联系,智慧社区居民因工作、生活所需产生的人际互动更加紧密,社会交往也更加频繁。首先,信息技术的发展使社区居民联系超越了地域限制,智慧社区居民除了依靠从前的电话,社区网络和互联网成为他们彼此相互联系的又一大方式。其次,根据不同兴趣爱好和活动内容,居民之间还拥有不同的微信群和QQ群,除了社区活动,居民彼此也能组织小型的活动或是彼此分享一些经验知识,彼此之间更加熟悉,交往更加紧密。

(4)智能化的信息技术与社区服务、社区管理融合。智慧社区是通过现代技术和高科技设备的综合应用对社区服务、社区管理的支撑与改造。一方面,社区运用技术大幅度提高原有办事流程的效率和覆盖面;另一方面,社区利用各类平台,推动流程改造,甚至增加社区服务和管理内容,使得居民获得更广泛、更周到的服务。

(5)社区文化以全媒体文化为特征。传统的社区文化是以老人、小孩为主要对象,通过传统的歌唱、舞蹈、健身、棋牌活动、戏曲演唱等方式进行社区文化建设,受到必须亲身到现场的限制,具有传播较慢、不易保存等特点。而智慧社区的社区文化以全媒体文化为特征,虽然很多智慧社区中全媒体的社区文化还未完全建设好,但全媒体文化一定是未来建设智慧社区区别于传统社区的一大特点。

(6)系统的开放性、动态性。从宏观角度看,智慧社区所形成的系统具有开放性和动态性特点。在建设和运行过程中,要求社区要有长远规划和接入能力。因此,智慧社区所依托的高科技设备和技术都是在不断发展和进步的,社区服务和管理所面临的问题也是不断发生变化的。相比传统社区,社区服务和管理已有固定的内容和形式,社区居民相对固定,所需的技术和设备相对固定,所依托的设备和技术不需要更新和发展,面临的社区服务和管理问题也大致相同,因此,开放性和动态性就成为智慧社区宏观层面上与传统社区相比不可或缺的特征之一。

虽然有自己显明的个性特点,但是智慧社区与传统社区依旧存在密不可分的联系。

(1)传统社区是智慧社区的基础,智慧社区的发展依赖于传统社区的存在。相对于虚拟社区,传统社区和智慧社区都是实实在在的居民社区。但从产生顺序上,传统社区先于智慧社区,智慧社区是在传统社区形成基础之上进行发展的。

(2)智慧社区是传统社区在功能和结构上的升级,是对传统社区的重构。智慧社区依托高科技技术和设备,升级传统社区原有的功能,更加方便居民生活、满足居民需求和进行社区服务和管理。因此,智慧社区也是对传统社区的补充和重构。

(3)智慧社区对于传统社区又具有反作用,给传统社区带来变革。智慧社区给社区建设的人们带来了新视野,开拓了社区建设的新思路,这样就反过来作用于传统社区,促进人们对传统社区的转型,进而使传统社区居民的需求得到满足。

13.1.4 智慧社区的服务功能

智慧社区充分借助物联网和传感器技术,通过物联化和互联化将人、物、网络互联互通,形成现代化、网络化和信息化的全新社区形态,涉及智能楼宇、智能家居、智能交通、智能医院、智慧民生、智慧政务、智慧商务和数字生活等诸多领域。这种新型的社区形态将是未来城市发展的主要方向,对未来产业发展和社会管理等模式会带来颠覆性的影响。通过对社区服务的调研和分析,结合居民的实际需求,总结智慧社区的服务功能,具体如图 13-1 所示。

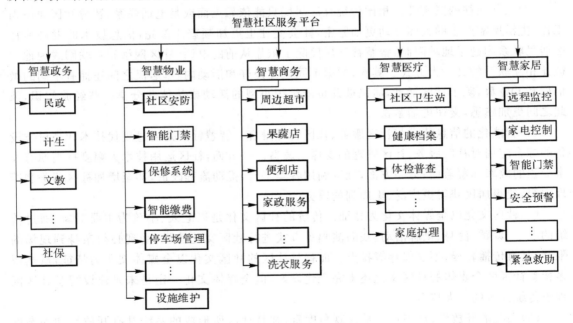

图 13-1 智慧社区服务平台

1. 智慧政务

电子政务广义上是指各级各类国家机关以良政为目标,应用电子信息通信技术手段进行的各种政务活动与行为的总称,狭义上往往特指政府机构为改进公共行政管理和社会服务,利用电子信息通信技术尤其是基于互联网实现的政务活动与行为。而智慧政务则是指利用物联网、云计算、移动互联网、人工智能、数据挖掘、知识管理等技术,提高政府办公、监管、服务、决策的智能化水平,形成高效、敏捷、便民的新型政府服务模式。作为政府机关,借助信息手段,对部门、科室、社区业务进行科学分类、梳理、规范、创新,构建一套集社区管理以及民意采集于一体的"一站式"服务管理模式。智慧政务是电子政务的提升。电子政务主要以互联网为主要实现手段,基于"点对点"的服务,各部门之间很难形成协同办公模式。物联网、云计算等技术的应用使得各项政务工作变得越来越"智慧","一站式"服务系统规范了社区办理包括民政、计生、社保、残联、流管、文教6大类办理事项中对应的业务标准,采用多坐席共享系统,实行前、后台综合柜员办理的服务系统,努力为居民办事提供便捷通道,使他们了解办事流程,尽可能通过网络,足不出户完成需办事务。同时智慧政务也将作为社区政府对外宣传的一大媒介窗口,报道新闻和社会热点问题,对国家的大政方针政策进行解读,使居民对国家政策有更深入的了解。

2. 智慧物业管理

物业管理在整个智慧小区中处于重中之重的地位,也是物业连接用户的核心枢纽。针对智慧化社区的特点,集成物业管理的相关系统,例如停车场管理、闭路监控管理、智能门禁系统、智能消费(水费、电费、煤气费、物业费、停车费等的在线缴纳)、水电气暖设备的管理与维护、电梯管理、园林维护、保安巡逻、远程抄表、自动喷淋、保洁、垃圾处理、健身文化设施等相关社区物业的智能化管理,实现社区各独立应用子系统的融合,进行集中运营管理。

以停车场管理为例,随着私家车的增多,几乎所有的小区都存在着停车压力。通过物联网技术手段,建设智能停车引导系统,实现了社区内停车场资源共享,在停车场出入口安装电子计数设备,并在停车场附近安装电子诱导显示牌,司机出门前可以通过网站或手机查询停车场状况,引导驾驶员快速找到车位。

建设智慧社区物业管理平台,既可提升现代物业管理水平,又可提供新的服务模式,适应现代城市和现代产业的发展需求,形成智力型服务业和公共服务业的新服务业态。

3. 智慧商务

电子商务是企业、家庭、个人、政府以及其他公共或私人机构之间通过以计算机为媒介的网络进行的产品或服务的买、卖活动。买卖的产品或服务是通过网络进行的,至于付款和产品或服务的最终递送则既可以在网上完成,也可以在线下完成。智慧商务则不是单纯的电子商务,而是包括了电子商务,还涵盖了传统商业运营的所有商务模式,即帮助企业在社交网络、移动计算机和在线购买时代更有效地开展市场营销、销售产品并提高客户忠诚度。智慧商务以服务企业为主旨,以客户为中心,保持与辖区企业、商家之间便捷、高效的联系,畅通沟通渠道,服务辖区企业发展,将销售、营销、运营、供应链完全打通和整合,导致前台及后台系统的大变革。因此,首先应该整合社区所有便民服务资源,通过建立社区电子商务系统,并负责组织加盟商来进行运营,让更多居民享受到便利和优惠。电子商务系统主要服务与社区内的居民与企业,提高居民与社区内企业的黏合度,内容可分为社区商讯、社区商城、商家推广、商户资讯、社区论坛等模块。将便民餐馆、汽车保养店、洗衣店、药店、照相馆、美发店、便民修鞋修车点等不同服务行业和不同服务类别的社区商业网点,家政服务、家电维修、餐饮、购物等服务资源信息及网上预约服务在网站上面向所有社区居民开放,足不出户,5 min内便可享受企业上门服务。

例如,为了方便居民缴纳各种费用,节省排队时间。社区可以与银行合作,共同推出社区服务一卡通。居民持卡可在社区服务站的自助设备缴纳水、电、燃气、电话等公共服务费用,并同时享受商家的打折服务。

智慧社区中的智慧商务应该是商家与社区居民互利共赢的一种模式。由于社区商圈半径小、距离短,商家可以在短时间内完成商品配送,这不但增加了商家的利润,也可以极大地方便居民的生活。

4. 智慧医疗

社区智慧医疗是一项切实惠及民生的举措。民生,是党和政府工作的根本出发点和落脚点。智慧社区建设归根到底是要提升政府社会管理和公共服务的水平,社区里生活着一些需要特别帮助的家庭,如低保家庭、低收入住房申请家庭、空巢老人等,如何更好地为这一群体服务,也是智慧社区可以解决的一个问题。

目前,我国60岁以上的人口已经超过10%,65岁以上的人口已达7%,据预测,2020年,65岁以上的老年人将高达23%。面对日益增长的高质量养老服务需求,智慧社区可以通过高科技的网络信息平台,创建"虚拟养老院",为每位老人配备手持终端服务器,只需要触动终端按钮,就能与服务中心相连,享受医疗、家政等多项居家养老服务。即使老人无法言语,服务中心人员通过预先存储的资料,判断老人的情况,及时通知110和120,并与医院急救中心、社区或者派出所等取得联系,使老人获得及时救助,降低独居和空巢老人的意外风险。虚拟养老院既从功能上实现了养老服务的多样化,又从形式上不拘一格,让老人们享受最为自由愉快的空间。这种人性化的服务,让老人们的情感得到了充分的满足。

智慧医疗是利用最先进的物联网技术,通过打造健康档案区域医疗信息平台,实现患者与医务人员、医疗机构、医疗设备之间的互动,逐步达到信息化和各类在线、远程便民医疗服务,促进医疗、医药与医保联动,实现区域内医疗资源及信息的共享共用。

5. 智慧家居

智慧家居是以住宅为平台,兼备建筑、网络通信、信息家电、设备自动化,集系统、结构、服务、管理为一体的高效、舒适、安全、便利、环保的居住环境。与普通家居相比,智能家居不仅具有传统的居住功能,能提供舒适安全、高品位且宜人的家庭生活空间,还由原来的被动静止结构转变为具有能动智慧的工具,提供全方位的信息交换功能,使家庭与外部保持信息交流畅通,优化人们的生活方式,帮助人们有效安排时间,增强家居生活的安全性,甚至可节约各种能源费用。

智能家居系统致力于为用户营造一个更为安全、灵活、简便、时尚的数字化家居空间,带来全新的、高尚的、智能的生活体验。其主要功能可归纳介绍如下:

1)系统基于TCP/IP通信协议,以家庭智能网关为控制核心,将对讲、家电、照明、安保、娱乐等设备通过网路集成于一体,实现可视对讲、实时监视控制、灯光控制、电动窗帘控制、智能插座控制、红外电器控制、远程电脑控制、电话控制、门禁控制、安防报警、信息发布、背景音乐及多媒体娱乐等强大功能,综合布线简单,可有效降低成本。

2)系统采用红外无线遥控、GPRS技术,引入人性化理念,赋予用户更多、更智能的操控方式,外观设计典雅、精致、大方。实时监控,安全保障,实时监控楼梯口、门口状况,防护房屋周界安全。

3)远程监视功能,确保时时获悉家中安全状况,并可监视小区其他活动区域。一键布防,守护全家。创新的防区智能化演算法,有效减少误报。提供多防区的安防报警方案,允许用户根据自身需要连接红外、烟感、紧急按钮、门磁、窗磁等设备。警笛、简讯、电话、管理中心呼叫等多种报警输出方式，报警记录自动生成，方便查看。

4）智在生活，随心而控，带有实际状态反馈的家电控制技术，通过家庭控制终端或远程式控制网页，可以真实反馈当前家电的工作状态，一目了然。

5）人性化的图形用户界面设计，独特的图形化报警与家电控制用户界面设计，支持多层户型图。支持多种控制操作界面，所有控制状态闭环反馈，确保控制指令有效执行。

6）场景幻化，随心而动，允许设置多处场景模式，在每一个场景模式中均包含了连接到系统的各个灯光家电设备，用户可调节不同的亮度状态并将状态组合，即成为一个场景模式。用户可以通过触摸屏、遥控器、电话远程式控制等方式自由切换不同场景。

13.1.5　智慧社区建设的意义

社区信息化是城市信息化的重要组成部分，是城市管理及和谐社区建设的基础环节，是加强和谐社区的建设和管理、完善社区功能、提升社区服务的有效手段。

（1）对于居民而言，智慧社区可以完善社区服务功能，提高居民生活质量。智慧社区所承载的应用涵盖人们的生活、工作、学习、医疗、娱乐等各个方面，与人们的生活息息相关，甚至将改变人们的生活方式。智慧社区为居民提供一个互动的智慧网络，创造安全、舒适、便利、愉悦的社区生活环境，提高居民生活的舒适度、归属感和幸福感。智慧社区是从强调以技术为核心到强调以技术为人服务为核心的一种转变，通过技术使人们的生活更加便捷，更加人性化，更加智慧化，真正提高居民的生活质量是智慧社区建设的目标。

（2）对于管理政府而言，智慧社区的建设可以加快和谐社会建设的步伐，提升政府执政形象。以社区作为政府传递新政策、新思想的新型单位，借助数字化、信息化的手段迅速传递政策，同时进一步加快电子政务向社区延伸，提高政府的办事效率和服务能力，提升政府执政形象，充分体现以人为本、服务民生。因此，智慧社区的建设对政府打造信息畅通、管理有序、服务完善、人际关系和谐的现代化社区具有重要意义。

（3）对于整体城市而言，智慧社区的建设过程将推动传统城市的转型升级，促进城市的可持续发展。在城市人口快速增加的背景下，全球城市污染加重，水资源短缺，能源紧张，交通拥堵，住宅短缺，土地空间有限，基础设施落后，公共服务设施不足，失业率增加，安全监管难度逐步加大，城市运转效率降低，传统城市发展难以为继。智慧城市将实现人与物、物与物的信息交互和无缝链接，达到对城市实时控制、精确管理和科学决策，势必迎来广阔的应用前景，并引导未来发展方向。构建智慧城市，推进经济社会发展及城市管理智慧化，推进实体经济依托虚拟经济而提升，实现城市各个系统以及系统之间高效地协调运作，有利于提高经济社会发展效率和城市管理水平，有利于促进城市节能减排和绿色增长，进而促进城市可持续发展。

智慧社区是发展智慧城市的关键内容之一，通过以社区为单位进行数字化、智能化的建设，以点带面地逐步实现整个城市的智能化。这是对城市基础设施的前瞻性布局，对先进技术和人才的战略投资，也是对更多服务岗位和有竞争力的现代信息服务行业的创造，终将成为城市发展核心竞争力的根本所在。

（4）对于区域产业结构而言，智慧社区的建设已经成为其促进产业结构优化的迫切需求。大力发展基于智慧社区的应用服务体系，探索投资小、产出高、可持续发展的智慧社区服务平台和应用服务运作模式，在政府管理、协调、监督下，应用的丰富与规模推广需要一系列相关产业的协同发展,产业链的上下游企业将以智慧社区建设为契机,联盟合作,在此过程中,必将促进物联网产业、电子信息产品制造业、软件和信息服务业等产业结构的优化升级,进而形成良好的产业链与循环经济圈,实现智慧社区建设与现代信息服务业培育的良性互动。

13.2　智慧社区现状及发展趋势分析

13.2.1　国外典型智慧城市

1. 美国:迪比克市智慧社区

美国是最先提出智慧城市概念的国家。作为全球领先的发达国家,美国智慧城市的建设从内、外两点着眼,对外为保持世界竞争优势地位,对内是对本国经济的拉升提振,以促进国家的经济繁荣与社会可持续发展。鉴于此,美国已将智慧城市建设上升到国家战略的高度,并率先提出了国家信息基础设施(NII)和全球信息基础设施(GII)计划。

2009年9月,美国中西部爱荷华州的迪比克市宣布,将建设美国第一个智慧城市:一个由高科技充分武装的6万人社区。迪比克市以连接城市所有资源(水、电、油、气、交通、公共服务等)为目标,将能源、水务以及交通三大系统建设作为优先发展领域。主要利用数据传递装置、分析软件和网络等高新技术让政府和市民即时监测和调整他们用水、用电及交通出行的方式,以打造真正节能、可持续发展的城市。

迪比克市智慧城市实施的第一步就是一个试点项目,合作伙伴包括爱荷华州电力与照明公司(电力)和布莱克山能源公司(天然气),将300户家庭所用的水表替换成具有智能接口的智能水表,同时为超过1 000户家庭安装智能电表,为250户家庭安装智能天然气表,这些智能仪器中使用了低流量传感器技术,能够检测到间歇性泄漏、持续泄漏等多种情况,可以有效防止公共设施和民宅水泄漏,减少浪费。

在精准测量的同时,智能仪器收集到的所有数据还能够汇聚到一起,使得资源使用情况能够被绘制成图表形式,向居民和城市提供关于水、电、天然气消耗的实时数据。

迪比克市的智能城市建设还涉及智能交通。

迪比克市超过1 000户家庭自愿让城市管理者通过智能手机和RFID技术跟踪他们,从而使城市管理者可以确定如何使整个城市中的人流移动更有效率并减少能源使用。

目前,迪比克市智能水表项目已经取得了良好的成效:总体用水量下降了6.6%,加入该项目的家庭用户数已经增长了8倍多。

同时智能水表具备自动抄表(AMR)的功能,不再需要每个月派人去抄城市中22 500个水表,这每年将为迪比克市每年节省超过144 000美元的费用。

2. 韩国:松岛U-City计划

韩国作为亚洲地区网络覆盖率最高的国家,早在20世纪初期,就已经把发展以宽带为代表的信息技术提升为国家战略。2013年6月,在距离4G网络商用还不足两年时间,新一代LTE-A网络开始在韩国商用,使韩国移动网络进入4.5G时代。同时,韩国也是全球第四大电子产品制造国,内存、液晶显示器及等离子显示屏等平面显示装置和移动电话的飞速发展,使其在世界市场中占据了一定地位。

制造业与科技产业的发达,使韩国在移动通信、信息家电、数字内容等方面居世界前列,而韩国也一直旨在通过智慧城市的建设来推动这些新兴产业的发展。2004年,面对全球信息产业新一轮"U"化战略的政策动向,韩国信息通信部提出"U‐Korea"战略,并于2006年3月确定总体政策规划,希望把韩国建设成智能社会。随后,韩国又推出了"U‐City"综合计划,将"U‐City"建设纳入国家预算,标志着智慧城市建设上升至了国家战略层面。韩国希望能以网络为基础,打造绿色、数字化、无缝移动连接的生态、智慧型城市,以无线传感器为基础,把韩国所有的资源数字化、网络化、可视化、智能化,从而促进韩国的经济发展和社会改革。

早在2004年,韩国就率先发起了"U‐City"计划,希望能通过普及化的信息通信技术提高城市的综合竞争力。"U‐City"是一个可以把市民及其周围环境与无所不在的技术(ubiquitous technology)集成起来的新的城市发展模式,把IT包含在所有的城市元素中,使市民可以在任何时间、任何地点、从任何设备访问和应用城市元素。目前已有众多城市参与"U‐City"计划,其中包括首尔、釜山以及仁川的松岛新城等城市。目的是要让彼此独立的系统能相互沟通并交换信息,将运算技术融入民众的日常生活中。

松岛智慧城市计划是由韩国政府、美国地产开发公司gale、韩国钢铁集团poscoe&c与LG合作推动,于2000年开始执行的。松岛新城的设计特点包括开放的绿色公共空间、融合充电汽车和自行车的公共交通系统、先进的医院和国际学校、航空、节能节水的建筑及城市运营、中央垃圾收集处理系统、可持续的城市管理、数字基础设施和系统的广泛利用等,从而建设成为在各个方面都满足世界级城市要求的城市。该城市的建设融合了"智慧互联城市"的建设理念,其远景目标在于实现无缝通信服务,包括宽带网络、四网服务、基于地点的服务;实现一卡通、智能卡、多功能设备智能化;实现媒体、车站等新一代信息通信智能化;实现医疗、安保、信息安全等智能化,实现交通信息、宜居环境服务、城市地理信息系统智能化;实现门户网站、呼叫中心、礼宾服务智能化等。松岛新城在规划建设中,坚持先进甚至适当超前的信息化观念,开展信息基础设施建设。在家居、商务办公、校园、医院等场所,信息技术"无时无刻无所不在",重点聚焦于智慧工作空间、智慧交通、智慧楼宇、智能能源、智能社会等多个城市管理服务领域,通过信息技术开展智能型医疗、安全、建筑、绿色科技等应用。数字基础设施的广泛应用为松岛新城的快速发展如虎添翼,从无线网络覆盖到自动回收生物系统,再到通用智能卡,一应俱全。

松岛新城作为世界上最环保的城市之一,其智慧化着重体现在其环保系统上,城市设计非常注重节水和雨水的再利用。岛内给水系统藉由巧妙造景收集雨水,并将水槽、洗碗机与洗衣机回收的废水净化处理,从而将干净水的用量降至平常的1/10,这样雨水和生活污水都可以再处理、被利用,大大节省了市内的饮用水资源。

另外,先进的公共交通系统也为松岛新城的繁荣发展锦上添花。这里地铁线路异常便利,地下火车与首尔相连,公共汽车或地铁连接仁川国际机场,城市海水运河上的"水上电动出租车"方便出行,还有长达25km的自行车路,既方便了人们的出行,又能减少碳排放量。配备电动汽车充电桩的主要停车场通常隐藏在位于城市的水下,以减少热气和废气对城市的影响,同时为地上交通预留了更广阔的空间。

松岛新城拥有各种高科技基础设施:从无所不在的无线网络、自动资源回收系统,到可以兼当电子钱包、钥匙与健保卡的智能卡系统。松岛的企业和居民能享受到以下三大类服务:一是楼内服务,主要指自动化、能源管理、设备维护等智能楼宇管理,门禁、监控、入侵检测等安全与安保服务,以及智能停车库、收费、车位引导等停车类服务;二是商业服务,包括信息发布与展示、广告等可视化通信,社区互联以及 IT 服务外包、数据中心、云计算与云存储等数据中心服务;三是全域服务,囊括了全城 WiFi、公共信息发布与服务、智能标杆等。

(1)无处不在的传感器。无线网络、光纤和远程呈现覆盖松岛新城的每一个角落,市内信息系统紧密相连,在每条街道、每条马路、每个建筑物中都安装有传感器,几乎可以说每块墙砖、每平方米地面都有感应能力,监视着岛内从温度到交通状况的任何数据,包括排放量、噪声、天气、停车位置、交通状况、行人行为、社会破损情况等。每个传感器会实时持续地将收集到的数据传送到中央控制中枢,举凡建筑物、电力需求、道路交通状况、室外和室内温度等数据,都会在这里汇整分析,使城市控制中心可以追踪到居民活动,适时做出应对,如电梯只有在有人乘坐时才会启动。

松岛新城内的传感器在交通管理方面起着无法替代的重要作用。公共道路及建筑物周边布置了交通信息传感器网络,用于监测温度、路况等信息,为城市交通部门提供交通状况的具体信息。例如,根据传感器传输的数据,交通管理者可以智能地对交通信号灯进行重新设置,以便降低交通拥堵和交通事故的发生率,同时又能使车流和人流实现最优化配置,保障城市有效运转,若是侦测到道路或建筑物异常壅塞,可亮起警示,迅速针对各类事件进行响应,以减少交通延误造成的损失;高速公路旁的传感器可以识别障碍物、潜在危险和交通堵塞水平,并将这些信息及时传输给驾驶者;街道上的摄影机会监控人行道上有多少行人,街道冷清时可将街灯调暗,人潮熙攘时则把街灯调亮。传感器能够识别路灯或交通信号灯是否损坏,以便能够及时解决。

松岛新城市内的汽车牌照都装载有无线射频识别(Radio Frequency Identification,RFID)标签,通过扫描为运行的车辆建立一个实时的地图,并将当地数据发送至中央控制枢纽,在积累数据后根据之前的测量结果可以预测交通流量,或者自动识别出交通事故多发点以及路况调整信息,缓解交通堵塞状况。松岛新城 U－Life 中心安装了占据一整面墙的屏幕,可以实时展现全岛内由中央监控录像系统传来的视频,用于政府部门监视交通状况、发现犯罪行为。通过 RFID 积累的交通数据,中枢屏幕在 1 s 内就可以完全反映城市实时的交通状况。这些"智能道路"通过网络与中央控制枢纽相连,还能够在地震发生前发挥早期预警的作用。

(2)完全自动的建筑。松岛新城内所有建筑不仅外观时尚,而且智能环保,大楼玻璃窗冬季能存储热量,夏季能利用太阳能控制室内空调。网络还能够让市民直接控制周围的环境,每间公寓都安装摄像头,而且摄像头的开关完全由屋主控制,市民可以通过家庭或移动界面,远程监控自己的公寓;还可以远程操控自己的房间,如调节供暖和空调、检查是否锁门了等,甚至用指纹就可以打开房门。

盖尔公司 CEO 在松岛所住的公寓就是一个"智能家庭"的样板间:楼内和房间应用了先进的智能楼宇和智能家居系统,使用了可视化的联动门禁和监控安保系统;室内部署了智能控制面板,可操控房内所有电子设备,如电灯、冰箱、电视等,并且可通过网络远程操控房内的电子设备;房内安装的智能系统,还可进行远程视频会议。

(3)智能租车。如果想要使用汽车分享服务,用户只需在智能手机上下载一个汽车分享App,填写驾照号码与相关证件,接着轻轻一点就能查寻出最近能借车的地点在哪里,车型也全都一览无遗,只要填妥取车时间,一把虚拟的汽车钥匙就会传送到手机里。到达停车场后,只需轻轻点击手机上的钥匙按钮,汽车自动发出声响,门也随之开启。用户不再需要前往租车中心取车,不用耗时填表格、复印身份证、拿钥匙,5 min 不到,就完成了租车,而且租车费用比搭出租车还便宜。

松岛新城每辆出租车的副驾驶座椅背上贴着一张不怎么显眼的小纸条,拿出手机轻轻往小纸条一靠,同伴就已经收到简讯,知道你在哪里上了车,驾驶姓名、车号也都马上通过手机的近距离无线通信(Near Field Communication,NFC)功能传到另一端的手机里。2015 年 1 月,首尔和仁川,包括松岛新城都初步完成了出租车连线网,这意味着出租车与市政府连线,无论车辆开到哪,市政府都能即时用 GPS 定位出每一辆出租车。

(4)智能电网。松岛新城的电力由天然气制造,通过智能电网传输至各户家庭。完全接入网络的智能电力设施可以监视电器的用电量,随时知道其供应的电力在家庭和办公室中的使用情况——无论电力是用于烧水、洗碗还是照明,都一清二楚,为城市管理者提供有关当前电量的使用信息;还能够帮助当地居民控制各自的电量使用情况,根据需求随时调节供应,从而节省人均 40% 的能量消耗。例如,洗衣机会选择在用电量较少、价格较低的深夜自动清洗衣物。

(5)网真视频系统。各家各户,远程呈现设备像洗碗机一样普遍,住户不仅能控制供暖和防盗设备,还配备视频会议设备,足不出户就能接受教育、医疗和公共福利等;家庭、办公、医院及购物中心,甚至是街头都安装了网真系统(telepresence system),任何人可以在任何地方使用网络视频通话,市民只需坐在电视屏幕前,即可与远在夏威夷的英语老师通话,或者远程跟随国内其他地方的健身教练上课,视频通话虽不陌生,但是与电视和订阅课程表融合却是世界典范。如今,松岛内已经有20 000户家庭安装了网真视频。松岛新城查德威克国际学校拥有两间网真视频教室,学生们可以在教室中和世界其他地方的学生实现远程同步学习。而且每个班级都安装了远程视频屏幕,可以随时和地球村各地的学生进行讨论,授课过程中教室可以使用这项网真视频技术进行授课,如教室一边的电子黑板上,印度班加罗尔(Bengaluru)的一个年级的真实影像和印度老师在另一边的黑板上书写的内容非常生动地显现出来。松岛新城市内每一寸土地、每一个角落都安装了虚拟突触,街道下布满了光缆,墙壁和房屋内安装了开关和路由器,整个岛屿架在了信息流通道之上。覆盖全岛的信息网络也能够让网真系统连接所有办公室、公寓和学校,这样教育、医疗和政府服务都能够通过视频会议的形式传播。

(6)垃圾处理系统。松岛新城内并没有收集垃圾的卡车,岛内所有建筑大楼和办公楼地下都埋有通道,压力驱动的中央垃圾收集系统会迅速地抽走垃圾,通过地下通道直接进入松岛垃圾处理中心——第三区自动化垃圾回收厂,系统内的自动系统可以对岛内垃圾进行自动筛选、回收、焚烧或填埋。整个垃圾处理系统只需 7 人,即可处理全岛的垃圾。如今,高标准、高带宽的网络已经覆盖整座松岛新城,全城无线网络、公共信息发布与服务、智能标杆、网络可加载视频会议应用等服务被广泛应用。"U - City"建设给松岛的城市治理带来了诸多好处,以更高效的高科技信息手段对城市进行运行管理。通过"U - City"计划建设一个高起点、世界级的信息网络基础设施平台,吸引更多的一流企业入驻,同时其涉及的产业链也为城市的发展提供机会,对保持经济持续增长大有益处。同时,信息科技为居民提供了一个舒适宜居、绿色环保的生活环境,也提供了高质量的公共信息增值服务,提高了市民的生活质量。

3. 瑞典:智慧交通

瑞典的智慧城市主要体现在智慧交通系统上的建设。为解决瑞典首都交通拥挤问题,斯德哥尔摩宣布征收"道路堵塞税",瑞典在道路上设置了十几个的路边控制站,通过使用 RFID

以及激光等高新技术，自动识别进入市中心的车辆，然后自动地对进出市中心的注册车辆进行收税。同时引入了 IBM 的流计算平台"Info Sphere Streams"，分析采集的车辆位置信息，实现为城区同行车辆提供回避拥堵路线的服务。同时通过这些技术对进出车辆进行收税后，大量地减少了车流，降低了交通拥堵。

13.2.2 我国智慧社区现状分析

目前全国有超过 400 个城市宣布建设智慧城市，覆盖东、中、西部地区，其中包括 95％的副省级以上城市、76％的地级以上城市，一些发达地区的县、镇乃至社区都参与其中。预计总体建设所带动的投资高达 40 万亿元。

智慧社区在我国还属于方兴未艾的新事物，经过 10 多年发展取得长足的进步，但发展还很不平衡。深圳、上海、广州、北京等各沿海城市、直辖市和各省级中心城市发展较快，欠发达地区与发达地区相比有的慢一到二个节拍，有的社区的智能化刚开始不久，有的还处于炒作阶段。总的来说，社区的智能化犹如雨后春笋，方兴未艾，仍处于发展初期，必将成为社会发展的必然趋势，具有广阔的市场空间。

1. 国内典型智慧社区案例

（1）上海：陆家嘴智慧社区。陆家嘴"智慧社区"建设重点主要涵盖社区综合管理、社区生活质量水平、社区经济和商业活力、社区内个体发展水平四方面内容。具体建设内容为"一库、一卡、两平台、多系统"。其中，"一库"指民情档案综合信息库，包括区域内人、物、房、事、单位、楼宇等动态信息；"一卡"指开发"智慧城市炫卡"，有了一张"智慧城市炫卡"，社区居民就不必再带门禁卡、银行卡，甚至到社区医院预约门诊也可以"轻松一刷"；"两平台"指社区综合管理信息平台和社区公共服务信息平台；"多系统"指以平台为基础开发的各类具体应用系统，包括智能健康管理中心、多功能电子公告栏、停车智能导航系统。

（2）无锡：万家便民服务中心。无锡便民服务中心开设的放心蔬菜配送深受社区居民欢迎。

无锡市便民服务中心依托 24 h 全天候应答的 96158 市级便民服务呼叫平台、便民服务网站和社区服务站，以信息化为手段，以居家养老为切入点，以实体服务为支撑，为无锡市民提供信息化居家养老服务、家庭生活服务和民生商品配送等便民服务，致力于为无锡市民搭建一个需有所应、困有所助、难有所帮的综合性"门对门"便民服务平台。

无锡市便民服务中心充分利用物联网技术，打造覆盖全市、服务全民的便民服务平台。

（3）青岛"U 社区"开发结果。青岛"U 社区"项目针对社区的特点，开发了主要用于社区管理的政务办公系统，居民可在该平台进行就业、低保、医保、计生业务等民政事务的办理；物业管理平台，具有物业通知、物业与居民互动、居民间互动以及物业管理等功能；U 社区一卡通，主要包括门禁、信息查询、社区消费、社区缴费、个人理财等业务；U 购物平台，目前提供的服务项目包括特产、果蔬、订餐、家庭烘焙、亲子沙龙、爱车之家、母婴俱乐部、电子科普等。

截至目前，"U 社区"已在东城国际、海延家园等 10 个社区推广，打造出智慧社区产业的雏形。"卓越社区"项目由青岛博云信息技术有限公司实施，今年在黄岛区薛家岛街道试运行。该项目实现了辖区内的网格化管理，将街道辖区内社区居民与政府职能部门通过微信形式进行黏性连接，实现政、民实时互动、邻里互助、困难群众帮扶、信息上传下达、社情民意反馈，为居民提供科普馆、劳动技能培训室、四点半学校、电子阅览室、老年人之家等服务。看过了国内智慧社区,我们还是要来看下国外智慧社区是怎样的,从中其实我们还是可以发现与国外的距离,还需要努力。

(4)丹阳广播电视集团智慧社区。丹阳广播电视集团智慧社区试点以"政府主导,政企共建,带动产业,服务社会,幸福民生"为总体原则,通过信息化公共服务平台、智能化民生服务平台、网络化跨屏服务平台三大信息平台,加快广电网络双向改造,开展各类增值业务,集城市管理、公共服务、社会服务、居民自治和互助服务于一体。它覆盖城市基础设施、资源环境、社会民生等领域,优化了可用资源,极大地提升了城市信息化水平和居民生活幸福指数。

和其他智慧社区试点相比,丹阳广播电视集团智慧社区的建设有着自己的特色和优势。经过多年的积累,丹阳广播电视集团已成功将传统数字电视机顶盒与互联网、信息化服务相结合,通过家庭智能信息终端将智慧社区服务推送到社区内部,形成了依托数字电视网络,融合物联网、云计算等技术,实现社区信息互动、远程医疗、智能家居、老人关爱、社区安防、物业管理等业务的综合性智慧信息平台。在此基础上,社区居民可以进行如周边交通实况查询、"淘丹阳"电子商务、水电气费查询缴纳等服务,这将进一步推进政府管理和市民生活智慧社区建设现状,也为全国智标委的智慧社区标准化工作带来了有益的借鉴。

下一步,丹阳广播电视集团将进一步和全国智标委展开紧密合作,在现有智慧社区的基础上,发挥广电网的优势,形成基于社区信息处理的新生活产业发展及社会管理模式,同时遵循规范标准进行建设,形成智慧社区代表性示范工程,面向未来构建全新的城市形态,为丹阳的智慧城市建设贡献力量。

2. 国内智慧社区建设中存在的问题

(1)物联网技术在社区应用还较少,智慧应用处于初级阶段。为了规范住宅智能化建设,建设部住宅产业化办公室早在1999年12月就出台了《全国住宅小区智能化系统示范工程建设要点与技术导则》,智能化小区是智慧社区的前身,主要强调三方面内容,包括安全防范子系统、信息管理子系统、信息网络子系统。为了促进平安城市建设,公安部于2005年提出了3111工程(安防工程),3111工程的推进对于小区安防水平提高起到了显著的促进作用。早期的智能化小区模式实现了设备的自动监控但并未实现自动控制网络与互联网的互联。随着物联网技术的发展,自动抄表、智能家居等物联网应用走进社区,进入家庭,智慧应用逐渐增多,智能家居成为最有潜力的物联网应用领域之一。

近年来,充分融合了物联网技术与传统信息技术的智慧社区解决方案逐渐出现,并在一些发达地区实施。智慧社区典型应用包括智慧家居、智慧物业、智慧政务、智慧公共服务。智慧家居是融合家庭控制网络和多媒体信息网络于一体的一个家庭信息化网络平台。家庭控制网络通过有线或无线的方式接入因特网(Internet)、公众电话网、广电网、社区局域网等网络,通过家庭网关实现电子信息设备、通信设备、娱乐设备、家用电器、自动化设备、照明设备、保安(监控)装置及水电气热表(或概称的三表三防设备)的控制与设备间协同。智慧物业利用小区视频监控网络、各种传感器网络及小区宽带网络构成物联网系统,实现智慧的保安消防、垃圾回收清运、停车场管理、日常设备检修与维护、环境监测、电梯管理等智慧服务。智慧公共服务利用信息共享与集成技术,实现社区医疗服务、"一站式"缴费服务、电子商务服务、养老服务。特别是通过智能感知、识别技术使得居家养老和社区养老实现智能化,打破老人独自居家活动的状态,老人的各种诉求被感知:身体健康状况被社区医院和医护人员感知;居家安全和出行安全被社区服务人员和家属感知。智慧政务对部门、科室、社区业务进行科学分类、梳理、规范,创新服务管理模式,提高服务管理的规范化、精细化水平。实现社区一站式服务、社区经费管理、综治维稳、社会救助等社会管理与公共服务职能。

大量结合了物联网技术的社区应用还处于方案或试运行阶段,物联网应用需求的发掘还不充分,智慧社区的发展还处于初级阶段。

(2)智慧社区应用主要集中在大城市主要社区。智慧城市建设如火如荼,智慧社区成为智慧城市重要建设内容,但由于智慧社区本身代表了一种较现代的生活方式,受建设成本和消费水平影响较大。因此,智慧社区的发展还很不平衡。深圳、上海、广州、北京等各沿海城市、直辖市和各省级中心城市发展较快,智慧社区还主要集中在这些大城市的主要社区。

北京西城区广内街道"智慧社区"社会服务管理平台是智慧社区的一个典型案例,其一期内容包括智慧中心、智慧政务、智慧商务、智慧民生四大部分 14 个子系统。智慧中心记录了街道所有的人、地、物、事、组织,这些数据精确到了每个社区的每个单位、每个楼门甚至每个井盖。智慧政务借助信息手段,对部门、科室、社区业务进行科学分类、梳理、规范,创新服务管理模式,提高服务管理的规范化、精细化水平。包括社区一站式服务系统、十千惠民系统、社区阳光经费管理系统、综治维稳系统、和谐指数评价系统等。智慧商务是以服务企业为主旨,包括槐柏商圈网、楼宇直通车、惠民兴商一卡通、企业绿色通道等。智慧民生以辖区居民需求为导向,建设面向社区各类专项服务的典型应用,包括虚拟养老院、智能停车诱导、全品牌数字家园、数字空竹博物馆等。

2011 年 6 月,上海投资 3 000 万元建设的首个"智慧社区"——浦东金桥碧云一期改造已完成。实现了智能家庭终端、金桥碧云卡、社区信息门户网站、云计算中心四大基础项目。通过智能家庭信息终端(碧云大管家)实现公共服务信息查询、优惠信息显示、服务预订等功能。通过金桥碧云炫卡绑定商家或社区服务机构的各类信息、直接进行相关费用缴纳、预定、享受个性化服务。社区信息门户网站是居民查看社区内各类信息的互联网窗口,主要功能与"碧云大管家"相对应。同时,基于网站的互动及宣传功能,可将服务辐射至所有人群。云计算中心是整个项目的大脑,因为所有子项目的数据都将通过云计算中心进行交换、处理、存储以及查询。另外实现了智能交通(一期)运用红绿灯违章率监控管理系统、智能环保(一期)通过对现有垃圾桶的改造,当垃圾桶内的货物到达一定的程度的时候(例如 90%),自动将相关信息传送到相关管理部门。智能停车场(完成试点工作)通过对停车场管理专利技术的应用,实现对社区内停车场的查找、停车位信息的查询、精确停车位的指导等功能。

广州电信与光大花园在广州市海珠推出"信息家园"社区。在这个社区中,居民可以通过宽带网络和固定电话实现远程遥控开关家电、视频监控家居安全、自主控制电视节目等住宅智能化管理。此外,居民还可以通过 114 查号台和"信息家园网站"了解居家信息、订购所需商品。目前约有 3 万家广州企业加入了"信息家园"电子服务网络。

在苏州地区,比较著名的考拉社区为物业定制 ERP 管理系统,帮助物业提升管理质量(如道闸系统改造等),让物业推荐业主 APP 安装,加入商业内容(产品销售为主),与物业合作分成。

(3)智慧社区产品与技术方案尚不成熟。社区智能化产品"智能化"程度还不够高。在部分安防产品中存在这样的情况:只能在家中无人时,开启防盗报警系统,住户回家后必须关闭防盗报警系统,否则就会发出误报信号。而事实上只要在夜间就需要能够对住宅边界(阳台、窗户等)进行设防,因此不仅要提高产品的智能程度,锁定监控区域,同时还要能够根据环境的需要灵活设置安防系统。另外,探测设备(红外探头等)的可靠性不理想,无线探测器由于靠电池供电,因此能否及时、准确传送电池欠压状态,是保证系统可靠性的必要条件。

技术方案选择时存在考虑不全面的情况。有的小区区域报警系统采用电话网＋无线前端设备模式,虽然此种方案因为不破坏住户的室内装潢,技术上比较可行。但由于这种方案需要依赖于电话通信网络,及住户通过电话线经电信局交换中继与物管中心连接,住户的每一次报警都要占用电话线路,因而会给住户增加额外的通信费用,物管部门当初没有意识到这一点,没有与电信部门协商,匆匆上马,等到系统调试时才发现问题,从而导致住户的不满。

(4)智慧社区建设标准与规划缺乏。建设部住宅产业化办公室早在 1999 年 12 月就出台了《全国住宅小区智能化系统示范工程建设要点与技术导则》,由于该导则和 2000 年出台的 GB50314—2000《智能建筑设计标准》中,都没有详细规定每个系统的设计及施工规范,实施过程中往往只能参照各相关系统的有关标准执行,有的甚至是凭感觉,因而导致工程设计、施工安装、设备选型的随意性较大。例如,住宅内探测器及磁控开关的安装位置及数量,住宅不同部位应选择何种技术类型的产品等。天津市今年出台的《住宅小区安全防范系统》地方标准 DB12/125—2001 就详细规定了门磁开关及探测器的安装场所、安装位置及设备选型等。另外,系统建成后缺乏相应的验收、测试标准,也没有相关部门组织验收,因此目前急需针对智慧社区的此类技术规范出台,从而更加规范系统的实施。各厂家的相同产品的兼容性、互换性、开放性差,造成住户家中设备种类很多,管理和维护也非常困难,给未来系统的集成与数据共享带来很大困难。

(5)缺乏适应智慧化社区管理与服务的人才。智慧社区应用了丰富的现代信息技术,其管理与服务模式与传统社区有很大不同。因此某些重要岗位不是一般人员通过短时间培训能够胜任的,所以社区管理与服务机构特别是社区服务中心与物业管理中心需要配备高素质的技术管理及业务办理人才。通过高素质的人才保障智慧社区软硬件资源最大限度地发挥作用,避免不必要的损失。比如一个安防系统,由于系统管理不善,导致其他人员误操作,使得系统通信参数被修改,致使整个系统瘫痪,而物管人员却不会恢复。这不仅反映了物管部门管理制度不严,同时也说明物管人员的技术素质亟待提高。

13.2.3 智慧社区发展趋势

随着物联网、云计算及移动互联网等新一代信息技术在社区的应用不断发展,社区将变得更加"智慧",未来发展潜力巨大,智慧化应用将渗透到居民生活的各个方面。

1. 集成化、智能化、生态化

智慧社区将大大提高社区系统的集成程度,信息和资源得到更充分的共享,提高系统的服务能力。通过各种信息化特别是自动化技术、物联网技术、云计算技术的应用,不但使居民的信息得到集中的数字化管理,基础设施与家用电器自身的各种基础及状态信息将可通过互联网获取,并可通过互联网对这些设备进行控制,设备间也可通过一定的规则协同工作。通过对各种人、物、事的信息的综合处理,更多的智能化、主动化和个性化服务将出现在社区居民身边。

近几年随着新兴的环保生态学、生物工程学、生物电子学、仿生学、生物气候学、新材料学等新技术的飞速发展,生态化理念与技术正在深入渗透到建筑智能化领域中,以实现人类居住环境的舒适和可持续发展目标。

互联网时代市场环境发生了极大变化，4G 网络的到来更是加速了智慧生活的普及。以海尔为例，该企业正在与地产集团合作，全力打造"4G 科技豪宅"玺园·帝泊湾项目。该项目建成后将拥有"智能、生态、安保、无线网络"4G 科技的智能体系。该社区融入了智慧物联技术、多网融合技术以及海尔云社区技术理念，使用户足不出户，也可通过电视、电脑等智能终端，轻松享受购物消费、医疗健康、家政教育、娱乐资讯等各类即需即供的服务。

2. 智慧化将渗透到社区生活的各方面

随着物联网技术的发展，未来社区内网络将无处不在，并将有更高的带宽，必将加强社区的网络功能的发展。通过完备的社区局域网络和物联网网络可以实现社区机电设备和家庭住宅的自动化、智能化，可以实现网络数字化、远程智能化监控。

智慧社区应用始终主要围绕着居民日常生活展开，智慧应用将渗透到居民生活的各个方面。各种电子信息设备、通信设备、娱乐设备、家用电器、自动化设备、照明设备、保安（监控）装置及水、电、气表等连成网络，通过多功能智能控制器、互联网和物联网络可以实现远程控制，各种设备可以与传感器结合，根据环境变化自动变换状态。居民出行也因智慧停车场的出现变得更加快捷，智慧停车场系统统一管理社区辖区内的车辆停放，保持社区辖区内的道路、过道、电梯及扶梯等平面及垂直交通的畅通。居民生活环境也可得到智慧管理，在社区内部安装的环境监测设备，不仅可实时显示社区环境状况，便于业主在社区内安排活动时间，同时可向市环保部门环境监测系统提供数据。清洁人员通过智能垃圾回收系统，定时定点或接到智能垃圾箱报警后及时收集和清运垃圾，保持社区及周围环境的干净、整洁。电子商务、远程医疗与救助服务、一站式政务服务等智慧化服务将不断丰富与完善，使社区居民（尤其是无人照顾的老人、小孩等）生活更加安全、舒适、便捷。

3. 安防企业将加强与电信运营商的合作

电信运营商和社区结合是推进信息化社区建设的可行模式，以社区为基本单位提供网络接入服务，将改变传统的直接面对单一客户的状态，使用户和服务商的效率都得到提升。从目前发展情况来看，电信运营商已经开始面向社区提供多样化的信息服务；安防企业加紧与电信运营商的合作，逐渐形成新的产业链，使用户、企业和运营商实现"三赢"。

13.3 智慧社区系统建设的关键技术

13.3.1 关键技术需求分析

智慧社区服务系统可以从最基础的方面分为两个部分：基础的硬件环境和软件环境。硬件环境的关键技术主要有物联网技术、卫星定位与导航技术、RFID 技术。这些技术均偏重于硬件，进行信息的收集，充当智慧社区服务系统的"感官"。软件环境的关键技术主要有 SOA 架构技术、云计算技术、数据仓库与数据挖掘技术、系统安全技术。这些技术主要用于服务平台的搭建，使之具有安全性、开放性和可扩展性等。

13.3.2 系统建设关键技术

1. SOA 架构技术

面向服务的体系结构（Service Oriented Architecture，SOA）是一个组件模型，它将应用程序的不同功能单元通过这些服务之间定义良好的结构和契约联系起来。接口是采用中立的方式进行定义的，它独立于实现服务的硬件平台、操作系统和编程语言。构建在这样的系统中的服务可以一种统一和通用的方式进行交互。SOA 的概念最初由 Gartner 公司提出，由于当时的技术水平和市场环境尚不具备真正实施 SOA 的条件，因此当时 SOA 并未引起人们的广泛关注，SOA 在当时沉寂了一段时间。伴随着互联网的浪潮，越来越多的企业将业务转移到互联网领域，带动了电子商务的蓬勃发展。

在 SOA 的定义当中，关键是"服务"的概念，W3C（World Wide Web Consortium，万维网联盟）将服务定义为，"服务提供者完成一组工作，为服务使用者交付所需的最终结果。最终结果通常会使使用者的状态发生变化，但也可能使提供者的状态改变，或者双方都产生变化"。在 SOA 架构风格中，服务是最核心的抽象手段，业务被划分为一系列粗粒度的业务服务和业务流程。业务服务相对独立、自包含、可重用，由一个或者多个分布的系统所实现，而业务流程由服务组装而来。一个"服务"定义了一个与业务功能或业务数据相关的接口，以及约束这个接口的契约，如服务质量要求、业务规则、安全性要求、法律法规的遵循、KPI（Key Performance Indicator，关键业绩指标）等。接口和契约采用中立、基于标准的方式进行定义，它独立于实现服务的硬件平台、操作系统和编程语言。这使得构建在不同系统中的服务可以以一种统一的和通用的方式进行交互、相互理解。除了这种不依赖于特定技术的中立特性，通过服务注册库加上 ESB（Enterprise Service Bus，企业服务总线）来支持动态查询、定位、路由和中介的能力，使得服务之间的交互是动态的，位置是透明的。技术和位置的透明性，使得服务的请求者和提供者之间高度解耦。这种松耦合系统的好处有两点：一是它适应变化的灵活性；二是当某服务的内部结构和实现逐渐发生改变时，不影响其他服务。而紧耦合则是指应用程序的不同组件之间的接口与其功能和结构是紧密相连的，因而当其发生变化时，某一部分的调整会随着各种紧耦合的关系引起其他部分甚至整个应用程序的更改，这样的系统架构就很脆弱了。

SOA 架构带来的另一个重要观点是业务驱动 IT，即 IT 和业务更加紧密地对齐。以粗粒度的业务服务为基础来对业务建模，会产生更加简洁的业务和系统视图；以服务为基础来实现的 IT 系统更灵活、更易于重用、更好也更快地应对变化；以服务为基础，通过显式地定义、描述、实现和管理业务层次的粗粒度服务（包括业务流程），提供了业务模型和相关 IT 实现之间更好的"可追溯性"，减小了它们之间的差距，使得业务的变化更容易传递到 IT。因此，可以将 SOA 的主要优点概括为，IT 能够更好、更快地提供业务价值、快速应变能力和重用能力。

在智慧社区服务系统的建设中，智慧社区服务系统的建设是由多个开发者共同开发的，因而建立一个开方式的平台是系统设计的最基本原则。开放平台是一种非功能需求（开放标准、模块性、可互操作性、可扩展性、可重用性、可组合性和可维护性）模式，可以创建和维护更加开放和灵活的复杂系统。SOA 架构技术的特点使得它能很好地应用于智慧社区服务系统。SOA 架构模式如图 13－2 所示。

基于 SOA 架构技术的智慧社区服务系统划分为用户层、业务层、服务层、服务组件层、应用服务层、数据库和信息服务层这六个层面，整合智慧社区服务系统利用各服务层次，能够对智慧社区服务系统的核心业务的变化做出快速反应，呈现出可以支持有机业务架构的能力。

2. 物联网技术

物联网(Internet of Things,IoT)是互联网、传统电信网等信息承载体,让所有能行使独立功能的普通物体实现互连互通的网络。物联网一般为无线网,而由于每个人周围的设备可以达到1 000~5 000个,所以物联网可能要包含$(0.5 \sim 1) \times 10^9$个物体。在物联网上,每个人都可以应用电子标签将真实的物体上网连接,在物联网上都可以查出它们的具体位置。通过物联网可以用中心计算机对机器、设备、人员进行集中管理、控制,也可以对家庭设备、汽车进行遥控,以及搜索位置、防止物品被盗等,类似自动化操控系统,同时通过收集这些小的数据,最后可以聚集成大数据,包含重新设计道路以减少车祸、都市更新、灾害预测与犯罪防治、流行病控制等等社会的重大改变。

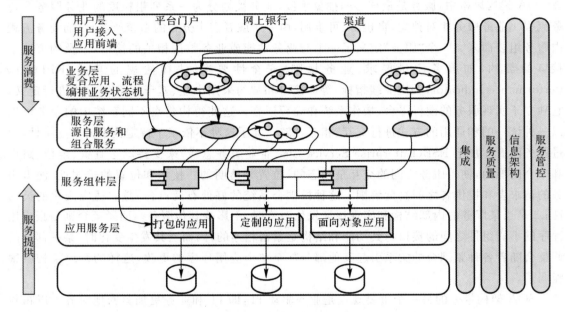

图 13-2 SOA 架构示意图

物联网将现实世界数位化,应用范围十分广泛。物联网拉近分散的信息,统整物与物的数字信息。物联网的应用领域主要包括以下方面:运输和物流领域、健康医疗领域范围、智能环境(家庭、办公、工厂)领域、个人和社会领域等,具有十分广阔的市场和应用前景。

物联网技术的主要特点:

(1)它是各种感知技术的广泛应用。物联网上部署了海量的各种类型的传感器,每个传感器都是一个信息源,不同类型的传感器所捕获的信息内容和信息格式不同,传感器获得的数据具有实时性,按一定的频率周期性地采集环境信息,不断更新数据。

(2)它是一种建立在互联网上的特殊网络。物联网技术的重要基础是互联网,通过各种有线和无线网络与互联网融合,将物体的信息实时准确地传递出去。在物联网上的传感器定时采集的信息需要通过网络传输,由于其数量极其庞大,形成了海量信息,在传输过程中,为了保障数据的正确性和及时性,必须适应各种异构网络和协议。

(3)物联网不仅仅提供了传感器的连接,其本身也具有智能处理的能力,能够对物体实施智能控制。物联网将传感器和智能处理相结合,利用云计算、模式识别等各种智能技术,扩充到不同应用领域。从传感器获得的海量信息中分析、加工和处理出有意义的数据,适应不同用户的不同需求,发现新的应用领域和应用模式。

　　智慧社区是涉及城市管理、公共服务、社会服务、居民自治和互助服务于一体的新技术应用,而物联网技术是智慧社区重要技术之一。物联网能将家庭中的智能家居系统、社区的物联系统和服务整合在一起,使社区管理者、用户和各种智能系统形成各种形式的信息交互,以更加方便快捷的管理,给用户带来更加舒适的"数字化"生活体验。

　　3. RFID技术

　　RFID(Radio Frequency Identification,射频识别)是一种非接触式的自动识别技术。它通过射频信号自动识别目标对象并获取相关数据,识别工作无须人工干预。作为条形码的无线版本,RFID技术具有条形码所不具备的防水、防磁、耐高温、使用寿命长、读取距离大、标签上数据可以加密、存储数据容量更大、存储信息更改自如等优点,其应用将给零售、物流等产业带来革命性变化。从本质来讲,RFID是一种通信技术,可通过无线电信号识别特定目标并读写相关数据,而无需识别系统与特定目标之间建立机械或光学接触。

　　将射频识别技术与当前广泛使用的条码、磁卡、IC卡等自动识别技术相互比较,射频识别拥有许多优点,如:

　　1)非接触操作,长距离识别,无须人工干预,使用方便。

　　2)防水、防磁、耐高温、使用寿命长,可应用于恶劣的环境中。

　　3)标签上数据可以加密、存储数据容量更大、存储信息更改自如,可同时读取多个标签。

　　4)有源式射频识别系统的速写能力,可用于流程跟踪和维修跟踪等交互式业务。

　　RFID技术可以广泛应用于智慧社区感知识别方面的服务。例如,利用RFID身份识别可实现社区门禁、社区医疗、社区服务支付、就餐购物、社区活动等各类社区服务,确保智慧社区的服务"智能便捷"。图13-3所示为RFID在智能社区服务系统中的应用。

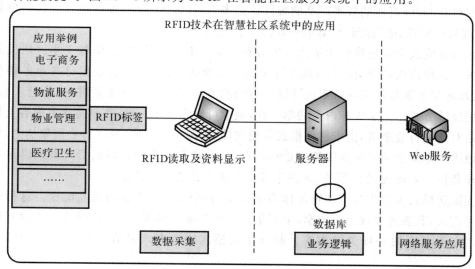

图 13-3　RFID技术在智慧社区系统中的应用

13.4　智慧社区与O2O

O2O即Online to Offline,是指将线下的商务机会与互联网、移动互联网相结合,让互联网成为线下交易的前台,是在生活消费领域通过线上(Online)和线下(Offline)互动的一种新型商业模式。社区O2O指的是通过互联网、移动互联网,进行线上和线下资源的整合,实现产品或服务"最后1 km"的配送,以社区生活场景为中心,构建用户与商家、上门服务提供者之间的平台。在智慧城市建设的大背景下,智慧社区是实现智慧城市的核心,智慧社区O2O(见图13-4)是智慧社区建设的重要组成。从社区入手,提供惠民便民服务,立足于"以民为本、和谐社会"的宗旨,配合以物联网、云计算等技术为实现手段,通过建设统一的平台、一套移动终端、一个呼叫中心,整合社区资源,促进小区公共服务管理等方面的信息化应用,实现对社区的信息发布、居民生活的多种元素进行综合的智能化管理,实现足不出户的小区通知、购买商品、家政服务等,方便群众生活,提高公众服务水平。

图13-4　智慧社区O2O主要服务内容

根据现有O2O行业的各类产品的统计信息来看,社区O2O的发展模式可以简单划分为3类:垂直服务模式、电商配送模式和一站式平台模式。

垂直服务模式主要是指企业从社区生活圈中某一细分领域切入,服务于小区居民某一特定的需求。这种模式是当前社区O2O行业的主流模式,各个服务商根据自身业务特色与优势,针对社区服务领域的某一特定点开展所有的服务内容。对于企业来讲,这是进入O2O领域的最便捷的方式。由于服务内容的单一性,企业可以专注于一点,在自身服务内容上精益求精。但是对整个行业来讲,由于这种模式的便利性,这种模式下的O2O行业乱象丛生,即使是统一领域内的不同企业其服务质量也是参差不齐,这对于广大的社区消费人群来讲是一种沉重的选择负担。家政无忧、e袋洗、河狸家等都是该模式的典型代表。

电商配送模式主要作为电商物流体系的末端,提供最后1 km的商品配送。这种模式较之上一种模式,其服务领域相对狭窄,主要集中于服务配送体系,但是该模式是当前互联网服务领域的必不可少的一项关键内容。归属于该模式的现有产品有京东到家、爱鲜蜂、社区001等。

一站式平台模式是指不参与上门配送等线下服务,而作为服务和商品的营销、分发平台,把用户和服务商连接起来。从本质上来讲,智慧社区O2O服务平台的目标就是要完成一个大型一站式服务平台。这种模式是未来智慧社区 O2O 行业的主流选择。智慧社区商业环境是一个集成的、复杂的、涵盖社区居民所有生活内容的环境,要建设智慧社区 O2O 平台,就要与之相对应地建立一个集成的、综合类、一站式服务平台。当前市场中的小区无忧、叮咚小区、彩生活等可被归结为这一模式。

传统的社区服务方式服务内容单一、效率低下且成本较高,而智慧社区当中的的 O2O 社区服务因为依托于最新的互联网、云计算、大数据等技术可以实现服务人群的精准定位,服务范围更广阔,同时对于用户来讲,服务方式更加便捷。

13.4.1　智慧社区 O2O 的市场概况

现代"懒人经济"盛行,即时性消费渐成主流。而移动互联网技术的发展为满足这种需求提供了极大的便利,消费者无需出门,通过手机端即可享受快捷、省时的各类上门服务。

社区是一个具有复合型需求的生活圈,涵盖了家政、出行、快餐、理财、健康、休闲娱乐等多个方面,这些需求的属性大多为高频、刚性,因此具有巨大的商业价值。智慧社区中的智慧商业意味着线上和线下资源的整合,而在此过程中互联网及移动互联网即为其中的桥梁。

截至 2015 年上半年,已经上线的各类社区应用中,家政类 APP 占 25.5％,社区电商类 APP 占 18.1％,综合服务 APP 占 13.4％,其他占 45.0％。这说明目前中国社区 O2O 业务还处于混沌状态,社区内各类业务都有可能经互联网化进行资源整合,进行业态的再升级。

自 2014 年至今,58 同城退出了自营家政服务品牌"58 到家",并先后全资收购了驾校一点通、以 2.67 亿美元吞并安居客、以 3 400 万美元入股家装 O2O 公司土巴兔、与赶集网合并等,这一系列的投资并购无疑向外界释放着同一个信息:58 同城正由信息服务的轻模式转向 O2O 的本地生活服务转型。

2015 年 5 月,云南彩立方数据科技有限公司与华为公司等合作伙伴共同发起"全光智慧社区发展联盟",研究探讨联盟未来发展方向及模式,向全国推广及打造可运营的全光智慧社区。旨在探索"互联网＋"社区发展模式及运作体系,提供"互联网＋"智慧生活、智慧办公、智慧商业等丰富的增值服务。

2015 年 7 月,马斯葛发布公告,腾讯控股与恒大地产将成为该公司两大股东。腾讯、恒大入主后,致力于携手打造全球最大的互联网社区服务商。合作内容围绕"社区物联网智慧化""社区互联网家居""社区互联网金融"3 个方面展开。

2015 年 7 月,中概股晶科能源全面发力分布式光伏,推出 O2O 平台,打造光伏别墅社区,将致力于为国内家庭住宅和工商业建筑客户提供一站式分布式光伏发电系统设计、安装和金融服务。

数据显示,2015 年上半年社区 O2O 生活服务类项目使用频率上,46.08％的人偶尔使用过;37.90％的人没有使用过;16.02％的人处于经常用的状态。尽管当前社区 O2O 市场一直处于持续火热阶段,但是社区居民的消费习惯还需要较长时间的培育,加之中国当前社区治理不完善,发展不平衡,周边配套设施滞后于居民生活需求,因此社区 O2O 市场还处于前期探索阶段,模式成熟尚需要一段时日。

13.4.2　智慧社区 O2O 的规模效应

在驱动人们对社区生活服务类 APP 下载的首选需求中,商超配送类占 37.5％,家政服务需求占 22.3%,代收代寄类和社区综合类分别占 11.2%和 12.3%,而社区服务类(配合物业公司提升服务品质)占 6.7%。可见,商超配送类和家政服务类市场成长迅速,而结合物业提升社区服务的市场有待进一步的挖掘。

社区 O2O、上门 O2O,实际上都是为用户提供家庭生活服务,只是两者服务市场范畴有差异。从互联网的规模效应来看,上门 O2O 可以服务整个城市,甚至整个全国市场,规模效应明显;而社区 O2O 有强烈的区域限制性,只能服务已有合作的小区,因而限制了其前期的规模效应。到 2015 年上半年,消费者对社区 O2O 到家服务的市场认知度较高,65.4%的受访者表示有听过社区 O2O 到家服务;49.1%的受访者对这项服务充满期待,表示愿意尝试和购买;34.5%的受访者则处于观望状态。

在传统的到家服务类中,受访者使用频次最高的是家庭保洁,其次是搬家服务,小区服务列第三位。针对消费者最希望获得的 O2O 到家服务的调查结果显示,期望得到的 O2O 到家服务的排名前三位依次是家庭保洁、搬家服务和小区服务。

购买便利,足不出户就能购买和享受自己需要的服务,是目前大多数人选择社区 O2O 到家服务的原因,另外,购物平台的产品组合多样性、价格的合理性,也是促使消费者愿意购买 O2O 到家服务的重要因素。

调查显示,69.1%的受访者认为到家服务人员的素质参差不齐,担心上门服务不安全。在到家服务中,消费者直接面对的是服务人员,服务人员的素质的高低直接决定了消费者对服务商、平台的口碑与二次购买的消费意愿。

55.9%的受访者会把到家服务作为选择服务商的首要因素,折扣信息和客户评价对于消费者选择到家服务也有重要影响。可见,O2O 到家服务消费者群体的价格敏感度较高,同时也在意商品和服务的质量,会在同类服务中选择性价比较高者。

45.4%的受访者认为家庭保洁服务的合理定价是每小时 25~50 元,38.2%的受访者能接受每小时 25 元以下的家庭保洁服务,14.6%的受访者能接受每小时 50~100 元的家庭保洁服务,仅 1.8%的受访者能接受每小时 100 元以上的家庭保洁服务定价。

对于上门美甲服务,45.4 的受访者能接受每次 50 元以下的定价,41.8%的受访者能接受每次 50~100 元的上门美甲服务,9.1%的受访者能接受每次 100~150 元的上门美甲服务,有 3.6%的受访者能接受每次 150 元以上的上门美甲服务。

13.4.3 智慧社区 O2O 细分领域的典型案例

根据产品的服务价格和消费频次的高低,可将社区 O2O 业务分为四类:高频高价、高频低价、低频高价、低频低价(见图 13-5)。高频高价类业务(如美容服务、旅游服务、母婴服务等)在生活领域存在较少,而低频低价类可供挖掘的价值不大,因此在社区生活领域最具有发展空间的是高频低价类和低频高价类两大业务。前者可望获取前期大量的用户资源,后者可带来利润空间的延伸。

1. 生鲜领域典型企业:爱鲜蜂

爱鲜蜂于 2014 年 5 月上线,是以众包物流配送为核心模式,基于移动终端定位的技术解决方案提供 O2O 运营服务的公司。专注于社区生鲜最后 1 km 配送,主打 1 h 闪电送达,"即时性消费"。平台主打产品以生鲜为主,定位人群为年轻白领。上游通过供应商合作统一拿回,商品主要为讲究新鲜度的食品和生活急需品两类。配送网点则使用"盘活社区闲置资源"

的思路,同社区内的便利店进行合作,在各行政区自建仓储,向行政区内小卖部供货。

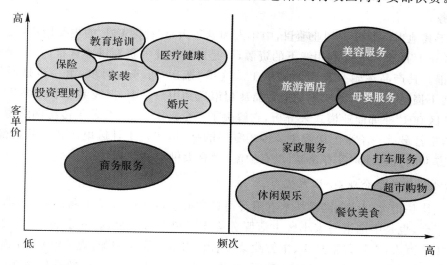

图 13－5　O2O 业务分类图

图 13－6 列出了当前社区 O2O 领域各个服务行业的典型产品代表。

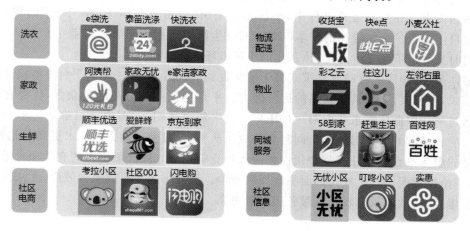

图 13－6　O2O 领域各行业产品代表

　　用户下单后,距离最近的店主负责送货,同时完成支付。配送一般能控制在 1 h 之内。爱鲜蜂能保证 1 h 内配送,不仅在于其科学的布点,也在于其对社区店主的适当激励。

　　爱鲜蜂没有自己的全职配送队伍,而是采用闲置资源共享的方式,同社区便利店进行合作,节省了一部分的运营成本。其团队拥有电商经验,同时在过去经验中积累了便利店、小卖部的丰富资源。

　　尽管目前爱鲜蜂会给每家小卖部配备冰柜、保温箱、统一标识的工作服装等,但是小卖部的执行效果直接影响到服务的质量和速度,因无法监控会存在一定的风险。

　　目前爱鲜蜂提供的产品种类不多,可能无法满足用户多元化的需求。

2. 社区电商领域典型企业:"社区 001"

北京家捷达电子商务有限公司,简称"社区 001",创立于 2012 年 3 月。"社区 001"通过和多家超市合作,组建自己的配送品牌"社区即时送",致力于为社区住户提供方便快捷的社区电子商务服务。

不同于其他生活服务类创业项目,中年人和老年人是"社区001"的主要用户群。

"社区001"的推广主要利用线下的资源,一是通过物业的资源进小区推广,二是在商超合作点的地推。其产品逻辑是超市的搬运工。这里"搬运"可分为两步,第一步是对接超市的SKU,从线下搬运到线上;第二步是把货品从超市送到用户手中,把线上订单在线下完成。

从"社区001"外部商业模式来分析,它解决了三个需求痛点:覆盖了传统网络覆盖不到的菜鸟网民,主打最后一千米配送解决了传统零售的痛点,实现了社区电子化。从内部分析,它具有三个方面的特色,即"没有仓储、没有物流、没有大供应链"。

3. 物业领域典型企业:小区无忧

小区无忧是指弋(上海)网络技术有限公司自主研发的第一款基于移动O2O的小区生活信息服务平台,也是中国第一家小区生活服务应用。现已覆盖全国56个城市、20万个小区,用户数达100万人,支持包括外卖、生鲜蔬菜、超市、水果等居家宅配,规范家政、开锁、维修、疏通、搬家等生活服务,提供快递、洗衣、教育、宠物等小区周边生活信息,精准优选10万服务商家,专人实地认证,确保信息真实可靠,让小区生活从此无忧无虑!

小区无忧是以小区为核心的O2O营销平台,一站式解决用户的社区生活需求和商品服务的营销融达需求。在实际运营过程中,小区无忧采用"与物业合作＋DM手册"的推广方式。小区无忧自主发行了全国唯一的一本《小区O2O生活服务指南手册》,覆盖了全国20个重点城市。同时其打造了一支专业化、体系化的小区市场推广队伍。

从整体来看,小区无忧的发展模式属于前文提到的社区O2O一站式平台发展模式。小区无忧重模式,规模大,要求具备较高的运营能力。平台型涵盖的服务品类众多,优势在于前期较容易通过一些中低频需求获取第一批用户。但劣势也很明显,即前期很难通过单一服务形成口碑效应和品牌效应,难以突破;同时会分散团队精力,对管理能力的要求更高。此外,当前这种一站式服务平台模式还面临替代性强的激烈竞争环境。现阶段更多的竞争来自垂直服务提供者,不论是宅配、家政、外卖都面临激烈的竞争。但如果无法形成平台效应,无法发掘社区服务的引爆点,失败的风险较垂直服务提供者更高。

参 考 文 献

[1] Bouktif S，Sahraoui H，Antoniol G . Simulated annealing for improving software quality prediction[C]//GECCO 2006：Proceedings of the 8th annual conference on Genetic and evolutionary computation，Seattle，USA，8 – 12 July 2006. NY：ACM Press，2006：1893 – 1900.

[2] Tracey N，Clark J，Mander K. Automated program flaw finding using simulated annealing[C]//International Symposium on Software Testing and Analysis（ISSTA 98），1998：73 – 81.

[3] Li H，Lam C P. Software test data generation using ant volony pptimization[C]. International Conference on Computational Intelligence，2004：1 – 4.

[4] 丁世飞. 人工智能[M]. 北京：清华大学出版社，2011.

[5] 李征，巩敦卫，聂长海，等. 基于搜索的软件工程研究专题前言[J]. 软件学报，2006，24(4)：769 – 770.

[6] HarmanM，Jones B. Search – based software engineering[J]. Information and Software Technology，2001，43(14)：833 – 839.

[7] HarmanM. The current state and future of search based software engineering，in Future of Software Engineering 2007（FOSE 2007）[J]. IEEE Computer Society，2007：342 – 357.

[8] MitchellB S，Mancoridis S. Using heuristic search techniques to extract design abstractions from source code[C]//GECCO 2002：Proceedings of the Genetic and Evolutionary Computation Conference，San Francisco，USA，9 – 13 July 2002. California：Morgan Kaufmann Publishers，2002：1357 – 1382.

[9] Harman M，Steinhofel K，Skaliotis A. Search based approaches to component selection and prioritization for the next release problem［C]//22nd International Conference on Software Maintenance（ICSM 06），Philadelphia，USA，Sept. 2006：1951 – 1952.

[10] Li H，Lam C P. An ant colony optimization approach to test sequence generation for state based software testing[C]//Fifth International Conference on Quality Software，2005（ICQS 2005）. IEEE，2005：255 – 262.

[11] Ayari k，Bouktif S，Antoniol G. Automatic mutation test input data generation via ant colony[C]//Proceedings of the 9th annual conference on Genetic and evolutionary computation. MA：ACM，2007：1074 – 1081.

[12] Goldbreg D E. Genetic Algorithms in Search Optimization and Machine Learning [M]. MA：Addison – Wesley，1989.

[13] Steinbrunn M，Moerkotte G，Kemper A. Heuristic and randomized optimization for the join ordering problem[J] . The VLDB Journal，1997，6 (3)：8 – 17.

[14] 林惠娟. 基于遗传算法的测试用例自动生成技术[D]. 成都：四川大学，2006.

[15] 陈翔,顾庆. 变异测试:原理、优化和应用[J]. 计算机科学与探索,2012(12):15 - 21.

[16] 张伟,梅宏. 面向特征的软件复用技术——发展与现状[J]. 科学通报,2014(1):21 - 42.

[17] 张涛. 软件产品线关键技术研究[D]. 西北工业大学,2006.

[18] 严秀,李龙澍. 软件逆向工程技术研究[J]. 计算机技术与发展,2009,19(4):20 - 24.

[19] 刘翠丽,樊贺斌,张文杰,等. 软件重构技术研究与应用[J]. 航天制造技术,2012(5):32 - 36.

[20] 毛澄映,卢炎生,胡小华. 数据挖掘技术在软件工程中的应用综述[J]. 计算机科学,2009,36(5):1 - 6.

[21] 刘芳,瞿有甜,周波,等. 遗产软件重构技术的研究[J]. 计算机技术与发展,2009,19(3):118 - 122.

[22] 刘明. 软件逆向工程分析技术研究及应用[J]. 航空计算技术,2011,41(2):93 - 95.

[23] 王符伟. 大数据时代下软件工程关键技术分析[J]. 电子技术与软件工程,2015(23):60 - 64.

[24] 史杰,解继丽,史少华. 论云计算对软件工程的影响[J]. 昆明学院学报,2011,33(6):67 - 68.

[25] 张勇. 云计算环境下软件工程模式初探[C]//全国软件测试会议与移动计算、栅格、智能化高级论坛,2009:1 - 5.

[26] 贾昆霖. 云计算发展对软件工程构建系统的影响分析[J]. 电子技术与软件工程,2016(8):45 - 49.

[27] 张磊. 云计算与信息资源共享管理[J]. 电子技术与软件工程,2014(4):21 - 25.

[28] Lu S, Park S, Seo E, et al. Learning from mistakes: a comprehensive study on real world concurrency bug characteristics [J]. Acm Sigarch Computer Architecture News, 2008, 36(3):329 - 339.

[29] Leesatapornwongsa T, Lukman J F, Lu S, et al. TaxDC: A Taxonomy of Non - Deterministic Concurrency Bugs in Datacenter Distributed Systems [C]// International Conference on Architectural Support for Programming Languages and Operating Systems. NY:ACM, 2016:88 - 98.

[30] Lu S, Tucek J, Qin F, et al. AVIO: Detecting Atomicity Violations via Access - Interleaving Invariants[C]// ACM SIGPLAN Notices. NY:ACM, 2007:37 - 48.

[31] Deng D, Zhang W, Lu S. Efficient concurrency - bug detection across inputs[J]. Acm Sigplan Notices, 2013, 48(10):785 - 802.

[32] Jin G, Zhang W, Deng D, et al. Automated concurrency - bug fixing[C]// Usenix Conference on Operating Systems Design and Implementation, 2012:221 - 236.

[33] Zhang W, Lim J, Olichandran R, et al. ConSeq: detecting concurrency bugs through sequential errors. [C]// International Conference on Architectural Support for Programming Languages and Operating Systems, ASPLOS 2011, Newport Beach, Ca, Usa, March. 2011:251 - 264.

[34] 艾媒. "互联网＋社区"如何可持续发展[J]. 新营销,2015(10):84 - 88.

[35] 肖俊宇,陈永国.大数据环境下的智慧社区建设研究[C]//今日财富论坛,2016:25 -28.

[36] 宋晓彤.我国基于 O2O 模式的智慧社区发展研究[J].中国电子商务,2014(22):27.

[37] 何遥.智慧社区的现状与发展[J].中国公共安全:学术版,2014(2):70 -75.

[38] 范建军.中国智慧城市建设现状及发展趋势分析[J].城市建筑,2015(33):342.

[39] 王喜富.智慧社区:物联网时代的未来家园[M].北京:电子工业出版社,2015.